U0904124

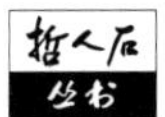

Philosopher's Stone Series

哲人石丛书

立足当代科学前沿
彰显当代科技名家
绍介当代科学思潮
激扬科技创新精神

策划

潘涛 卞毓麟

Philosopher's Stone Series

当代科普名著系列

我的美丽基因组

探索我们和我们基因的未来

隆娜·弗兰克 著

黄韵之 李辉 译

李辉 校

杨焕明 作序

上海科技教育出版社

图书在版编目(CIP)数据

我的美丽基因组:探索我们和我们基因的未来/(丹)弗兰克(Frank, L.)著;黄韵之,李辉译;李辉校. —上海:上海科技教育出版社,2015.12

(哲人石丛书.当代科普名著系列)

书名原文:My beautiful genome:exposing our genetic future, one quirk at a time

ISBN 978-7-5428-6355-3

Ⅰ.①我… Ⅱ.①弗… ②黄… ③李… ④李… Ⅲ.①人类基因—基因组—普及读物 Ⅳ.①Q987-49

中国版本图书馆CIP数据核字(2015)第289533号

对本书的评价

想要毫无保留地推荐一本书很难……但这本书值得这么做。

——《每日邮报》(*Daily Mail*)

《我的美丽基因组》涉及目前生物学方面最有意思的一些争议,包括定制婴儿、大脑成像,甚至是我们是否拥有自由的意志。这真是一种迷人的阅读享受。

——《新科学家》(*New Scientist*)

一本锐利、生动的回忆录暨研究……弗兰克的发现有许多令人灵光一现的时刻……无比有趣。

——《星期日邮报》(*Mail on Sunday*)

关于基因组的大量研究工作使人们更加深刻地理解自身的本性,正如丹麦科学作家隆娜·弗兰克在其著作《我的美丽基因组》中所展现的后基因组世界那样……令人着迷。

——《金融时报》(*Financial Times*)

极其引人入胜……[弗兰克]的文笔诙谐幽默,分析丝丝入扣,为“先天与后天”这个陈旧话题赋予新生。

——《新国际主义者》(*New Internationalist*)

弗兰克是一位真诚的伙伴……她愉快地展示自己的怪癖,失败更激起了她追寻答案的斗志。

——《码头》(*Wharf*)

一本关于生物学探索的回忆录……一本令人耳目一新的精彩诗集。

——《出版人周刊》(*Publishers Weekly*)

我还没看过隆娜·弗兰克的全基因组，但显然从本书的第一页起,她就得到了*SKFF2*(Sharp as a Knife and Friggin's Funny, Too。意为:如利刃般尖刻而又极其有趣)基因。此时此刻,没有什么密码需要破译:我爱这本书。

——罗奇(Mary Roach),
畅销书《顽固者》(*Stiff*)和《打包去火星》(*Packing for Mars*)的作者

科学家们已经破译过成千上万人的基因蓝图,他们认为基因革命近在咫尺。丹麦科学作家弗兰克的著作是其中可读性最强的一朵奇葩……干得漂亮。

——《科学新闻》(*Science News*)

《我的美丽基因组》探索了一些批判性的问题和意想不到的细微差别，这种新科学关系到我们究竟是谁——无论是从整个物种的层面上看,还是从个人层面上看。

——克里斯蒂安(Brian Christian),
《最具人性的人》(*The Most Human Human*)的作者

这本书可以弥补许多教科书的不足——它将基因与我们身份之间的联系变得浅显易懂……这是一本必读之书。

——《生物学新闻》(*BioNews*)

内容提要

获得众多奖项的科学作家隆娜·弗兰克拭取了她的口腔细胞，以便从中提取DNA，检测她的基因组。她先追溯自己的家庭、家族，直至族群，探索“我是谁”，以及“我会是谁”。鉴于个体的基因组已经可以指导用药和医疗，她分析了她的遗传预测结果，思考这种预测能在多大范围内起作用：从赶在癌细胞产生前预先做手术，到根据可信的生物学“变异位点”来选择孩子的教育方式。她还揭示了在基因组信息之外，环境到底有多大影响。此外，她展示了她的家族和她自己与抑郁症作斗争的实例，这一亲身探索使得本书更加吸引人。

在本书中，弗兰克全面客观地总结了消费者遗传学这一新兴学科，并描述了在多大程度上我们的基因可以决定我们的命运，引人入胜，深入浅出，直言不讳。

本书荣获丹麦作家协会年度最佳非虚构类文学作品奖。

作者简介

隆娜·弗兰克（Lone Frank，1966— ）《神经旅行家——从脑科学边缘寄来的明信片》(*The Neurotourist: Postcards from the Edge of Brain Science*)的作者。她拥有神经生物学博士学位，曾是生物科技产业领域的一位研究者。她也是著名的科学记者、电视纪录片主持人，曾为《自然》(*Nature*)、《科学》(*Science*)、《科学美国人》(*Scientific American*)、《法兰克福汇报》(*Frankfurter Allgemeine Zeitung*)等报刊撰文，同时也是丹麦顶尖报纸《周末报》(*Weekendavisen*)的特约撰稿人。她目前生活在哥本哈根。

献给我的父母——伊蕾内·弗兰克(Irene Frank)和

波尔·埃哈特·彼泽森(Poul Erhardt Pedersen)

以示纪念

要扩张必须特别有个性。

——约恩(Asger Jorn)

目录

中文版序 / *1*

前言　**我与生物学的邂逅** / 1

第一章　**漫谈密码子** / 11

第二章　**血亲** / 33

第三章　**无论健康与否,以我的基因为荣** / 65

第四章　**革命分子的研究** / 101

第五章　**深入大脑** / 129

第六章　**人格由四个碱基组成** / 169

第七章　**解析生物学** / 201

第八章　**寻找新的生物人** / 217

致谢 / 249

中文版序

我们需要一本书，不管是从专业角度还是从社会角度，来反映20世纪最重大的事件之一“国际人类基因组计划”所催生的基因组学如何从实验室走向临床，又如何从多个方面改变了或正在改变着世界和我们的生活。

它能以大家都能理解的通俗语言，诠释那些尚在实验室阶段，或刚走出实验室的专业知识。

它能从生命伦理、法律法规、社会接受的角度，全面、准确地传播科学。

身兼记者、作家、社会活动家，又有生物学专业基础的隆娜·弗兰克女士于2010年就从这几个方面，给我们呈上了一本好书《我的美丽基因组》。

作为丹麦名牌大学的毕业生，弗兰克女士有着很广、很深、很扎实的生物学基础，特别是遗传学方面的功底。这一点在本书中随处可以体现，而在同类书籍与报告中却是非常少见的。完全可以说，这样的作者在中国几乎还没有出现，即使在西方也是凤毛麟角。此外，我在整本书中，还没有发现任何专业上的明显错误或者明显错误的转述。

正是因为这样，她才能扼住基因组学这一生命科学前沿的“龙头”，把握住基因组学正在走向临床、走向社会这一“龙脉”，给我们的读者展示了这一波澜壮阔、影响深远的历史步伐和场面。譬如对DNA双螺旋结构的发现者之一沃森(James Watson)的访谈，也同全书的其他章节一样，其内容涵盖经典遗传学、分子遗传学、药物遗传学、人类与其他生物的进化，以及分子生物学、生物技术、生物信息学，当然还有基因组学的最新进展和作为“大数据、大科学、大合作”的大潮流。只有真正的大师才能从这样的广度来为大科学把脉，也只有功底深厚的记者才能对其真正领悟、充分再现或准确转述。

正是借助她的专业优势，本书才有了另外一个特点——专业文献和学术报道的直接介绍。无疑，只有具备亲身阅读专业论文能力的人才能做到这一点。如对GWAS(全基因组关联分析)和meta-GWAS(海量全基因组关联分析)的科学评价，对“信息化—DNA序列—遗传密码”的内在联系，对基因表达、翻译、基因和蛋白质的功能释义，以及对有关人类基因组的数据变化和依据等，都表达得非常准确。更为难得的是，本书几乎没有漏掉差不多一个世纪以来生命科学领域所有的重要事件，如对“1943—1953—1963—1973”(遗传物质的证明、DNA双螺旋的发现、遗传密码的解读、遗传工程的开始)如数家珍，堪与一些遗传学的教科书媲美。

科普的要素之一，就是要把专业的知识用老百姓都能理解的语言表达出来。本书在这方面就很有特点，如把“遗传密码”描写成“连续不断流动的(遗传)信息”，把基因组中的基因比喻成“珍珠”，把重复序列称为“病毒的基地”，这些都需要专业和语言的双重功底。

弗兰克女士是一名资深记者，在这本书里也充分展示出了她作为新闻工作者的专业修养。全书素材主要来自于她的大量个人采访，全书采访的有关人士不下百名，著名的生物公司几乎没有任何遗漏。而她的聪明、睿智在此书中，也得以优雅展现，大放异彩。以对沃森的采访为例，她成功地打开这位以“回避无聊者”自居、素以非常挑剔谈话对象而闻名的大师的话匣子，使受访者进入“不让人无聊”的境界。至于如何使所有的问题具有诱导性和启发性，又如何恰如其分、点到为止，使被采访者能畅所欲言，说出对别的人、别的采访者不愿意说的观点，而不避讳那些较为敏感、在科学界还有歧义的问题，更是充分展现出她的与众不同，不得不使我们由衷地佩服她那娴熟的技法和高超的个人能力。也正是因为这样，本书既不回避那些敏感问题，又作了精心的挑选以防误导读者。正是通过大量的采访对话，使全书的语言生动活泼，妇孺共赏。生命，承载生命信息的基因组，在她的笔下，确实很美丽。

作为一位社会活动家，弗兰克女士还充分考虑到了生命科学进展对社会的冲击和影响，社会对生命科学进展的理解和接受程度等。而她自己对社会的深入观察以及她本身那极强的责任心更是本书的重要亮点。

举一个例子:人们对一些科学问题产生兴趣的原因,可能与我们科学家研究此问题的初衷大相径庭,这是我在读此书以前始料未及的。如在第二章中所写到的北欧人迁移史,使一些人对遗传学上的"寻根"产生了兴趣。而据她的分析,他们"不是去了解绝对真理,而是去寻找自己的身份"。

更重要的是,本书还特别提及"优生学"的历史及其影响等方方面面。作者从人们自"优牛""优羊"而想到"优人(优生)"的直接、朴素、"良好"的愿望谈起,到一些科学家对生命伦理问题的忽视与偏执,再到美国科学家与政治家合作在"优生"方面的历史劣迹,进而到纳粹把"优生学"推到登峰造极的反人类地步,以及全球到今天还须进行的反思和检讨等林林总总,幕前幕后,一一娓娓道来。当然,对一些科学家的不妥言论,如无意流露或刻意宣扬出来的"天才基因""同性恋基因""侵略性基因"等,都作了大胆而不失公允、引导而力戒误导的评述。特别是对"遗传学的麦卡锡主义"(Genetic MaCarthycism)和"基因政治学"(Genopolitics)以及"新优生学"(Neoeugenics)等敏感话题,都处理得比较平衡、稳妥。

全书的章节安排也颇具匠心。本书是从弗兰克女士自己的基因组开始的,但书中的大部分内容,包括涉及她自己的基因组、目前还没有获得定论的很多发现,如个性与智商——"基因商"(书中译为"遗传商")等,都写得绘声绘色,处理得四平八稳。也许,书名为《我和我们的美丽基因组》更为贴切。

本书丹麦文版是在2010年出版的。而这几年基因组学走向临床的场面更为壮丽,新的问题和话题也层出不穷,如书中已提到的"23与我"这一公司的出人意料的命运等,着实让我们惊叹。我们真心期待弗兰克女士再写一本书,而且完全相信她会写得更好,更出彩。

杨焕明

2010年5月14日

前言

我与生物学的邂逅

我已然筋疲力尽。在之前的一个半小时中,我经历了一连串心理测试。该测试主要想了解自身人格、性情倾向及智商。这是我作为志愿者参与的一个研究项目,这个项目探索特定基因与人类个性之间的关联,特别是与抑郁症之间的关系。我们已经到了测试的最后部分。在桌子的另一端,一位青年女研究员兴致高昂地看着我。

“我想询问一些有关你直系亲属的问题:他们当中是否有人吸毒、酒精依赖、犯罪,或在精神方面患有疾病?”

她那金光闪闪的马尾辫前后晃动着,让她看上去倍加干练。

“我的问题不是关于你,而是针对你的一级亲属:你的父母、兄弟姐妹,以及你的子女。”

“我没有子女。”

“那就说说你的父母和兄弟姐妹。”

“我的父母已经过世了,但我有个弟弟。”

“他们是否在世无关紧要,问题相同。”她说道,“让我们从酒精开始。你的直系亲属在酒精方面有异常的行为吗?”

“异常?你说异常?哦,对。尽管这不太好,但我得回答‘是’。”

"那是……"

"我爸爸。有人会说他酗酒。"

每天一早就在咖啡中加入伏特加,工作时由麦芽酒全程相伴,这也许能算是对酒精的异常行为吧!

"他长期如此吗?"

"从我记事起就这样。但他不认为这有什么问题,因为他仍然能维持正常生活。"

她轻敲了一下试卷的封面,继续说了下去。

"他的酗酒行为是否导致婚姻破裂或分居?"

"是的。"

她好奇地看着我,用眼光示意我说下去。

"我父母三次闹过离婚。"

她惊讶地挑了挑眉毛。

"好的。他有没有因为丧失工作能力而被辞退?"

"不,没有。"当然没有。我爸爸一生都是个非常有能力且尽职尽责的好教师。无论在什么情况下,他都十分认真地工作。

"在工作上他没什么问题。"我回答道,我想最坏的问题应该已经结束了。

然而,她又问道:"他有没有被捕过或出严重车祸?"

我一时语塞,然后说道:"有几次,不过我记不清了。"我想我应该对此进行解释。我的说法似乎让这件事看起来比实际糟糕。

"没有什么很严重的事情发生,我的意思是没出过车祸。我爸爸是个优秀的驾驶员,即使他喝多了也一样。他只是不凑巧被抓到了几次。"

"很好,关于酒精的问题结束了。"她用欢快的语调继续着询问,"你的直系亲属中是否有人有精神方面的疾病?"

"有。"我毫不犹豫地说道。她问我是哪位亲属。

"每一位。"

她喃喃自语着，十分困惑地翻阅着资料。“**每一位**？好吧，那该从哪儿问起呢？”为了帮助她理清思路，我快速地报起流水账：“我小时候，我妈妈患上抑郁症——重度抑郁症，在她人生中最后几年病情加剧恶化。我弟弟也曾数次发作抑郁症，我爸爸则在60岁被诊断为狂躁抑郁症患者，那时这种病刚被定名为双相型障碍。”

“他有双相型障碍？”

“事实如此。”我的记忆流转至某个圣诞节：他不眠不休长达一周，却仍然一手持有些年头的斧子，一手握着本翻得老旧的《圣经》(Bible)，步履蹒跚地满屋打转。他口中念念有词，却越来越语无伦次。最后，我们不得不将他送医。

“还有什么精神病吗？”

这个问题让我有些不快，毕竟我们又不是一个由疯子组成的家庭。

“**没**。没有了。”我回答道，“除非是，有时……我爸爸在病发的时候可能会认为有人企图在晚上接近花棚，想要偷走他的工具。有段时间他还觉得有人通过供热管道对他说话，但这只持续了很短一段时间。他吃了点再普乐就好了。”

她再次低下头，在笔记本上添了一个词：“轻度偏执狂。”

“除了你爸爸，还有谁经历过精神疾病方面的治疗？”

“我们都有过。”

“是经由药物治疗，还是咨询心理医生？”

“都有。”我说道，这时我忽然想起一件事，“有自杀倾向算不算精神疾病？”

年轻的女调查员点点头，看着问卷中关于自杀倾向的一栏，默然不语。

“我家发生过两次这样的事——据我所知是两次，都是我爸爸做的。我妈妈曾在口头上表达过此类倾向，不过从没付诸实际。”

女调查员注视着她的问卷，转向最后一类关于滥用麻醉剂的问题。对此，我总算能问心无愧地作答，因为我家里确实从未出现过吸毒者。

“你确定你从未使用过任何一类毒品?”

“我在90年代初的新年除夕喝过一些自制的大麻杜松子酒,不过只有这些,而且它对我不起作用。”或者说是它太有效了,导致我在整个派对上昏睡不醒,而这个派对还是在哥本哈根自由城克里斯蒂安的大厅里举行的。

“那酒精呢?”她继续发问,“我必须询问你自身的状况。你一周大概要喝多少酒?”

“大约14杯吧。”我扯了个谎。如果我说我每周要喝20杯,甚至更多的酒,那听着有点不像话。而我总是喜欢选14这个数,于是有了这个答案。“你知道,一天喝两杯红酒纯粹是治疗所需。红酒富含白藜芦醇,这种物质对人体各方面都相当有益,比如心血管方面、认知功能方面。”

她满含热情地点点头。

“14杯酒还在国家卫生委员会的推荐范围内,这样很好。”她开怀一笑,“我的询问到此为止。”

但我还心存疑惑,各种疑问在我脑海中悄然滋生。这些疑问恐怕就是促使我自愿加入基因研究的根本原因。

说实话,今天我会坐在这平淡无奇的实验室中接受“审问”,与一年前的夏天我父亲的过世有着直接的关联。那是在位于这个国家另一端的一间医院的病房里,当时我握着他的手。基因的魅力就在于它所包含的信息,比如你的家族传承,你的演变历史,以及你的真实身份。

父亲临终前,我沉浸在医院里那种令人窒息的氛围中。除了眼睁睁看着我最爱的人离去,我无法做任何事情来挽留。当他最终离去的瞬间,我脑海中忽然冒出一句话:“我成了孤儿。”

现实让人如坠冰窟,这并不仅是因为我感到孤寂,而是我忽然失去了来自上一辈的传承源流。从此以后,没有人能见证我尚未记事之前的点点滴滴，也没有人能见识并描述我从学步稚儿到成就今日事业的历程中的各种惊险瞬间。我的过往就这样随风而逝。至于未来，直到我生命结束，可能有他人见证。我已过不惑之年，按理说，早该子女绕膝了。虽然现在这样也挺好，因为我从未打算要孩子，但是目前我既无上一辈传承，也无下一辈后继，我就已经退出了人类广袤的历史长河。当你无法在任何人身上看到自己的血脉传承，你也会迷失自我。

我从哪里来？我是谁？我是否会像我父母那样生活？我会如何死去？我会在何时死去？

以上都是人们经常被询问的问题，不过现在提问的方向更加尖锐直观——从有形的 DNA 上来探索这些问题。现在我也不得不探究自己的生物学来源。我是一个训练有素的生物学家，我认为，将人类看作一个有机体是非常有趣的事情，因为从微观的角度上可以看到许多不可思议的结论。

这让我想起多年以来我爸爸跟我的一些谈话，这些谈话通常发生在他情绪低落时，或我需要振奋心情之时。

“我的宝贝女儿。”他通常会将重点放在“宝贝”上，“你的基因里带有令人难以置信的幸运组合。你集合了我和你妈妈的优点，却没遗传到任何缺点。”说到这里，他总会稍作停顿，“要不是抑郁症，你早就硕果累累了。”

如果尚在孩童时期，你听到这些会作何反应？你会闪闪眼睛，然后耸耸肩，表示听到了。父母的称赞——理所当然地——总能安抚我们脆弱的自我和受挫的自尊，但是我们也知道那只不过是说说而已。

“别说了，爸爸，这些话对我没用。”

在我小时候，我从未想过我和我祖先之间的传承关系。我是一个拥有自我意识的自主的人，独立于先辈们及其特质之外。如“生物遗传”这样抽象的东西对于当时的我，一个不仅仅能很好地思考自我（却未曾思考），还能不断前进的人来说，意味着什么呢？什么也不意味。

现在,随着父亲辞世,一切变得不同。我开始想对自己追根溯源,希望能够清楚地知道我继承了什么样的遗传类型和突变,这些遗传标记对于我这个人代表着什么。我想知道这些生物信息是如何组成我的生活、我的机遇,以及我的局限性的。

当然,在我面对镜子时,我能轻易地从我脸上看到父辈们的痕迹,但我并不是很为自己的长相感到自豪。我高耸的鼻梁传承自母亲一家,这可以从曾外祖父的旧画像上一眼看出。我纤弱细瘦的骨架则来自于曾外祖母,她有点神经质,因此大家都很怕她。吝啬泼辣的曾外祖母是家中的霸主,我依稀记得小时候造访她家,那里充满了刺鼻的樟脑丸气味,到处都是沉重的红木家具,上面还铺着精雕细刻的镂空桌布。我那略长的圆脸和薄薄的嘴唇则和曾祖母是一个模子刻出来的。

但我的家族遗传并不只限于外貌特征。我完好地继承了曾祖母式的尖酸刻薄。偶尔,我能听见在那些从我嘴里喷射而出的、直击要害的言论中,混着父亲的声音,他的神态表情更是如影随形地出现在我脸上。这到底是源于我童年时期严格的社交训练,还是来自于生物遗传呢?我们能在染色体中找到此类遗传信息吗?先天与后天的碰撞如何使人们成就了今天的样貌?

"并不是我喜欢这么说,隆娜,"多年前,我大学时代的好友对我说,"但是你的个性会给你造成麻烦的。"我的一个美国朋友也几乎在同一时间说我"为人太直白"。这种评价一度让我很自得,直到有一次,她像豆腐西施那样站成圆规状对我叫骂道:"你说话太伤人了!难道你不知道人们很讨厌说话太冲的人吗?"我才明白自己太天真了。

那么,我性格中不讨人喜欢的成分有多少可以归咎于我 DNA 的细小变化呢?我长期的抑郁症和悲观的人生态度是否源于双亲家族遗传中的不良基因呢?或者它们来自于某段时期的成长经历,在当时可能至少是困境。

这里也牵涉到一些生理上的小毛病。我并未受到重大疾病的困扰,只是我右脚大脚趾根部的关节有一点风湿病,这让我很难买到合脚的鞋子,更不用提高跟鞋了。但是未来我的健康会向什么趋势发展呢?我会因患上跟我父母同样的病过世吗?我会年纪轻轻地就得乳腺癌吗?或者不得不终身服用心血管疾病的药物来维持生命?如果通过我的基因对这些问题作个预测,它们是否能告诉我有何隐患?如果我能预知这一切,我又能否改写我的人生?

我们终于可以开始提出这些问题了,因为一场革命正在悄然进行。基因不再是专属于科学家们的实验对象,它正变得普通、实用、常见。实际上,在未来的10年中,基因会变得像个人电脑那样普及。最初的电脑非常庞大、复杂,拥有相关设备加大型主机,只存在于大学或研究所里,并且只有相关的专家才能使用。但随着科技井喷式发展,电脑价格大幅跳水,目前电脑已经是家常日用的工具了。

但是,基因在哪些方面与个人电脑的发展可以相提并论?最初的基因服务早已面市。瑞士的基因伴侣(Gene Partner)公司就声称他们能帮助单身人士通过免疫系统基因配对寻找合适的伴侣。少数研究显示,这些基因的兼容性可提升性生活质量,并能产下更加健康的宝宝。你也可以找到符合你期望值的男朋友——这项测试仅针对男性——测试他是否有不忠倾向或容易卷入一些桃色事件之中。如果你有孩子,你可以让他们接受测试,看他们的肌肉是否在速度或耐力上有基因方面的缺陷。据知情人士透露,在未来10年中,所有的新生儿将全部接受基因图谱筛查。根据这些科技工作者预测,在未来数年内,测序一个60亿碱基对的全基因组,其花费会比一辆婴儿车还少。

这种从娘胎里带来的基因组序列有什么用途?它们在活体运用上是否有某些限制?知名基因公司亿明达(Illumina)的主要负责人弗拉特利(Jay Flatley),曾为这些限制进行辩解,他认为“这些限制来自于社会”。当然,他说的是对的。社会准则及法律条文约束着我们可以做什么,而文化则支配了我们的需求及实际行动。

在中国，雄心勃勃的、富有的家长们早就给学龄前的孩子们进行基因测试，以便让他们接受最优质的成长教育——尽管他们也不清楚这么做是否对家长或孩子有益。在重庆少年宫，有一个夏令营就提供一项测试：通过检测11个不同的基因，他们会给孩子提供一份完美的潜能报告。这个夏令营的组织者会将唾液样本送至上海生物芯片有限公司进行检测。之后，该公司会针对孩子的智商、情绪控制力、记忆力及运动能力作一份详细的检测报告。这份报告会作为夏令营对孩子今后发展道路的建议：像小健这样的孩子，将来会成为一个强有力的首席执行官，还是一名学术新秀，或只是一个普通公务员？

如果你迫切地想要知道你孩子的潜能，并就此在后天上继续培养，你不需要将孩子送到中国西南部去接受测试。你可以直接和美国一家刚起步的公司——我的基因概况（My Gene Profile）公司联系。在他们的促销视频中，一个满脸髭须的微胖男人现身说法：优良的家教完全可以使你的孩子走向成功和幸福，而孩子拥有何种潜能则可以通过在该公司进行40项基因检测来完成。他们的检测报告——就是你从公司那里收到的那份说明——会告诉你小艾玛（Emma）在上学后该选什么课，她学什么会最有效率。

遗憾的是，此时此刻，这种像占星术般的基因检测还是白日做梦。无论是中国的夏令营，还是美国的全套测试，他们关于育儿的配套用书——需要额外付费——都是赤裸裸的子虚乌有。任何严谨的遗传学家都会对此大摇其头，否定这些做法的科学性。没有证据显示基因能用于预测人类潜能，或规划出几条可选的人生道路。起码到目前为止还没这种说法。但是这些公司的做法反映了21世纪基因在人们对于自我认知上所占的地位。这也揭示了大家都期盼可以依照自己的愿望去**预测**、塑造及选择自己的人生。

这些想法都会成为现实吗？基因会像水晶球那样为我们预示人生吗？DNA会成为一条自我认知或自我改变的道路吗？

我想深入地探索有关这些问题的答案，并且尝试去寻找我们探知未来(自身的未来)所愿达到的程度。我想知道当我面对自己的DNA时是什么感受。DNA,这种不可见的、数字化的自我,如胎儿般蜷曲着沉睡在我体内的每一个细胞之中。

第一章

漫谈密码子

想要了解你的DNA,只需少量的唾液。

——23与我(23andMe)公司网站

“他在那儿！就是他！”

我身旁的男士扭着头,直勾勾地看向一位弓着背的老绅士,他正慢慢地穿过我们面前的草地。他是詹姆斯·沃森(James Watson),我这次在纽约附近的冷泉港实验室开会时碰到了他。他穿着一件草绿色的套衫,戴着一顶火红的丛林帽。

“老吉姆(Jim)!”正在和我聊天的人咧嘴一笑,“如果你想和他谈谈,估计你得争取主动。他实在太能侃了,但对于记者们来说,他只能算是个有点活泼的人。”

这实在太正常不过了。1953年,沃森和他的同事克里克(Francis Crick)破解了脱氧核糖核酸(DNA)分子的化学结构。不过,现在他们刚度过一个“灾难年”。2007年,沃森在英国推销他的自传《不要烦人》(*Avoid Boring People*)时,和舆论界展开了口水仗,这让他身为诺贝尔奖得主的名声略有下滑。在接受《星期日泰晤士报》(*Sunday Times*)

采访时，他表示非洲大陆的前景一片黑暗，因为黑人的智商低于世界上的其他人群。他接着声称他希望人是生而平等的，可"黑人员工的雇主们知道真相并非如此"。沃森还认为，如果在产前检查过程中，准妈妈发现她的孩子有同性恋的倾向，她可以选择堕胎。这有何不可？堕胎是父母们拥有的选择权。

这些都是沃森的老生常谈了，但印刷成白纸黑字，在主流媒体上刊行，这就让人难以接受了。是可忍孰不可忍。虽然有少数学者试图为沃森的言论进行辩护并解释他的观点，但剩下的自传巡回推销会还是被取消了。这位诺贝尔奖得主只好灰溜溜地回到他在冷泉港的实验室——他从1968年起就稳坐该实验室的主管宝座，在那儿他仍然能占山为王。

但是，沃森引发的愤慨并未就此消散。在他离去不久，一封署名为沃森的道歉信出现在公众视野中，信中说，他并非有意冒犯黑人朋友，黑人和其他人群一样优秀。可惜抗议声仍然此起彼伏。最终，实验室的董事会出面干预，79岁的沃森被迫退休，只保留住一个荣誉席位。不过他并没有真的被赶走：他在实验室里还是有一间实木装修的主管办公室，办公室的前厅里有一位凶巴巴的秘书严守大门。而沃森仍然在草坪上悠闲地踱步，他还是那个痴迷网球的遗传学教父。

"这是我见过的最不讨人喜欢的一个人。"知名进化生物学家威尔逊(Edward Osborne Wilson)如是公开评价沃森。虽然沃森没被冠以"种族主义者"的称号，不过他很快又有了一顶新帽子"性别歧视者"。沃森以不招收女研究生闻名，他还声称，如果能通过基因操作保证每个女人都很"漂亮"，那才是真正的技术革新。

我一边胡思乱想，一边抱着我的笔记本电脑跟上了沃森博士。

"你想干什么？"他警惕地问道，"是想做个采访吗？"

沃森透过厚厚的眼镜片盯着我，那两片凹透镜让他的双眼看上去像对高尔夫球。他这副尊容显然不对我的胃口。

"我可没时间，"他颇为温和地解释道，转身离去，"我得回家吃午饭去了。我还有几个客人在等我,是很重要的客人。"

他不耐烦地四处张望,好像希望有谁能从天而降救他于困顿之中。

"只要10分钟就好。"我恳求道。这回他只是重重地叹了口气,什么话也没说。就在他游移不定之际,我忽然急中生智,随口说起我昨天刚听过的一个关于基因和精神分裂症的讲座。沃森一下子就被吸引住了,他迫不及待地把我拉进空无一人的格雷丝礼堂,坐在前排的座位上。这个地方正在举办有关个人基因组的会议。

"我儿子得了精神分裂症。"他说道。我同情地点点头——我听说过关于他小儿子鲁弗斯(Rufus)的不幸遭遇。沃森立刻开始喃喃自语,低声呜咽,但没有流泪。作为一个老年人来说,他算是十分清醒理智了。

"说到遗传学,我仍然有巨大的动力,想从这个角度去研究精神分裂症。如果你想问我愿意看到遗传学朝什么方面革新,那就是去解决精神分裂症的问题。我们无法得知机体内发生着什么。想象一下:1个突触内有1000个蛋白质,这样的突触在神经细胞之间传递神经冲动,而我们全身有数十亿这样的突触,这是个什么样的概念。"

当沃森针对他的专业侃侃而谈时,我的念头也开始被他牵着走。我迫不及待地告诉他,我真正感兴趣的是**行为遗传学**,就是遗传因素是如何影响我们的心理、个性、心智能力及行为的。众所周知,遗传因素不仅影响我们的脾气和情绪,在宗教信仰和政治取向等复杂事物中也起了至关重要的作用。

那么,蛋白质上的细微突变是如何左右人在政治上的倾向呢?一方面,每个人都有自己的遗传信息;另一方面,人也都是有思想及行动力的生物。在此两者之间,拥有着某种未知的关联,研究者们才刚开始探其究竟。

沃森用他突出的双眼瞪着我:"心智能力?"接着他换上一种尖细的声调说:"是的,它们很有趣,但那是**学究式**的有趣,因为你不得不承认研究经费往往是拨给疾病研究的。而且这些钱要用在刀刃上……必须有人因此而脱离苦海!”

他又开始喘起气来,我也不知道他是为了清空喉咙还是整理思绪。

“说实话,我不相信精神分裂症能在10年之内得到解决。这起码要10年以上。”

很多人会赞同沃森的说法。2009年,一小群研究者公布了关于精神分裂症的3个庞大研究的结果,研究涉及来自世界各地的50 000名患者,可是收效甚微。韦德(Nicholas Wade)在《纽约时报》(*New York Times*)上公开表示失望:“这是一个具有历史意义的失败,精神分裂症研究的珍珠港事件。”唯一确凿的结论则是:没有发现哪个特定的基因与精神分裂症相关。更为讽刺的是,这些病人中几乎没有人携带着相同的基因。

在冷泉港会议上,与会者探讨了遗传学上的重大问题:**遗传率缺失**。这是基因组中的“暗物质”。谈到这里,大家再次把话题引向精神分裂症。科学家们从几十年来众多的双胞胎及家庭研究中得出结论:该疾病有80%来自遗传。尽管科研大军做了详尽的研究,但在这成千上万的病例中,仍然只有极少数与疾病相关的遗传因子为人所知。总体而言,遗传因素确实只能解释产生疾病的一小部分原因。那么,我们该如何寻找其他的因素呢?

“稀有变异。”沃森如忏悔般轻声说道,“我认为原因在于某些稀有变异,基因突变并不来自于父母遗传,而是病人身上产生了自发性的突变。试想一下:一对健康的父母有了一个患病的孩子。这不太可能是那个孩子继承了优良基因的不良组合,而是因为这孩子自身发生了**新的变异**。我们应该去探索这些新变异,我想我们也许要对10 000人进行全基因组测序,才能在基因对主要精神疾病的研究上稍有进展。”

我问沃森将自己的基因组公之于网络有何感受,但他没搭理我,他完全沉浸在自己的思绪当中。

“就说比尔·盖茨(Bill Gates)吧,他的父母很正常,可他却是个怪胎,对吧?”

幸好沃森在我冷场时接着说了下去。

“无可辩驳，”他说，“比尔就是个奇葩。他可能不是真正意义上的孤独症患者，但他还是跟正常人大不相同。我的意思是，我们很难预见社会需要什么样的人，而谁又能真正为社会作出贡献。现在，此类疑似孤独症患者往往是电脑达人，他们在计算机方面可以作出相当的贡献。我暂时还没真凭实据，但我敢说，在未来100年中，随着社会变迁，人类发生突变的速率要远高于我们之前所有的突变速率。而遗传突变越多，人类的变异也会越多，那将会出现更多与众不同的人。”

沃森横了我一眼，继续说道：“现在没有什么特别鹤立鸡群的人，大多数人都是歪瓜裂枣。”

这句话让我不知如何作答。

“不过，那些社会精英身上确实带有一些优良基因，而有缺陷的基因总是伴随着失败者。”沃森顿了顿，又说道，“我不该说这些话，我这张嘴已经惹了够多麻烦了。”

他刻意沉默了5秒钟。

“我的意思是，如果从基因层面上来理解这些失败者，我们会对他们报以更宽容的态度，毕竟他们天生就是弱者。但是事情的走向有些偏差——正如我们不肯承认有人天生是哑巴，我们也不愿意接受有一部分人天生就愚蠢。”

我忽然想起沃森的一句名言：“白痴在诺贝尔奖得主中所占的比例和在普通人当中一样多。”我当然没说出口，因为这太冒犯人了。虽然我生性直爽，但也知道不该仗着沃森狐假虎威。于是我转口问道，他如何看待自己近60年前助力发轫后，迄今生物学领域所取得的令人难以想象的成果。

“我从来没想过能获得自己的全基因组序列——由头至尾，所有的东西。真的从来没有。当我加入人类基因组计划时，我就觉得他们的想法太乌托邦了。但他们确实认为，在多年之后，全基因组测序将会成为一件非常普通的事。即使是454基因测序公司的年轻人罗特贝格尔(Jonathan Rothberger)在 2006 年对我进行全基因组测序,我仍然觉得他们太疯狂了。可他们还是这么做了。"

沃森不再怔怔地看着我了。

"现在你可以从网络上找到各种关于基因组的信息,因为如果你想要了解你的基因组,你得眼观六路、耳听八方。比如科研经费用在什么地方了,是否让更多基因组信息得以公开。这样才能使研究者们加以分析并从中获得更多知识。你知道吗?其实他们应该对更多老年人进行测序,因为由于某些显而易见的原因,我们老年人比年轻人更愿意将自己的基因组公之于众。"

我再次从对话中感到可以"八卦"沃森的基因组。我很想知道通过基因组思考自己的人生是什么感觉,于是我试着将话题转移到这个方面来:"当您看到自己的基因组时,您是不是挺激动的?"

"我不这么觉得。其实我对自己的基因组也知之甚少。"

"那您怎么看载脂蛋白 E 这个基因?"我小心翼翼地问道。起初,沃森说他不想知道自己是否携带了著名的载脂蛋白 E4 变异,这种变异是阿尔茨海默病(老年痴呆)的主要遗传风险因子。

"我不想知道,我可不想在我每次记忆卡壳的时候都忧心忡忡地认为自己处在老年痴呆早期。哈哈,照目前的情况来看,我可以省去大半的操心了。"

沃森的基因组早在网络上公开呈现,所以我很怀疑他这么说不过是惺惺作态。他已经 83 岁高龄,却没表现出任何迟钝的迹象。这么看来,我觉得他这辈子都不会得老年痴呆。

"你不了解其中的内情。"沃森略带伤感地说,"痴呆也可能在 90 岁过后才发病,我祖母就是这样。她生于 1861 年,在我 26 岁时过世。说句题外话,她可真是个绝代佳人。不过,我要告诉你的是……"他严肃地面对着我说,"我知道很多老人在 80 多岁的时候还思维敏捷,但我还真没看到什么人年过九旬还能保持这种状态。这当然是因为在 80—90 这个年龄段很容易发病。"

有那么一瞬间，我还以为沃森在开玩笑。但看到他义正辞严的模样，我将笑声咽了下去。

“当然还有其他因素在作怪。作为一个欧洲白种人，我从小在食谱中不缺少牛奶，还有各式各样的冰淇淋。可是我的基因组中带有乳糖不耐受因子，根本不适合喝牛奶。现在，我只喝豆浆，这可让我的胃病好了大半。”

沃森似乎跟我说了些掏心掏肺的话。

“每个人都该在刚出生时就检测这些与生俱来的禁忌，这样做母亲的才能保证用最恰当的方式抚养孩子。”沃森沉思了一会儿，又举了两个例子：心脏病和高血压。“我还携带了一种低活性基因变异，这让我对 β 受体阻滞剂代谢不良。从前我一直在吃药控制高血压，不过药物只让我昏昏欲睡，对病情却没什么帮助。自从我知道自己携带这种基因后，我才明白为什么这种药对我不起作用。而且，有 10% 的白种人都携带此类变异，这比例可不算小。因此，每个人都应该筛查这些可能存在的变异，是吧？”

说到这里，沃森突兀地换了个话题。

“目前我们的社会已经到了这样的地步，大家都不得不思考自己在多大程度上可以脱离私营企业的控制。我作为一个学者，也只想在波士顿博德研究院或英国桑格中心这样的研究机构，而不是在私营企业里看到我朋友的基因图谱，私营企业可没兴趣做什么学术研究。”沃森喃喃地说道。他茫然地望着礼堂中那幅比他本尊还大的肖像画，那是礼堂中唯一的装饰品。这幅画的作者看来是英国画家弗罗伊德(Lucian Freud)的崇拜者，他模仿着他偶像的风格，将自己刻画的对象描绘得栩栩如生。

真正的沃森则如老迈的龟一般陷在椅子当中，他看上去很疲倦。这时，他摇了摇头，说道：“我不知道我们会走向何方。现在我们每个人都能将自己的基因组拿去测序，甚至在谷歌上就能完成这样的事情。”

沃森舒展了一下双臂,又重新沉浸在沉思中。

"你马上就要回丹麦去吗?"他忽然问道,这是他首次对我表现出友善的态度。我给了他肯定的答复。

"可怜的姑娘。丹麦可是我去过的最令人抑郁的地方。在我去剑桥大学之前,我在那儿呆过一年,在哥本哈根为国家血清研究所做病毒研究,可是太阳几乎就没在那儿升起过。"

沃森在丹麦生活的那一年,是在他取得人生最大学术突破的三年之前。这个学术成就在生物学发展史上也具有划时代的意义。在发现了 DNA 分子的双螺旋结构之后,他的同事克里克按捺不住喜悦之情,冲进剑桥大学的老鹰酒吧叫道:"……我们发现了生命的奥秘!"

在他的经典论述《双螺旋》(*The Double Helix*)一书中,沃森是这样描述自己如何发现双螺旋结构的:那天他坐在实验室里,身边围绕着腺嘌呤(A)、鸟嘌呤(G)、胞嘧啶(C)、胸腺嘧啶(T)4 个纸板模型。忽然,这个年轻却富有野心的研究者发现,这些碱基可以按一些固定的形式成对进行组合:腺嘌呤和胸腺嘧啶以两个弱氢键相结合,鸟嘌呤和胞嘧啶之间则有三个弱氢键。显然这些碱基必须相互结合,最后组成分子的主干——两条磷酸长链,一种三维的双螺旋结构。这是生物学别墅里一座美轮美奂的螺旋式楼梯。

为了取得双螺旋结构这个成果,沃森和克里克已经在这条道路上摸爬滚打了很长时间。在他们所在的剑桥大学卡文迪什实验室,这两个年轻人已处于最前沿,但在加州理工学院,如神话般的诺贝尔奖得主鲍林(Linus Pauling)早已赶上进度。当大多数人都不相信鲍林会落后时,这位老牌能手却因将这个问题牵扯上蛋白质研究而走进了死胡同。这才让沃森和克里克有机可趁,引发了遗传学上的一场革命。

发现双螺旋结构,如同推倒了生物学上看似最坚不可摧的一堵城墙。现在,科学家们发现,之前神秘莫测的 DNA 不仅是生物体遗传信息的载体,还以一种符合化学规律的方式缠绕在一起。DNA 分子的构成方式是至关重要的。通过这些信息,科学家们才能破解根本的遗传机制是如何进行的:一些在个人的一生中不断发展的特质,可以通过精心包裹在精子和卵子中的DNA一代一代地传递下去。

从表象上看,这个过程简直是个如梦似幻的魔法。细胞的核心部分有一些基因——所谓的遗传单位,它们本身是静止不变的,但是它们却赋予每个生物体鲜活变化的动力来源。人类基因组——每个人的完整遗传物质,由46条不同的染色体组成,每条都是一条长DNA分子。这其中包含了两条性染色体,即X染色体和Y染色体,及22对常染色体——常染色体是从父母双方分别继承一条,混合而成。在这种模式下,基因组如同蚁群中的蚁后,总是深藏在巢穴的最深邃隐蔽之处,由工蚁辛勤侍奉,蚁群需要通过她繁衍生息,她借此掌控整个蚁群。相应地,基因组存在于细胞核之中,基因组中的信息在那儿被解读并传递至细胞的其他部分,最终输送至整个生物体,所有过程需要通过一系列分子的中转。

一个数字代码优雅地逐步转变为模拟现实,好比是一个见证奇迹的时刻。基因并未作出任何举动,它们只是存在于此。但是它们所携带的信息——所谓基因存在的意义——被转换成可以表达生物信息的物质,也就是蛋白质。蛋白质是生物体中的"苦力",这些巨大、笨重的分子具有可移动性及生物化学能力,能完成生物体所需的一切任务。

人类可以说是一栋蛋白质大楼,其中的每个零部件中都含有蛋白质。不仅如此,这栋大楼的运转也要依靠蛋白质。酶是蛋白质中的一个特殊群体,它的主要作用是控制人体的生物化学过程。另一个特殊群体则是受体,这类蛋白质通过在细胞内、细胞之间及细胞与器官之间传递化学信号,负责全身的内部通信。简而言之,蛋白质无处不在,而每一个蛋白质都建立于与自己功能相关的基因之上。

基因向蛋白质转化的过程如同一支舞步精准的舞蹈。每个人身上的46条染色体都各是一个牢不可破的DNA大分子。想象有一条长长的、环绕成螺旋状的拉链,每个链齿上是一个碱基,碱基有腺嘌呤、鸟嘌呤、胞嘧啶、胸腺嘧啶4种,链齿相互咬合。制造蛋白质时,DNA“拉链”在携带相应基因的地方“拉开”,一些特定的酶开始转录遗传信息。通过转录,遗传信息拷贝至核糖核酸(RNA)中,RNA是一种与DNA类似的物质,它们只在化学成分上略有差别。

基因的小分子转录物称为信使RNA(mRNA),它只起到传递信息的作用。mRNA从致密的细胞核中析出,进入细胞质内,在那里完成一次自我翻译。这种翻译发生在大蛋白质“工厂”中,大蛋白质由一系列小蛋白质组成,这些小蛋白质能详细解读mRNA中的蛋白质配方。

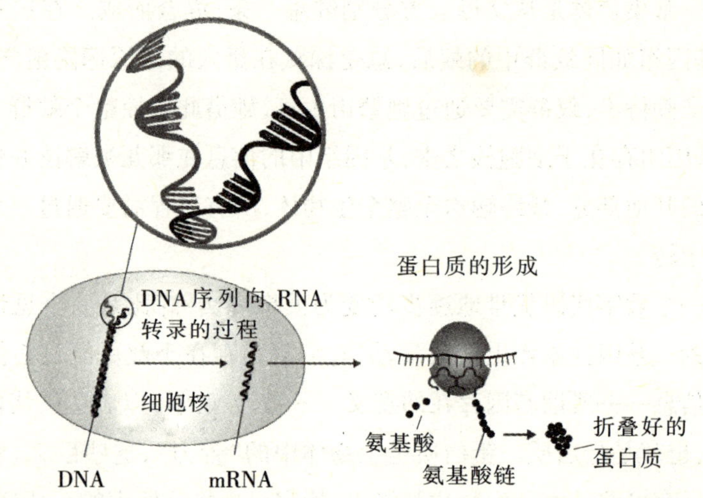

蛋白质的配方就是它的遗传密码。指定的一个序列,也就是一个RNA分子的碱基序列,特异编码一个而且仅仅一个对应的氨基酸序列,多个氨基酸连在一起组成一个蛋白质。由三个碱基排列组成的一个遗传序列即密码子,每种密码子仅仅指定生物体中20种氨基酸中的一种。如果你有一条遗传序列是CCC-AGC-ACA,这就是一条由脯氨酸、丝氨酸、苏氨酸依次相连组成的序列。

应运而生的还有起始密码子及终止密码子。通过不断地翻译mRNA密码子,从而形成一条氨基酸长链(肽链),最终组成蛋白质。翻译过程的终结标志就是终止密码子。成品蛋白质则被输送至一个更庞大精密的细胞系统中,做进一步修饰和改造。

每个生物体的所有细胞蕴含的基因信息都大致相同,这些细胞之所以拥有各自的特征,是由于其中的信息经由不同的方式转化。在每个细胞中,只有与该细胞所需功能相关的基因才会得到转录翻译,进而形成蛋白质。比如,肝脏细胞与大脑细胞中所含的蛋白质在基因序列组成上就可以大相径庭。

在转录及翻译的过程中,基因突变的情况会偶尔发生。突变,顾名思义就是发生改变。基因突变则具有多种形式。比如,点突变意味着基因中的一个碱基变成另一个碱基;更大规模的突变则会扩展(重复)或删除(缺失)一定数量的碱基对;最后一种,由于染色体中的 DNA 片段倒了个个,因此其中的碱基序列全都变为反向的。

基因突变可以从多个方面改变生物体内的蛋白质。单独的点突变可以替换蛋白质中的氨基酸类型,从而改变蛋白质折叠的方式,并可能或多或少影响蛋白质的功能。大规模的突变同样能改变蛋白质的功能,甚至使蛋白质完全失去活性。最后,DNA 中不产生蛋白质而是调节蛋白质产生的区域发生突变时,则会在一定程度上影响蛋白质的生成量。

这些改变会引发生理效应,其中功效有优有劣。基因突变时有发生,因为基因组会有损坏,DNA 拷贝过程中也会发生错误。这些突变也会遗传给后代。随时间推移,这些突变可能在群体中传播,也可能彻底消失。从某种意义上来说,突变就是进化的动力源。

我们都有两份基因拷贝(除了性染色体上的基因),分别从父母双方处继承而来。然而,由于进化过程中,基因突变时有所见,成千上万的突变幸存下来并在物种内扩散,形成了各种不同的基因变异。不可计数的变异组合导致了人类的个体差异性,即使是同卵双胞胎也在所难免。尽管同卵双胞胎最初的基因序列完全相同,但是突变及个体后天的修饰贯穿了整个人生,如此就使他们的基因组有所区别。可以说,我们每个人身上都带有独一无二的、专属于自己的美丽基因组。

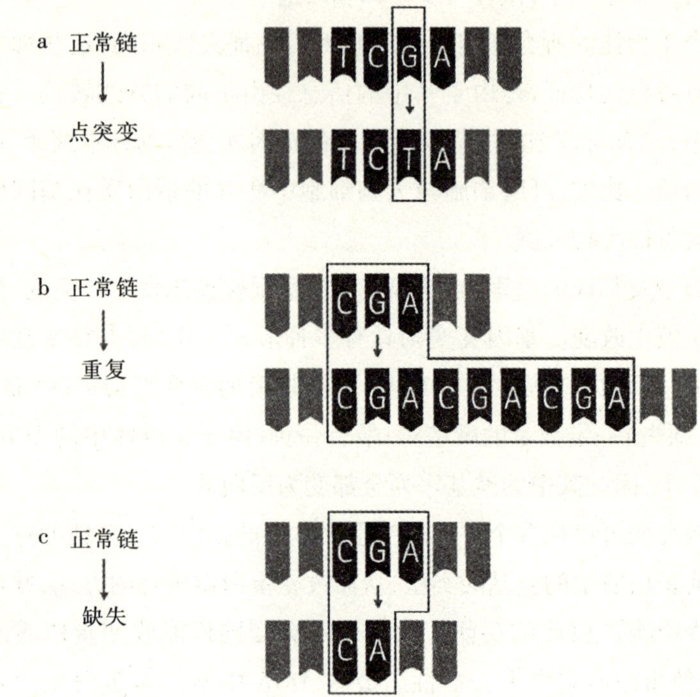

直到 1963 年,即沃森和克里克发现 DNA 双螺旋结构的 10 年后,遗传密码——基因的语言——才最终被破解。除了极少数例外,这种语言几乎通用于地球上的任何生物。无论是流感病毒、黏菌、海牛,或人,其基因都包含相同的组成。科学家由此推断出一种结论:

生命体并非建立于化学物质或分子之上,而是基于一种纯粹、简单的信息。

我们时常一边耸肩,一边发出不屑的"咄"声。见怪不怪的是,我们都能流畅地背诵出以下数据:我们与聒噪的黑猩猩共享 98% 的基因;与活蹦乱跳的老鼠共享 60% 的基因;即使是一条长仅 1 毫米的蛔虫,我们也有 20% 的基因与它相同。但经过深思熟虑之后,我们逐渐意识到一些令人心惊肉跳的事实。

一方面,这证实了全球普适的生物遗传学说并非只适用于表型外观,而是触及了每个生物体的内在核心。

另一方面,这迫使我们从一个全新的角度思考生命。生命现象不再是一群具有固定、特定形式的生物体,比如黏菌、海牛、人等,而是一条连续的信息流。无数特定的生命形式只是这条大脉络上的临时分支,它们暂时网罗了当前的遗传信息。当这些信息随时间流转,新的生命组合体又会出现。

同时,这还引领我们从数据层面思考生物学。遗传信息如同计算机软件及数据中通用的二进制代码,无论是庞然大物 IBM,还是小巧圆润的 Mac,甚至是移动电话,都可以识别使用。遗传密码中所携带的信息无甚差别。也就是说,人脑细胞和酵母细胞释读"基因语言"的方式完全一致。

这个重要的认知远超我们的心理预期。生物学的数字基础带来了一个至关重要的影响:遗传信息并非只限于某个特定的用途,而是可以覆盖形形色色的生物体。比如说,在玫瑰花中并不能找到"宛如玫瑰"的特定基因,相同的基因也能在其他生物体中轻而易举地制造蛋白质。

1973 年,分子生物学家科恩(Stanley Cohen)、博耶(Herbert Boyer)和伯格(Paul Berg)声称他们能够在生物体之间移植遗传信息,这才使人们对遗传信息的认知逐步成型。这群科学家用提取自生物体中的酶剪切 DNA,通过这种方法将蛙皮肤中的基因转移至细菌细胞内,而这些细菌细胞同样能够识别蛙的基因,并制造出相应的蛋白质。换言之,基因在生物体中扮演了天下大同的角色。

于是,基因剪接,也就是所谓的基因技术就如是诞生了。科学家们推开了一扇通向新世界的大门,在这里,遗传信息可以在人与人之间交换,甚至在不同物种之间交换,而这些物种在自然界中是绝不可能混合它们的基因的。人们已经在筹划一系列新形态的生命体,比如,为农业生产专门定制的特种植物,或是专产药用蛋白质的微生物。这些生命体真是令人难以置信的天才之作。

但是任何事情总是喜忧参半。会有什么样不可预测的生命体半路杀出呢？我们这样操纵自然生物，会以干扰或摧毁数十亿年来由进化创造、打磨、微调出的复杂生态谜链而告终吗？我们是否在摆弄潘多拉的盒子？

为了厘清这些问题，一群顶尖的科研工作者于1975年齐聚加利福尼亚州，召开了关于组装DNA的阿西洛马会议，该会议已载入史册。他们不仅为了讨论如何使基因技术达到最高安全标准，也为了将公众注意力转移到这个话题上来。那时水门事件刚偃旗息鼓，人们强烈要求提高社会体系的公开透明度，这正是科学技术闪亮登场的最佳时机。其中一方科学家认为，唯一的明智的办法在于推行即时生效的禁令，即当发现基因技术可能导致不良后果时，所有人在规定时间内立即停止相关的实验。另一方则认为应当立即制定一个指导方针，使实验在安全可控的范围内操作。

当天的讨论以后者的胜利告终，于是分子生物学在凯歌高奏中重塑了整个生物学领域。在接下来的几十年中，基因技术在生物学研究中占据了绝对的主导地位。目前，没有一门生物学的分支学科不与遗传学知识、遗传信息数据有关。即使是植物学家也要偶尔脱下胶靴，离开土地，登入数据库看看资料。植物之间也不再依靠花瓣及生殖器官来判定亲属关系，而是通过比对遗传序列来完成这项工作。

经受过基因操作的生物体早已数不胜数。草莓中被注入了满满的抗冻蛋白，这种蛋白来自一种深海鱼所携带的基因。蛛丝蛋白的基因被植入酵母细胞，这样酵母就能产生大量的蜘蛛丝，以用于制作柔韧的织物。圣诞花中加入了抗病基因，花朵绽放出它们原本不可显现的色泽。纯净的热带鱼接受了水母的基因，浑身闪耀着荧光绿。猪则被植入人类的某些疾病基因，如老年痴呆(阿尔茨海默病)的相关基因，这样它们就可以作为模式生物，用以研究治疗疾病的方法。

基因操作是基因研究领域中的一个大户，绘制基因图谱则是另一个大户。受启蒙运动的影响，我们狂热地对地球上的各种物种进行普查，描述特征，比较异同，对各个物种的传承关系追根溯源。目前，遗传学已发展成为解开这些传承及谜题的关键。各种生物物种的基因组陆陆续续地被从头到尾测序，这些序列也逐渐被收录进庞大无边的数据库中。

收录工作从最微小的生命体病毒开始。尽管病毒可以说并非真的"活物"，但它起码"寄生"于遗传物质上。接着就是"真正的"生物体，从细菌、霉菌至动植物——将近4000种生物体，包括进化史上各阶段的智人。

人类创造的"最叹为观止的图谱"还是人类自身的全基因组图谱。20世纪80年代，一些最具有前瞻性的遗传学者迸发了一个疯狂的想法，他们预期将会有一种工具可以解开生物学内部的谜题，加速疾病研究的进展。这个计划在科技发展史上具有里程碑式的意义，并且是切实可行的。国际联盟"人类基因组计划"因此建立并开始执行该计划。这时的詹姆斯·沃森再也不是当年的那个"愣头青"，而是学术界公认的权威人士，也是该计划的主要推动者。这个国际联盟旨在绘制完整的人类全基因组图谱，这是关于人类的一部百科全书。1990年，该计划正式动工，预期于15年之内完成这项恢弘之作。

若干年以来，绘图进程无甚阻碍地飞速推进。在英国剑桥附近的桑格研究院、美国华盛顿附近的国立卫生研究院，以及其他实验室中，科学家们坚持不懈地为这项计划尽心竭力。然而，出乎意料，"战争"爆发了。美国遗传学家兼企业家文特尔(J. Craiy Venter)和他的营利性公司赛莱拉承诺以最为物美价廉且快于其他学术机构的方式，完成全基因组图谱的测绘。在马里兰州的罗克维尔市，位于国立卫生研究院的路边，文特尔早已建立了名副其实的测序工厂。这个工厂布下了由新一代测序仪器及超级计算机——用于拼接出遗传图谱——组成的阵列。喧宾夺主显然是不受欢迎的，文特尔因此上了新闻头条，他的竞争对手沃森用一贯的刻薄腔调评其为"科学界的希特勒"。

这场唇枪舌战以双方妥协告终,赛莱拉与人类基因组计划互换了关键数据。这样的强强联合使人类基因组草图在2001年完成,比预期提早了4年。这个序列在当时可谓万众瞩目,美国总统克林顿(Bill Clinton)与英国首相布莱尔(Tony Blair)联手在电视上宣传这部"生命巨著"。

但是,这部"巨著"蕴含了诸多意外。研究者惊奇地发现,实际包含的内容比当初预计的少。科学界舆论曾估计人类全基因组中必定包含10万个基因,而分析结果表明,人类基因数只在2万至3万之间。真是少之又少。

基因构成在全基因组中仅占大约2%,它们如同珍珠般串连在一条长链上。每个基因对应于一条带有起、止符号的序列。在基因之间存在海量的DNA序列,但这些序列不会产生蛋白质。全基因组中剩余的98%是一些至今未知的复杂混合物。

基因两侧是用于协调基因活性的区域,其作用类似于调速机,能够按需调控RNA的产量。但这种调节区域占地很小。在此之外的剩余部分则被称为"垃圾DNA",那是些彻底无用之物。事实上,这其中的一部分——占全基因组的8%——看上去不过是病毒的葬身之所,其中包括了由各种病毒组成的序列。这些病毒早就已经退出了进化史的舞台,也无法发挥其原有的致病能力,无非就像废弃的行李,被打包放置在基因组中的某个角落。

其他"垃圾DNA"则逐渐显山露水。原来这一大堆混乱不堪的成分并非一无是处——这些成分能产生无数的RNA分子,它们从未被翻译成蛋白质,但是本身却在细胞内四处游荡。科学家们发现,这些RNA分子中的其中一些能够调控那些"真"基因的活性,另一些的功效还尚待挖掘。

有了成百上千个匿名个体的遗传物质样本,无数个斗转星移的实验过程,以及40亿美元的研究经费支持,人类基因组计划终于给出了第一张人类生物图谱。这个技术进步同样意味着世间万物正在以前所未有的高速度发展。现在,DNA 测序的费用直线下滑,下滑速率甚至比摩尔定律预测的还要快(摩尔定律认为计算机芯片的价格会每一年半下滑 50%)。在 1999 年至 2009 年之间,测序价格疯狂下跌至最初的 1/14 000。而在 2010 年——第一个全基因组测序完成后的 10 年,一些科技公司,如亿明达公司及全基因组(Complete Genomics)公司,都能以 6000 美元的价格为个人进行测序。这个过程只需要一台仪器和一天时间就能完成。

最为重要的是,全基因组计划是基因产业复合体中的一枝新秀。一旦这个最初范式获得成功,大型研究机构中的伯乐们不可能袖手旁观,他们会继续筹措类似的新项目投入生产。科学家们会将视线从描绘人类基本、共同的遗传蓝图转向探索个体差异的方面。这个研究的目的在于将人类 DNA 中的种种差别分门别类,因为这些区别显然是探究人类个体差异的密钥。

首个大项目——人类基因组单体型图(HapMap)计划,期望将我们按传统地理学划分的"人种",对相互差异作一个更为精密周到的阐述。为了探索传统人种分类是否符合遗传差异,人类基因组单体型图计划绘制了 5 个主要人种的全基因组图谱。这样的不懈努力使第一种突变类型点突变——基因组中的一个碱基对替换了另一个碱基对——浮出水面。这种常见的突变形式有一个通用简称——SNP(单核苷酸多态)。据估计,人类基因组中大约有 1500 万个 SNP 位点,而目前只有 300 万个经过识别并录入数据库中。

通过各地实验室测序大量的全基因组,未来变异的分类将越发精确。在 2010 年末,一个测序目录公之于众,人们可以通过公开渠道获取 24 个基因组信息,其中包括一些名人的基因组,如黑人领袖杜图主教(Bishop Desmond Tutu),知名女星格伦·克洛斯(Glenn Close)等。研究机构还掌握了将近 200 人的未公开的基因组信息。但这仅是一个开端。千人基因组计划正在对超过 1000 个志愿者的基因组进行测序,更富野心的个人基因组计划则致力于收集 10 万个基因组信息。这些基因收集者的目标在于集齐所有的变异类型。

人类携带了小的、离散的SNP位点，这些位点上有些人携带的是腺嘌呤，有些人是鸟嘌呤，这些都可以被识别并录入数据库。不仅如此，人类身上还带有严重的突变：DNA大片段有的缺失，有的则一次或多次重复，还有的在基因组内部变更位置。在学术界，突变猎手们近年来倾向于使用一种叫作全基因组关联研究的追踪方法。关联研究强调基因对某些特定疾病或人类特性的影响。这种研究的思路极其精简，召集一群患有某种疾病或带有某种特性的志愿者作为一组，再将一群没有疾病或不带该特性的志愿者作为对照组，就构成了研究框架。研究者用一种"基因芯片"对两组人群一些相同的SNP位点进行检测。在基因芯片这个邮票大小的精密装置中，放置着DNA的小片段，这些小片段如同海草般在芯片上飘动着。目前的基因芯片可以检测50万至100万个SNP位点，并从中提取染色体图谱。这个庞大的数据会被直接输入计算机，通过软件分析即可获得观察对象的遗传特征。

生物信息学家提出了一个根本性的问题：在病人体内某个（或多个）SNP位点上，某种变异出现的概率是否要远高于健康人？如果答案肯定，这个突变则可以作为与该疾病相关的**标记**。一旦科学家们能发现这个标记位于基因组的何处，他们就能利用这个位置顺藤摸瓜，找到这个标记与哪个基因相关联。科学家们也可以探索携带该标记对于疾病发病率的影响。这个方法使得研究疾病病因时不需要先假设问题出在何处。这就相当于在基因组中布下天罗地网，使任何异常的出现尽收眼底。一旦生物信息学家与他们的计算机偶然发现某个关联，生物学家就能立马奔到实验室，开始对特定的基因展开研究。经由厘清生物体组织中基因所占据的角色，研究者们希望能深入探索疾病的生物学机制，最终找到新的治疗方法及药物。

一个早期的著名的关联研究曾在生物学界引发了一场热潮。2005年，洛克菲勒大学的克莱因（Robert J. Klein）领衔的研究团队发现，一种严重的眼部疾病老年性黄斑变性与某个基因上的SNP变异有关，这个基因的已知功效是生产一种调控炎症的蛋白质。这个结论取得了一箭双雕的结果:这种关联不仅能帮助识别高致病人群,也能促进病理机制的研究。

两年后,首个重大的关联研究刊登于《自然》(*Nature*)杂志。在蒙特利尔,麦吉尔大学的科学家们试图探索Ⅱ型糖尿病的相关基因,人们曾经认为这种病主要是由于生活方式不良造成的。在检测了将近40万个SNP位点之后,麦吉尔团队发现了许多关联——两个已有充分证据表示其与疾病有关的基因带有一些显著的变异。同年年末,英国的维康信托基金会出资支持了同样的研究,包括Ⅰ型糖尿病、Ⅱ型糖尿病、高血压、心血管疾病、风湿性关节炎、克罗恩病,以及双相型障碍等。200名研究者分析了17 000个样本,包括患病人群及健康人群,从中发现了一系列新的基因关联。

迄今为止,关联研究发现了超过400种基因变异与疾病或特性的关联,其中几乎囊括了各个方面,如前列腺癌、肾结石、自然鬈发,甚至是传闻中能够嗅出尿液中消化过芦笋的气味的罕见能力都包含在内。

这真是一种精彩绝伦的研究。但是发现了对消化芦笋生成臭味敏感的基因,究竟有什么实用性呢? 现在碰巧是一个成熟的时机,当前价格低廉的测序技术、遗传变异研究和基因关联研究,造就了一群依靠实验室谋生的新新人类。正如知名的美国心理学家平克(Steven Pinker)一针见血地指出:"我们跨入了一个'消费者遗传学'的新纪元。"

消费者遗传学在2008年迎来了大跃进,一大批人受邀加入沃森、文特尔及诸多名人的行列,参与这项测序盛宴。在残酷的竞争中拔得头筹的是冰岛的基因解码(deCODEme)和美国的23与我两家公司,他们已经率先贩买个人基因档案。只要将个人的唾液样本或口腔内膜样本邮寄给这两家公司,他们就会进行样本检测,并在其中筛查50万至100万个遗传标记。他们还会将样本中的SNP位点与多个备受瞩目的基因关联研究相匹配,检测其中是否携带某些致病因子,如心血管疾病、糖尿病、老年痴呆等。但是,基因关联研究尚未成为板上钉钉的项目,因此检测机构不会出具所谓的基因诊断书,来书面说明受测者很可能患上某些遗传疾病。不过,受测者会收到一份风险评估。这是一份综合说明书,其中将受测者与普通人群相对照,得出受测者患病的概率:

尊敬的顾客,根据您的基因档案,您在某一时刻患上X疾病的概率为8.7%。这种风险概率比您的同类人群平均值高出25%。

受测者有了这一纸风险评估在手,他们就可以有针对性地进行自我保护。正如中国父母将子女送至全基因组测试夏令营中,任何人都可以钻研自己的基因构成,即使这不是自己的专业领域,人们也能制定出消灾延寿的良方。为使测试过程尽可能高效低价,这一切流程几乎避免了人工交流,测试结果会在网络上以固定格式公开发布,使受测者及其亲友同时可见。

这就好像遗传学上的"脸书"。从前讳莫如深的信息如今变得透明可见,以往绝对的隐私现在可以公开传播共享。现在,我们正在美国西大荒进行个人遗传学服务,这其中充满了朝气、兴奋和多金的机遇。事实上,在这项事业兴起之初,该行业的业务范围就迅速扩张,超出了它本打算吸引的普通消费者的理解范围。大概有1500项不同的遗传测试服务,分别检测单一基因中定位的突变,也有差不多相同数量的公司提供此类服务。

除了这些充满噱头的测试,还有一些网站声称能帮助人们解读自己的基因分析结果,甚至还提供了咨询公司为人们量身定制服务:帮助应付问卷调查,鉴定基因测试,以及选择并打包满足顾客需求的产品。这些服务的精确程度好比为一个人精心筹划一次巡游,或添置一个平板电视,或是一台洗衣机。正如每个蒸蒸日上的行业一般,基因超市中每日均有大量库存储备,而这些储备是全年24小时开放的。

当我们习惯于在基因市场中消费，我们每个人不同的遗传取向会将我们带往更多宽泛各异的方向。也许沃森一语成谶，疾病研究将会拥有最大的优先权，并且获得最多的资金支持。但是，由于基因检测价格下降，同时创业机会变多，对正常特性研究的需求将会持续增加。将来，研究重点将会转移至行为遗传学，这是一个充满争议的研究领域，总要讨论一些令人尴尬无语的问题，比如用个体基因中的微小差异来解释人们在所思所为上的不同。这些问题几乎渗入了人类生活的各个角落。

这是件无甚惊讶之事。DNA 用它特有的方式谱写了人类最本质的历史。在不久的将来，人类可以将自身的基因组与其他物种作对照，从而勾勒出人类的进化历程，甚至还可以通过这四个最基本的碱基追溯与人类亲缘远近的物种。总之，只要我们希望，只要我们需要，就可以从基因组中追寻我们的真实身份和归属。

第二章

血亲

出身鸭棚又何妨，天鹅本质难掩藏。

——安徒生(Hans Christian Andersen)

“不好意思，小姐，请问我们是不是亲戚呢?”

面对着柜台里的那个男人，我一头雾水。我刚从纽约冷泉港抵达德国法兰克福，几乎筋疲力尽。刚才我还在询问他，飞往哥本哈根的班机上是否还有靠窗的位置。而这样偶然遇见的机场工作人员居然会问我跟他是不是亲戚?

“弗兰克。”他指着自己的名牌说道，“我也叫弗兰克，埃伯哈特·弗兰克(Eberhard Frank)。”他不依不饶地坚持道，“我是波美拉尼亚人，我们会不会是亲戚呢?”

我对他再三打量，却没发现他与我有特别相似之处。虽然我们都肤色苍白，生着一头北欧人特有的灰棕色毛发，但这在高纬度人群中是常见的样貌。我所知的只是——我从没去过波美拉尼亚，也不晓得自己是否在德国有远亲。于是，我得体有礼地回答道：“我真的不确定。”

在我思索这个问题的答案时，我有点难堪地发现我对自己的身世知之甚少。同大多数人一样,我只对自己三代以内的亲属较为了解:父母、祖父母及曾祖父母。当然,到了曾祖父母那一辈,我所知的就只是一点皮毛而已。我有幸在刚记事的年纪见过我的两位曾祖母及一位曾祖父,其余的早在我出生前便故去了。除此之外,其他的事情便如迷雾般模糊不清。至于说到高祖,那我真是一无所知了。

在我着手探索自己的基因组之前,我对亲属关系——**遗传学**上的亲属关系——的重要程度毫无概念。显而易见,每个人的近亲都是最为重要的,毕竟人需要维系一定的人际关系。但是,无论是一些素不相识之人,还是我那些早已作古的亲戚,他们与我有类似的 DNA 序列这件事对我来说无甚意义。况且这还只是种假设状况。

"我为故我在。"这是我的一贯论调。我是谁完全取决于我的所作所为。用一些随机传输的分子作为身份认证的标志简直毫无逻辑可言。

但无可否认的是,在 DNA 中确实存在一些极具说服力的身份识别物质。生物学——血统——意味着某些与日常生活及社会关系无关的东西。这让我回想起霍梅斯(A. M. Homes)在其回忆录《情妇之女》(*The Mistress's Daughter*)中所记载的生物学及文明状况。作为一个被收养的孩子,霍梅斯多年后见到了她生物学意义上的父母,他们是一对机会主义者,属于霍梅斯并不喜欢的那一类人。但她忽然对自己真正的血统产生了莫大的兴趣。霍梅斯如是写道:

> 我发现自己对养父母的身世并不感兴趣,我也不知道这是为什么。这是否是因为我在得知自己的真实身世后,就开始感受到自己天生带有一些独一无二的特性呢?

令霍梅斯震惊的是,她的血亲家庭比起她自幼成长的收养家庭更让她有享受亲情的感觉。血浓于水果然是亘古不变的道理。

现在该讨论正题了。当前有许多电视真人秀将各路名流打包送至陈旧的档案馆或边远地区，寻找他们在生物学意义上的祖先。在同类的低端节目中，收养儿童们发掘自己"真实的"过往，找到了自己的远亲或远祖，不过他们与远亲远祖无论在语言上还是文化上都毫无交集。捐精的弊端已经初露端倪，匿名捐精者的生物学子女们总是要求知道自己的生身父亲姓甚名谁。更有甚者，匿名捐精者，比如英国的消防队员巴蒂(Andy Bathie)，还不得不担负起自己生物学子女的抚养之责。

当然，遗传学不仅能说明血缘关系，有时还涉及到财产继承。现在的消费者遗传学中，最明显的趋势就是亲子鉴定比例明显上升。以往做父亲的看着红发塌鼻的儿子，总对这血缘关系心存疑惑，现在他们则有足够的手段证明妻子的忠贞，只要做个简单的DNA测试就能确定自己是否"喜当爹"。在丹麦，私营企业在2009年中就接受了5000宗亲子鉴定工作，这个比例在一年中增长了50%。一家英国公司声称，英国每年有大约7万宗亲子鉴定工作。在美国，这个数字则预计高达每年50万次，并且这仅是用于法律诉讼方面的数据(数据来自官方实验室)，至于私人测试的数据，显然更高。

自2008年起，任何人都可以直接通过开架药房购买现成的亲子鉴定套装。测试本身几乎是无痛的，当然真正让人揪心的还在于测试结果。如果男人对其妻的道德品行有所怀疑，他可以用套装中的棉签刮取自己和孩子的一些口腔内膜细胞，并将其寄送检测。有时结果不容乐观："很抱歉地通知您，经过DNA比对，无法确认受测双方存在生物学亲子关系。"这时可怜的爸爸该如何自处？如果他确实待孩子视如己出，含辛茹苦把屎把尿，起早摸黑帮助哺乳，殚精竭虑看护病情，绞尽脑汁教育辅导，他真的能因为孩子与他血脉无关就放下这段养育之情吗？难道多年共同生活培养出的感情在血缘关系面前如此不堪一击吗？

有可能。《纽约时报周刊》(*New York Times Magazine*)就曾报道过DNA测试对于"父亲"这个身份的考验，因为传统的"父亲"概念和严格的遗传学"父亲"概念发生了不可避免的冲突。在美国的现行法律体系下，对孩子的抚养义务与生物学上的亲缘关系并不相关。但越来越多的“名义爸爸”发现孩子非己所出后拒绝承担抚养责任，有时甚至有遗弃行为。这其中令人纠结之处显然在于：**费钱费时地抚养一个与自己毫无血缘关系的孩子究竟理由何在？**孩子在这其中显然是深受煎熬的，他们由于血统不正而失去一个亲人，但他们的柔弱尚不足以支撑他们重建另一条血脉关系。在一篇报道中，一个化名为 L 的少女，讲述了她在 9 岁时得知除共同生活至今的爸爸之外她还有一个父亲的感受：“起初我非常恐慌，因为如果我不是我爸爸的亲生女儿，我岂不是总和一个外人在一起过活。”

生物学并不仅限于微观的小家庭关系。在宏观层面上，遗传学研究的是延伸及超延伸家族，即，一个种族是一家。我第一次接触到这个概念还是 20 世纪 90 年代的时候，那时我在曼哈顿上西区，住在 112 大街及百老汇之间的一栋历史悠久的古建筑中。我在那儿总被错认为犹太人，因为我的姓氏很有犹太意味。说个人尽皆知的例子，著名的《安妮日记》（*The Diary of a Young Girl*）的作者就叫安妮·弗兰克（Anne Frank）。

上西区几乎就是个犹太人定居点，犹太教教堂随处可见。每个周五夜晚，成群的犹太男子梳着卷边发，身着笔挺黑亮的服饰，沉默不语、整齐划一地走在西尾大道上。他们的妻子头戴假发，亦步亦趋地跟随在后。这里的人们严格地遵循种族规矩。我当时并不知道这个街区的奥秘，直到我将名牌挂在房门上若干天后，一些带有大卫之星的宣传单册及犹太教灯台蜂拥而来。

还有一些宗教活动邀请函，或鼓励“亲爱的弗兰克女士”尽早“回归”犹太组织的信件。一天下午，我偶然遇到了一个身形矮小的老绅士，他正往我的信箱中塞入一张粉红色的传单。我礼貌地向他表示我不需要这种传单。据我所知，我的祖上确实没有犹太血统。我和犹太人最亲密的接触也不过是我曾在课余时间到以色列人开办的基布兹合作农场当过 6 个月的志愿者——当然这期间更多的是饮酒宴乐。

“这太可惜了，不过这不是你的错。”老绅士吟诵般地说道，语调中满是同情，边说边安抚似地将手放在我胳膊上。

不久以后，如雪花般的传单终于停歇，但我又从另一条途径见识到遗传学上的祖先所建立起的特殊的联系。我遇到过一些被非犹太女性吸引的犹太男性，可他们都斩钉截铁地认为自己绝不会和不同血统的女性结婚生子，他们当中也无人能解释其中的原因。当我以单刀直入的方式向他们挖掘"八卦"时，他们都认为这和犹太文化——这是任何人都可以触及的东西——无甚关联，甚至和宗教信仰也无关，因为他们都不是什么虔诚的教徒。不过，其中有一个人嘟囔了一句："这只不过是为了与祖先的血脉相连罢了。"我觉得这是我听到的最靠谱的解释。在他看来，基因传承应该是人类存在的真谛。

近年来，这种类似的情绪在非裔美洲人中也节节攀升，他们开始借助遗传学工具寻找祖先的来历。当年，大批黑奴被掳至美国沿岸后与其他人群混血，创造了一种新式的大众文化。但对他们来说，这段历史太过宽泛，委实远不足以令人满意。他们想知道自己真正的起源——来自于某国的某种族，甚至是某村庄里的某个部落。虽然这些非裔美国人从未造访过非洲大陆，但他们的血缘可以追溯至现在的加纳及科特迪瓦共和国一带。当然，在奴隶贩卖时代，这两个国家都还未出现在地球版图上。

寻根非洲的热潮很大程度上来源于名人 DNA 测试的效应。喜剧演员克里斯·洛克(Chris Rock)通过自己的遗传密码寻祖，追踪到喀麦隆及乌德麦人身上。琥碧·戈柏(Whoopi Goldberg)根据其 2007 年所做的 DNA 测试自豪地声称她是几内亚比绍的帕佩尔人后裔。(该国的旅游产业部长曾邀请她"荣归故里"，可她拒绝了。)2005 年，奥普拉·温弗瑞(Oprah Winfrey)通过 DNA 测试发现自己是祖鲁人的后裔，于是她自费在南非筹建了一所女子学校。千里血缘一线牵，南非人民的命运就这样和温弗瑞息息相关起来。遗憾的是，这个测试结果竟然是个乌龙。温弗瑞再次接受测试，这次的结果显示，她是目前居住于利比里亚的格贝列人后裔。看来"及时雨"温弗瑞不久就要去给利比里亚的学龄女童们普降甘霖了。

这些测试都是非洲祖先公司的主营业务，这是目前唯一一家依靠科技手段帮助人们在当今非洲寻根问祖的公司。这家公司，以“全黑人运营”为卖点，声称其信息来自于一个拥有25 000个DNA样本的数据库，这些样本涵盖了30个非洲国家及200个种族的人群。只要349美元，非洲祖先公司就会将顾客的遗传标记与数据库中的非洲人遗传标记进行比对——如果一切顺利的话——从中寻找种族及地缘上相符的踪迹。

包括得克萨斯大学奥斯汀分校的遗传学家博尔尼克（Deborah Bolnick）在内的一群学者对非洲祖先公司提出质疑，认为该公司并不一定拥有足够的数据支持自己打出的旗号。不过，消费者们对此倒是热情不减，因为人们并不想追寻真相，而只是需要一种身份上的认同，人们对于各种身份向来是孜孜以求。正如非洲祖先公司的创始人吉娜·佩奇（Gina Paige）在BBC的访谈中所说，她创办该公司的目的，是想让非裔美国人改变看待自我的方式。

但是，从令人目眩的遗传学中探究自身的必要性出自何处呢？

回首人类文明过往的几十年，越来越多的人倾向于从生物学角度探索人类的本质。在西方世界里，人们长期以来都认为人类的本质在于其社会构成。人类群体已经不存在什么**自然**属性的差异，而是因**文明**异同而分化。这种想法貌似可行。因为，当人们长期处于某种文明状态中，他们可以轻而易举地自动识别所处其中的文明类群，尤其这种文明是由祖上代代相传而来的。

比如说，丹麦人之所以作为一个人群存在，是因为这群人都来源于丹麦文化。这种文化以腌鲱鱼、安徒生童话及各种红白色旗帜为特色。在丹麦以南的德国则因歌德（Goeth）、席勒（Schiller）、忧伤的曲调及慕尼黑啤酒节而闻名。即便是在美利坚这个多种族融合之国，人们也因文明异同而被区分开来——黑人、犹太人、再生基督徒、拉美人、盎格鲁-撒克逊系的白人新教徒,以及其余不计其数的小分类人群,并且每个人都对自己的文明属性心知肚明。

不过,现在的世界比以往更加纷繁复杂,各人群之间的混合好比马提尼鸡尾酒般多姿多彩。甚至那些历来被视为同质的社群,现在也都声称自己含有多元文化。其实只要对文明的定义稍加探索,人们就会发现各个文明之间几乎很难区分。文化有点像水,无固定形状。世界全球化程度越高,文明融合的程度就越深,想要依靠因循守旧的方法划分人群就更是难上加难。比如说,如果一个孩子是在英国土生土长的,但只要他父母是巴基斯坦人,那孩子就还是巴基斯坦人。可是这个孩子的举手投足显然会是一副英国人的做派,而非巴基斯坦风范。

在这种强烈的文明反差中,人们不免会想到求助于生物学——这起码是种可以精确解读并付诸纸面的数字信息。谁都可以明确地说自己是祖鲁人或是格贝列人,因为这些信息都清楚地刻画在个人的细胞之中,这与人们对自己的文明属性认同毫不相干。真正的身份认同还是存在于遗传密码之中。

那么我本人,隆娜·弗兰克的祖先又有什么样的渊源呢?在我的遗传背景中是否真能找出所谓“丹麦种族”的痕迹呢?我又该如何看到这些痕迹?

2005 年,一个名为基因地理计划的项目成立,该项目仅以每人 100 美元的价格开展“远祖测试”,即追寻人类超级远祖。多年以前,该项目在伦敦市中心的一家高档酒店举办过一场活动,邀请少年得志的美国遗传学家韦尔斯(Spencer Wells)宣讲其如何利用遗传分析追踪人类从非洲走向世界的过程。茶歇过后,韦尔斯将中亚比喻为人类成长的“温床”。非洲显然是人类的发源地,第一批现代智人就是从非洲迁徙扩散至世界各地的。长久以来的观点都认为,欧洲人是从中东迁徙而来的。但当韦尔斯及其团队分析全球人群样本时,发现中亚的游牧民族非之前所认为的只在亚洲各地扩散,而是还西进到了欧洲。游牧民族遍布欧洲、印度、甚至是美洲大陆，覆盖了多个人群的迁徙过程。

自从在时尚之都伦敦邀请各路名流庆祝其著作《人类之旅》(*The Journey of Man*)隆重出版，韦尔斯就在美国国家地理学会占据了一个高级席位——驻站探险家。他几乎不在任何地方久留，永远都在路上——与所有优秀的探险家一样。韦尔斯成为基因地理计划的形象代言人，这个计划目前是学会与 IBM 共同担负的事业。最为重要的是，这项事业通过遗传学研究以探索人类身份认同问题。正如韦尔斯自己所说："在这个痴迷未来的年代，我们应该尽可能抓住尚未消失的过往片段，才能更深刻地认识自我，预测未来。"在韦尔斯看来，历史遗留的痕迹就藏在全球人民的 DNA 样本之中。通过收集、比对这些样本，我们完全可以描绘出世界各族人民的面貌。

基因地理计划的宗旨在于：高精度地测绘不同人种之间的相关性，并寻踪各人种千百年来的迁徙路线及混血情况。据《美国人类遗传学杂志》(*American Journal of Human Genetics*)报道，承办该项目的遗传学家发现，伟大的古航海家腓尼基人就是现代马耳他人的祖先。无独有偶，他们还深入探索了现代黎巴嫩人的基因组，将染色体与石头、古迹两方面的证据相结合，以描绘黎巴嫩人的迁徙情况。在一个以 1000 名基督徒、穆斯林及德鲁兹派穆斯林为样本的研究中发现：基督徒大多是欧洲血统，基本可以推定为十字军战士的后代；穆斯林兄弟则和阿拉伯半岛人民血脉相连，这是公元 600—700 年伊斯兰教扩张运动的结果。令人惊奇的是，虽然 16 世纪奥斯曼土耳其人占领过穆斯林的地盘，可穆斯林们身上并未携带这些侵略者的痕迹。

最近，基因地理计划又开始投入一项新事业。他们想要寻觅人类早期进化的踪迹，直追溯至第一个仅在非洲生活、尚未涉足世界其他区域的智人。古生物学家所发现的智人化石距今已有 20 万年的历史。虽然人类进化史上有 3/4 的进程发生在非洲，但是在人类第一次迁出非洲之后的约 6 万年里，非洲内部的演化过程几乎不为人知。基因地理计划正试图填补这一空白。目前，他们正在对现存的科伊桑语系人群，即南非的布须曼人，进行DNA研究，以此重建一个新奇有趣的人类历史进程。

曾有一小批人由于气候变迁及沙漠迫近而分裂成两个不同人群，他们围绕着今天的尼亚萨湖扩散，大致位置就在现在的马拉维、莫桑比克及坦桑尼亚之间。10万年来，两个人群，一南一北，各自繁衍。遗传分析显示，科伊桑语系人群的祖先可能在10万年前就另辟蹊径，独立门户。直到4万年前，科伊桑语系人群才与一支来自北方的人群发生融合。

大部分远祖研究都运用两种工具：一是男性独有的Y染色体；二是线粒体DNA，这是一种存在于细胞动力源线粒体中的细小环形的染色体。这两种染色体都遵循严格的单系遗传机制：它们在代代相传的过程中维持自己的原状。其他染色体则会在精卵结合时发生基因互换，相互配对，及自由组合。这曲遗传之舞名为“重组”，它将可用的基因混合，形成新的组合形式。正如新牌局开局前都要重新洗牌，每一次的精卵结合都会重组出全新的篇章。这就意味着，尽管你的染色体是从父母处继承而来，你和他们所携带的染色体仍然不同。

与之相比，Y染色体几乎不发生重组，即是说，父子双方的Y染色体是一样的。亲子鉴定的原理就是检测Y染色体上的一些特殊标记。最常用的标记就是由某种基础序列（比如GCC）重复数次而构成的小片段。这些小片段就像搭建基因的“积木”。这些“积木”存在于Y染色体的某些特殊位置上。在这些位置上，研究者可以计算重复的次数，并将该数目作为相关标记的证据。

女性不携带Y染色体，但她们担负着传递线粒体DNA的伟大使命。这个分子由母亲传递给子女——儿女皆有——因为胚胎的线粒体仅来自于卵子。精子在精卵结合的过程中只贡献23条父系染色体。线粒体DNA的测定方式就使用传统便利的SNP类型，就是在线粒体DNA上的某些特殊区域寻找碱基互换的突变。

人类所携带的遗传标记构成了所谓的“家系结构”。它们可以说是家系传承过程中的一部突变大全。通过观察这些标记,男女双方的血统走向都可以被区分开来。这就好比一棵男性谱系树,谱系的树根就是男性宗主。他的后代在Y染色体上每发生一次突变,都会将突变传递给下一代,如同四下开散的树枝。这在女性谱系树上同样发生,只不过传递的标记是线粒体DNA。由于遗传学家知道突变发生的速率,因此可以通过比对两个现存人的遗传标记,精确测算出两者的共祖时间。

基因地理计划中的研究者可以使用各种遗传标记,这些标记来自于全球不同地区的各色人等(男女均有),研究者会将它们分门别类,归置于人类谱系树的各个分支上。用科学术语来说,这些分支就叫作单倍群,越古老的单倍群拥有越多的亚群(更细的分支)。有一个例证可以说明这个问题:欧洲女性中一共有7个常见单倍群,每个大单倍群都在特定的地理区域中衍生出许多亚群。

在男女双方的后代中都带有引人瞩目的变异。比如说,在现在的冰岛,Y染色体几乎都是北欧人类型,而线粒体DNA则是凯尔特人类型。看来这个事实的来源就是:凶恶的北欧海盗从挪威败走,攻下了冰岛作为新寨子,而冰岛原住的凯尔特女人则成了压寨夫人。

在欧洲人群中,原始的采集狩猎人群与外来入侵的农耕者争斗的痕迹在其遗传基因中清晰可见。最近,一个研究小组声称,欧洲男性中最流行的单倍群R1b1b2来自于8000年前安纳托利亚的农民。这些体魄强健的青年农夫渗入了欧洲大陆上最早的另一群男人。这些男人所携带的I型Y染色体在当今的欧洲男性中所占比例达18%。那些安纳托利亚农民真该对当地采集狩猎人群的女性感恩戴德,有了她们,农夫们才得以完成传宗接代的任务,将这种Y染色体及她们自身所携带的线粒体DNA传递给现在的欧洲人群,这也让后人有了寻根问祖的一天。

“在国家地理杂志社，大家都对现在的检测狂潮惊讶万分。”当我致电韦尔斯位于华盛顿的基因地理计划总部时，他对我如是说道。他显然处于两次异国旅行的空档期，只有短暂的停留时间。

“市场部的同仁们曾预计我们至多只能卖掉1万件测试套装——这还是个乐观的估计。因为，说实话，现在有多少人会真的想知道自己的祖先在石器时代通过何种路径来到亚洲或欧洲的？”

可是，在测试上市的当天，要求购买套装的就有1万人。5年以后，将近40万件测试套装售出，其中85%的货物流向美国人之手。正如韦尔斯所说：“欧洲人可能很难理解这种热情，因为他们和自己的老家尚有关联。”

我对他的话中所指不甚明了。

“在欧洲，人们认为总能在丹麦、法国，或是其他什么地方找到自己的亲戚。这是欧洲人特有的族群认同。这种认同感在美国并不存在，所有美国人都不是土生土长的居民——美国黑人、古巴移民、美籍华人，或其他种族的混血人群，都不是。”

另一方面，混血大国美利坚也为浩瀚的遗传学汪洋注入了些许红利。韦尔斯正在执行一个电影项目，内容是关于他访问皇后区的一个多种族社区，并从中随机提取了200个样本。

“我们在美国的一个小角落就几乎找到了人类基因变异的所有类型。而且我们还能告诉那些不知自己身世的人关于他们血脉传承的传奇故事。”韦尔斯解释道。

但是光知道远祖的情况还不能满足所有人的需求。我又想起了霍梅斯，她在基因地理计划做了DNA测试，结果说明她属于“U型单倍群”。该单倍群将她置于一个所谓的欧罗巴家系中。这个家系的源头是一个生活在5.5万年前的女性，她的后代遍布欧洲大陆。“我觉得我花的几百美元物无所值，只知道了一些早为人知的事——我和这块大陆上的大多数人都是远亲。”失落的霍梅斯在《情妇之女》中这样写道。

韦尔斯觉得霍梅斯太过消极了。

"虽然这个结果只是个人血统中的一个小片段,可这确实能说明个体血统的一部分传承。"他有些不满地强调道,"大部分人还是乐于知道这种结果的。能够和非洲最早的现代人血脉相连,并了解人类迁徙的传奇旅程,这真是一件新奇又富有意义的事。"

我本人是相当理解霍梅斯的心情的,她对自己的身份心存疑惑,当然很想知道与她亲缘相关的信息,比如家谱和人类学。然而,家谱研究也开始利用DNA手段。寻根狂热者们曾经不厌其烦地翻阅教堂里那些用哥特字母写成的记录,还有那些速记而成的人口普查文件。而现在他们可以检测自己与他人的DNA,获得一个准确明晰的答案。通过遗传系谱学,人们可以直接通过个人细胞寻找自我。谁是你的骨肉同胞,谁又与你毫不相干?文献记载可能出现谬误、篡改或误导的情况,但DNA上的标记不会说谎。即使一个身份不明的私生子可以使用各种手段让自己看起来名正言顺、血统纯正,但他及他后代所携带的基因组却是如山铁证。

在过去几年中,一个立足于遗传系谱学的小型产业已经兴起。单就美国而言,有不到50家私企提供家系分型的测试服务,其余的是国际性系谱组织、兴趣集团及网点等。

正如我第一次面对自己的超延伸家族,就是因为一个组织对于犹太身份认证很感兴趣。该组织需要对科恩人进行测序,科恩人据传就是《圣经》中亚伦(Aaron)的直系后代。亚伦则是摩西(Moses)的哥哥,他还要给暴躁又口吃的摩西当代言人。加拿大肾病专家斯克雷基(Karl Skorecki)就属于这个家系。某次,斯克雷基在当地集会上遇到了另一个科恩人,他惊讶地发现他们两人的相貌大不相同。斯克雷基是德系犹太人,拥有白皙的肌肤和东欧血统。他遇到的同胞则是橄榄色皮肤的西班牙系犹太人,这是一群扎根于西班牙的离散犹太人。但如果这两个人真如传说中那样,是共祖同胞,那这一定会在生物学上有所体现。

为了求证这个问题,斯克雷基找到了遗传学家迈克尔·哈默(Michael Hammer)。那时尚是20世纪90年代,哈默在亚利桑那大学进行Y染色体研究,出于科研工作者的好奇心,他接受了这个任务。哈默对斯克雷基及其他一些科恩人的Y染色体做了详实的研究,并于1997年在《自然》杂志上发表相关成果。这篇文章轰动一时,因为其中证实这群人确实存在明确的亲缘关系。哈默在Y染色体上发现了一些特殊的遗传标记,这些标记在科恩人身上重复出现的概率高达98.5%,这个类型迅速被命名为科恩模态单倍型,简写为CMH。

这是一个经得起考验的证据——Y染色体确实可以用于系谱研究。但是这个技术直到2000年才真正从象牙塔中走向市场,先驱者是美国的家族谱系DNA(FamilyTreeDNA)公司,他们为男同胞提供血亲鉴定的商业服务。就在同一时段之内,英国的牛津祖先(Oxford Ancestors)公司开始兜售线粒体DNA的测试服务。此后不久,系谱研究声名鹊起。到2006年,家系研究的商业利润达到6000万美元。据估计,已经有100万人接受测试,这个数字还在以每年将近10万人的速度增长。

系谱学以比对基因序列及遗传标记为基础。这种比对有两种可选方式,一是直接检测受测者与特定对象之间的亲缘关系;二是可以将个人信息与数据库中的各种信息进行比对。显然,数据库中的信息量越大,就会有越多人发现彼此之间存在着未知的血缘关系,以此就可以重写一部浩瀚无垠的家族史。

业余系谱学者由一群边缘文化人组成,他们将休闲时间都贡献给一目十行地浏览各类出生证明及摹拓一块块墓碑。其中有些人堪称狂热分子。进入遗传学时代之后,业余爱好者们立志于从基因组中追寻自身起源,通过挖掘自己与他人的基因组信息以回首过往的情形,并把握当下的概况。他们释读DNA序列的劲头好比普通人看内容丰富的周日报纸那样兴致盎然。他们还大喇喇地走上街头,跟素不相识的同姓氏路人搭讪,向他们索要DNA样本,再将这些样本送去检测,以确定这些同姓氏的人之间是否存在血缘关系。

如果路人表现得不情不愿,这些狂人也会不遗余力地用各种方法搜罗DNA样本。他们会不知廉耻地收集那些潜在对象意外留下的DNA样本,并在当事人不知情的状况下将样本送检。说个真人真事,有个佛罗里达的老太太就在《纽约时报》上洋洋得意地宣传自己的"壮举":她曾为了抢夺一只残留有DNA样本的咖啡杯而尾随一个男人,只因为她怀疑此人是她天祖父的兄弟的后人。还有人四处炫耀自己在殡仪馆里偷偷地扯了一段根部完整的头发——从她过世的姑婆的头上!

"我太知道他们要的花招了。"贝内特·格林斯潘(Bennett Greenspan)如是说,他千里迢迢地从得克萨斯州与我通着长途电话。格林斯潘是家族谱系DNA公司的董事,该公司也是业内龙头,而他们都尚且承认鉴定非法样本是时有发生的事。在大家心照不宣并略得小惠的情况下,公司会从各种来源中提取有用的DNA样本,比如指甲残片、牙刷,或是邮票背后残留的唾液等。

"他们为什么要做这么猥琐的事情?"当我问及原因,格林斯潘觉得这根本就是多此一问,然后说道:"这很好解释——他们就是想确定自己是从哪条石头缝里蹦出来的。"

格林斯潘之所以对这些情况了若指掌,是因为他本人就出身于这群狂人之中。在他年过花甲时,忽然老夫聊发少年狂,决定将自己这点业余爱好变为谋生之本,那时他已经是个秃顶眼花的老者了。到2009年,他位于休斯敦的实验室已经实施了超过50万次的DNA测试,而公司内部的数据库也储存了17.6万个Y染色体序列,及10.6万个线粒体DNA样本。

"可我们一直在做很多额外的工作。"格林斯潘急于强调这一点。

这样,客户就可以提出染色体检测申请,检测范围远远超过以往做的少量遗传标记。除此之外,家族谱系DNA公司已经开始对线粒体全基因组(有 1.6 万多对碱基)进行测序,所检测的突变数量超过了目前已知的突变数量。如果有可能的话,他们可以从中找到许多新的突变。这是一种切合当下的手段,又能从中获取一些历史悠久的基因事件。其中有些突变的携带人群很少,这就显得物以稀为贵了。

“这才是真正的系谱学!”格林斯潘说道。接着,他开始滔滔不绝地分享他的创业史。1999 年,格林斯潘失业了,他对自己的前途十分迷茫。他跟着一个寻找格林斯潘亲属的项目四处奔波了一阵,谱写出了自己的家系。忧心忡忡的格林斯潘太太要丈夫别再不务正业,赶紧回归正途。于是,他开始针对谱系学开拓创业,但很快便碰了壁。他发现一个阿根廷男子与他在美国的表哥同姓,可无法证明他们之间存在任何亲缘关系。

“纸上得来终觉浅。”格林斯潘在忆苦思甜中感慨。系谱学急需采用新技术,而格林斯潘恰好曾听说过迈克尔·哈默正在研究科恩人的 Y 染色体,于是他登门拜访在亚利桑那州的哈默。当格林斯潘意识到 DNA 在追踪血缘上效果斐然,他知道这就是每个系谱学家梦寐以求的利器。

“遗憾的是,与我本人最为相关的项目进展甚微。”格林斯潘的意思是直到今天都不顺利。他几乎测遍了国内外的格林斯潘姓氏样本,但尚未发现和他有血缘关系的人。

“修鞋匠自己总是穿着千疮百孔的鞋,这话说的就是我这样的人。”

“那艾伦·格林斯潘(Alan Greenspan)呢?美联储的前任主席?”我忽然想起这个人来,不过格林斯潘一声叹息。

“不,我不知道。”格林斯潘略带惋惜地说,“我**真的**竭尽全力了,想邀他加入我的 DNA 测试计划,可他就是不肯。不过这也许是天意如此——他跟我可真不是一类人。”

格林斯潘话锋一转,又说起在所有通过家族谱系 DNA 公司寻亲的人当中,苏格兰人占的比例最大。

“苏格兰人对寻根问祖抱有异乎寻常的热情——他们认为一个人的姓氏是至关重要的事。他们还异常关心一个人的祖籍是爱尔兰、英格兰还是德系犹太人。”

格林斯潘还信誓旦旦地向我保证,也有和我同族的斯堪的纳维亚人向他们公司寻求帮助。

“如果非要我说系谱学的魅力何在,那就是它能营造出一种个性化的历史和亲属关系背景体验。每个家族都有各自的家谱,或是口述史。在美国,人们也许会听到某人有个纯种的彻罗基族高祖母,或者某人的曾祖父是黑人。在欧洲,则会有一些人带有犹太血统。总之,每个家族都有些开天辟地的神话,基因检测则能帮助我们辨别其中真伪。”

格林斯潘在电话中轻笑了几声。

“有时候真的挺搞笑的。”他笑道,“有一次我遇到一个从亚利桑那来的天主教徒,他说自己是西班牙人,可他其实是犹太血统的。”

其实只有格林斯潘觉得这件事很欢乐,我是真的不知道这件事的笑点在哪儿。

“参照世界历史的进程来看,也并非不可能出现这种情况。当年,西班牙宗教法庭驱逐了一大批西班牙系犹太人,又迫使留在国内的全部改信天主教。后者中有一部分人最终逃离了西班牙,其后代目前扎根于美国。因此,这些人都以为自己是西班牙人。”

“话说回来,人们如果知道自己的血统传说根本是子虚乌有之事,他们真的会一笑了之吗?”

“这还真不好说。有些人确实会说‘那就这么着吧’,然后继续他们的潇洒人生。而也有人会特别较真。我再给你爆个料好了:有个虔诚的犹太教徒坚信自己是科恩人,可从我们分析的结果上看,他不属于那个单倍型。我可是看过好多类似的事件最终发展成可怕的身份认同危机。还有些非裔美国人通过Y染色体检测发现自己带有苏格兰血统之后大为震惊,这一切只因为他们的某个男性祖上是白种人。虽然大家都知道非裔美国人或多或少都带有一些白人血统,可在基因组中看到确凿的证据还是会让人有些许挫败感。还有人再三挣扎后要求我们重新检测,因为他们觉得是我们搞错了。"

"结果呢?"

"我们还真没弄错过。"

不过,从某种角度而言,可以认为这个几近完美无瑕的测试是个谬误。最终的测序结果展现的是一个扭曲的图景,因为测试只针对一系列遗传线路中的一条单线。如果回溯 10 代,每个人都有 1024 位先人,这其中每一位都对后代的基因组有所贡献。染色体是一种随机重组的物质,承载了所有从祖先那里继承而来的信息。而在这错综复杂的染色体中,测试只针对男性单传的 Y 染色体和女性单传的线粒体 DNA。因此,通过这样的测试,人们只会知道单纯的母系传承或父系传承,其余的就埋没了。

"没错。"格林斯潘略微迟疑地说道,"每个人的血缘都非常复杂。我要是另选一个祖父母辈的姓,那我会姓纽曼(Newman)或克莱因(Klein)。人们都过分夸大了其中一个祖辈姓氏的重要性,不是吗?虽然我是各个家庭综合而成的产物,但我的身份仍然明确地与格林斯潘这个姓氏联系在一起。"

格林斯潘忽然对我的姓氏产生了浓厚的兴趣。

"你觉得自己姓'弗兰克',是吗?你的身份难道就全靠这个姓氏来确定吗?"

我仔细想了想,事实似乎并非如此。我的出生证明上写着弗兰克·彼泽森(Frank Pedersen),弗兰克最初只是个中间名。弗兰克是我母亲未婚时的姓氏,在她和我父亲离婚之后,我们姐弟归她抚养,我们也就毫无悬念地与父姓彼泽森划清了界线。其间的过程无非是去市政厅办了个简单的手续。那好像是在我 12 岁时发生的事情,但是相关的记忆已经十分模糊。彼泽森在丹麦是耳熟能详的普通姓氏,难道改姓弗兰克就显得血统高贵了?就目前来说,弗兰克能代表我的身份,因为我的文章及作品封面上都署名弗兰克。我一直觉得这个名字的象征意味多过家族姓氏。

“你说你就是个最‘普通’的丹麦人,难道你就不想知道你是不是真的携带了德系犹太人的血统吗?弗兰克确实很有犹太人的感觉,想解答这个问题就来找我吧。”

“谢谢你的好意。”我回答道。

“我们数据库里有来自180个国家的16.5万个男性的样本,我们可以检测你到底是纯种的西欧人,还是掺杂了部分德系犹太人的血统。不过这一切的先决条件是,你得让你爸爸接受测试。”

我没告诉他家父早已仙逝,而是告诉他我是从母姓的。

“啊哈,这就是说我们得收集一些你母亲家的Y染色体。你母亲有没有兄弟呀?”

我舅舅倒是还在世,不过想从他那儿拿到口腔内膜样本绝非易事。

“我有15年没跟他来往了。”我委婉地解释道。

“你就去试试看呗,去了再说。”

显然,格林斯潘习惯接触那些积极得多的人。我答应他姑且一试。

“这就对了。搞定了之后就通知我。”

我犹豫着是否要去为那个家族研究而不择手段。我能存活在那样的世界中吗?我能从我舅舅那儿取得一些“弃之不顾”的DNA——从他的水杯边缘或抽过的烟头当中获得吗?

首先,我强自镇定地跟舅舅通了电话。这件事处处透着怪意。除了3年前的一次简短通话之外,我已经15年没跟他联络了,我真不知道该如何提起话头。但当舅舅的声音在电话里响起时,那种亲切让我觉得一切恍如昨日。

“你好啊,隆娜小朋友!”

时光似乎倒流回我还是个小姑娘的时候,那时我总会和父母在每年圣诞节和暑假时造访舅舅。舅舅总能牢记一些细微之事,他对家族琐事抱有浓厚的兴趣，在通话过程中，他还起身去架子上拿来一本家族相册。相册中记载着一些祖母辈和曾祖母辈的未婚姓氏和生辰——这可真是我闻所未闻的事情。当我舅舅高声诵读这些内容并大加评论时，我已经基本可以概述出我们家族传承的大致轮廓了。

我虽然知道我父母的大致生平，但是我外祖母的陈年往事还是让我十分震惊：她于1912年出生于丹麦西兰岛的比克勒。在此之前，我还一直以为我们全家都是日德兰半岛的本土居民呢。我留有一些外祖母的母亲，即曾外祖母的照片，我还依稀记得妈妈亲切地称她为"小个子汉森(Hansen)姥姥"。曾外祖母确实是位娇小玲珑的女性，她留着一头精确中分的头发，包裹着她圆圆的脸颊。晚年时她同我外祖父母生活在一起，但在家中只以夫姓称呼。

"你曾外祖母叫玖琨·萝兰(Gjertrud Rosenlund)，生于1868年。"舅舅对我说道。萝兰，真是个优美的姓氏，不像弗兰克那么刚硬，给人一种粗鲁汉子的感觉。萝兰——就是指玫瑰园——听上去更加温柔可人，我情不自禁地在口中反复咀嚼这个优雅的词汇，这时我忽然想起贝内特·格林斯潘交代过我的事情来。当我必须直面血缘问题时，我倒是很希望自己姓萝兰。毕竟我从早已驾鹤西归的曾外祖母那儿继承到了一定数量的基因，起码和我从弗兰克家的同辈祖先那儿得来的一样多。而我会姓弗兰克真的是个意外，这跟血缘远近没什么关系。

"但我们都没从你曾外祖父那儿继承姓氏。"舅舅忽然冒出一句我无法理解的话。我外祖父姓弗兰克，难道他父亲不该也姓弗兰克吗？

"不，他姓瑟伦森(Sørensen)。汉斯·彼得·瑟伦森(Hans Peter Sørensen)，1883年生于吉勒鲁普。"

这个问题的答案就在第二次世界大战之后通过的法律之中，该法律规定人们可以继承自己母亲未嫁时的姓氏。我外祖父当时想经营一家面包店，但是镇上已经有一个姓瑟伦森的面包师了，因此外祖父就用了自己母亲家的姓氏。追根究底，弗兰克这个姓氏来自于我曾外祖母，阿内·约翰妮·弗兰克(Ane Johanne Frank)，1886年生于锡尔克堡。

她是一个高瘦的女子,我在 20 世纪 60 年代去看望她时,她给了我一大堆 2 分钱的铜币。

"你是不是觉得这很神奇呀?"舅舅问道。这当然很神奇,只不过贝内特·格林斯潘心心念念寻找德系犹太人的计划在我这里泡汤了。我本来应该极力劝服我舅舅贡献出他的 Y 染色体样本,但他继承的是瑟伦森家的类型,而非来自弗兰克家族,这就事与愿违了。

"你可以从自己的身世之谜中解脱了吧,因为这还真不是什么犹太姓氏。"舅舅一针见血地指出,"说到阿内·约翰妮的父亲,他好像是从德国移居到丹麦来的土豆发烧友。"

在过后的数分钟内,我听到舅舅来回翻书的声音。

"找到了:约翰内斯·迈克尔·弗兰克(Johannes Michael Frank),1852 年生于松斯,与阿内·玛丽亚·瑟伦森(Ane Marie Sørensen)喜结连理。"

德国来的土豆发烧友?这听上去毫无魅力可言。据说在 1760 年前后,有一小群德国殖民者从普法尔兹及黑森一带迁向丹麦,他们想要在日德兰半岛中部的荒原上耕作。在培育稻谷失败后,他们开始转战土豆种植。德国人将土豆作为海外珍宝引入丹麦,于是他们被当地人看作土豆培育专家。因此,我的血统来自于海外移民而来的农耕人群。这么说来,我跟在法兰克福机场偶遇的埃伯哈特还真有可能沾亲带故,我为这个事实感到不寒而栗。

如果我父母当初没有离婚呢?我就会以彼泽森为姓氏度过此生,并且从我父亲一支追寻祖先的踪迹吗?

于是,我给我姨婆打了个电话。她已年过八旬,但仍旧思路敏捷,她依然对这些家族轶事兴致盎然。安娜(Anna)姨婆是我已故祖母的妹妹,她也能对她父母生于何时何地脱口而出。我的这对曾祖父母都姓彼泽森,所以这段婚姻是亲上加亲。安娜姨婆似乎对她姐姐的夫家也颇多了解——这家人也姓彼泽森。

"你祖父的父亲,彼得·彼泽森(Peter Pedersen)生于斯凯林,我可喜欢他了。”安娜姨婆说得煞有介事，“他是个很有人格魅力的人。”

另一方面，彼得·彼泽森的妻子，阿内·卡特里内(Ane Katrine)的未婚姓氏及出生地不明，似乎没有人关心过这件事。我爸爸对他这位祖母丝毫没有温情脉脉的印象。这位干瘦矮小的女士可是位使唤人的行家，总是将自己的丈夫和6个子女支使得团团转。在其晚年，她勒令其中一双子女留守自家农场，这样就有人打理家业了。在她以90余岁的高龄过世后，这对子女也因为年事已高而无法按照自己的意愿生活，只得迁居至农场一隅的小屋聊度余生。

“说起来，这一家子斯凯琳人真的有点奇怪。”安娜姨婆斩钉截铁地说，“这群南蛮子的血统里估计是混入了什么杂质。至少有人说起过，在拿破仑战争时，那帮在日德兰半岛南部烧杀抢掠的西班牙士兵中有人留在了这个村庄里。”

听到这儿，我开始对这件事萌发了一点兴趣。我自己拥有一头北欧人常有的暗金色头发和白皙皮肤，只有在夏天，皮肤才会略显淡黄。但我父亲一族的长相则与我不尽相同。我祖父有着几近橄榄色的皮肤，还有一个像罗马人那样的鹰钩鼻。他有三个儿子，一个生着易发红的白肤，另外两个肤色却很深。我父亲年轻时有一头乌黑的头发，他的皮肤一见春日暖阳，就奔向古铜色。如果有人将他错认为中东人或地中海人也一点不为过。

在结束通话后，我觉得很有必要去做个DNA检测。如果我父亲是某个西班牙强盗士兵的后代，这一定会在他的Y染色体中有所体现，而他也把这条Y染色体传给我弟弟了。既然我们姐弟都从母亲那儿继承了线粒体DNA，那只要取我弟弟的样本就能得到父母双方祖先的DNA了。于是我立刻抄起电话联系我弟弟。他是个律师，并不热衷于为科学事业作贡献，因此我慢条斯理、仔细耐心地向他解释事情的来龙去脉。他听了之后，沉默了片刻。

“你要我做基因检测？”他充满狐疑地问道。

我向弟弟赌咒发誓，这只需要用到他的一小部分基因，不会从中推断什么患病风险,更不会涉及个人隐私。“不用杞人忧天了,这个检测只会用到Y染色体上一些无关紧要的部分,而线粒体DNA同时存在我们两人身上。”

我弟弟的声音像是吞了只苍蝇:“**我们有同样的DNA?**”

幸好我弟弟很快从震惊中恢复过来,并表示他会将DNA样本给我。弟弟身着驼毛的雨果波士外套,紧紧夹着他的公文包,正襟危坐,用一种会捕捉易脱落的黏膜细胞的绿色液体漱口。依照说明,他得在1.5分钟后将这些液体吐在杯中。我谢过弟弟,并对他得忍受这种液体的怪味深表歉意。接着,我盖上杯盖,将样本放入纸盒中,并附上我初步描绘出的家谱。

这杯绿色的细胞溶液将会长途跋涉至美国犹他州,然后被收入数据库中。既然我无法利用贝内特·格林斯潘收集的德系犹太人样本作比对,我只好转战索伦森分子族谱基金会。这是一个收集全世界DNA样本的非营利性机构,他们正在积极寻找丹麦的参与者。该机构声称他们拥有全世界最庞大的基因及家谱数据库,包括来自170个国家的10.7万个DNA样本,每位样本捐献者有四代家谱,上面标注有每位家族成员的姓名、出生日期及地点。

索伦森分子族谱基金会的来历堪称奇妙。该机构的创始人是索伦森(James LeVoy Sorenson),已于2008年逝世,这位怪杰生前在房地产及医药行业中完成了资本积累。依靠一次性医用口罩及塑料导尿管等发明专利,索伦森跃居美国《福布斯》(*Forbes*)杂志富豪排行榜第47位。索伦森在晚年一边运作自己的商业帝国,一边投入遗传系谱学的研究中。

“这一切得从1999年的夏天说起,某天凌晨2点,我接到了一个电话。”伍德沃德(Scott Woodward)解释道,他是该机构目前的负责人。那年夏天,伍德沃德还是盐湖城杨百翰大学的一名遗传学教授,他从1985年起开始小有名气,因为他发现了第一个与肺部囊性纤维化相关的遗传标记。

“无论如何,电话在凌晨2点打来。”他用极其单调平直的语调重复,“于是,作为4个青春期男孩的父亲,我接了那电话。”

幸运的是,这个电话既没要伍德沃德去警察局捞人,也没说他的哪个儿子进了急救室。电话中,一位老人开门见山地询问伍德沃德是否了解DNA。伍德沃德给予了肯定的回答,老人因此欢欣鼓舞,接着又询问“研究挪威地区的基因组”需要多少经费。

“我略感惊诧,小心地请教此人来电意欲何为。老者这才亮明身份,自称是索伦森,目前在斯堪的纳维亚。从索伦森打电话的时间来看,他显然从未考虑过时差。”

那时,索伦森正在追寻其挪威祖先的踪迹。以他一贯的勃勃野心,他认为利用自己在挪威本土的一小段时间绘制完整个挪威人群的基因图谱根本就不是问题。“大半夜里听到这‘宏伟计划’当然会让人觉得很不靠谱,所以我起初也兴趣缺缺。”伍德沃德说道,“但索伦森从挪威回来之后就开始加紧赶工。在那几个星期中,我见证了一系列科学问题的答案逐步揭晓。”

“可是对于索伦森来说这是一个为他个人服务的项目。他在耄耋之年才开始追寻自己和挪威祖先的血脉关系。说不定他还想在挪威找个尚在人世的亲戚呢。”

我曾听说过摩门教的教义,其中提到过:人们只要能从茫茫历史中挖掘出已故亲属的身世,就能将他们从世界末日的永久诅咒中解救出来。难道这才是索伦森的真实意图?

“索伦森是个摩门教徒,但我可不觉得他做这件事是基于宗教背景。”伍德沃德若有所思地说道,“但该项目渐渐变得庞大,因为索伦森非要对每个在世的挪威人取样。我估计光是这件事的经费就要5亿美元,就劝索伦森:‘这可要烧掉不少钱。’可他甩了一句‘你先说说看需要多少钱’,我只好如实作答。索伦森稍作迟疑便说道:‘5亿就5亿吧。’”

伍德沃德思前想后，认为这5亿完全可以用在刀刃上。他直截了当地给索伦森发了条短信："别在挪威坐井观天了。"

"我们该把目光投向世界，把全球人群的DNA样本收入囊中。如果样本量足够，那么即使随机选取两个人进行比对，我们也能知道他们之间的亲缘关系及最近一位共同祖先生活的时间。"

伍德沃德说得慷慨激昂，我都能听到他喷在电话上的浓重鼻息。

"这个思路的闪光点在于，我们可以利用DNA技术改变人们对彼此的看法。"

现在轮到我摆出"沉默是金"状。莫非伍德沃德想忽悠我相信，依靠这样一个几近理想主义的计划就能建成和谐社会，只因为人们通过基因检测发现彼此在遗传学上都算是一家人？

"这么说吧，"伍德沃德无视了我不置可否的态度，"从10年前至今，我们始终坚持不懈地采集各种血样及系谱数据——我们的目标是制成古往今来的系谱网络。对了，在来自170个国家的10万余个DNA样本中，也有贵国的样本，而且我的祖上也在那儿呢！"

关于这个话题我也只想知道这么多了，我真正感兴趣的是，伍德沃德是如何招募到这么多"壮丁"为他的数据库作贡献的。

"我们基本靠口耳相传来拉人。志愿者可能是美国人或其他任何国家的人，但共同点是他们都听说过这个项目或认识曾经做过志愿者的人。我们也曾组织学生们加入取样队伍。当然我们也设置了一道门槛：志愿者必须要提供自己祖上四代的家谱，不过结果证明这是我们想得太美了。"

事实正如我之前所说，大多数人都跟我一样，只知道自己三代之内的直系亲属状况。

"因此我们所得的样本比之前预估的要少——如果参与者们更加了解自己的祖上，我们应该可以集齐100万个样本。不过这也没什么关系，反正我们一拿到新的DNA样本及家谱信息，幕后的系谱学家们就会从各国档案中追溯志愿者的祖上10代至11代。"

我发出一声无法抑制的喘息以表惊讶。祖上 10 代可要上溯几百年，还要包括整整 1024 位祖先，更不用说这项工作的基数是数据库中的 10 万名不同个体，这简直就是项不可能的任务。

"这确实是项海量无边的工作，不过我们这个 20 人的小团队可真是为此任劳任怨，当牛做马呢。"伍德沃德不无自豪地说，"好在这件事已经步入正轨，这只要进我们的数据库看看就知道了，已经有不少志愿者成功找到了自己尚在人世的亲属。"

我曾经到他们的数据库中瞄过一眼。索伦森分子族谱基金会目前已收购了基因树（GeneTree）公司，这也是众多以基因检测营利的公司之一，顾客只要支付一定费用，就可以将自己的样本与其大型数据库中的样本进行比对。

还有一些锲而不舍的业余系谱学家也最终掘金成功。一位来自西雅图的女士通过线粒体 DNA 比对，发现自己的祖上来自马里共和国，这样她就可以通过这条线索挖掘出更多关于自己身世的秘密。还有迈克·亨特（Mike Hunter），他以惊人的毅力多年来无怨无悔地追寻已故祖父的祖先。1981 年，在亨特的祖父林赛（Lindsey）入土为安后，亨特就开始寻访林赛之母的身世。这位拥有印第安纯血统的母亲在林赛尚在婴儿时就将他送给他人抚养。亨特循着祖父的出生证明书来到弗吉尼亚州的边缘荒地，又根据诺拉（Nora）及艾伯特·亨特（Albert Hunter）的结婚证书推测出这对夫妇很可能就是林赛的生身父母。但事实并非如此，这对夫妇都是白人，丝毫看不出一点美国原住民的踪影。不过，亨特在当地发现了其他谜团：诺拉及艾伯特夫妇直到林赛出生后 7 个月才登记结婚，而附近的居民还传闻诺拉不守妇道，与他人有染。但那时已经是 1985 年，时过境迁，物是人非，纸面证据也早已泯灭在时间洪流之中。

直到 2008 年，迈克·亨特听说了 DNA 的神奇作用，于是旧事重提。他向索伦森分子族谱基金会提供了自己和祖父林赛的 Y 染色体，希望能从数据库中找到失落已久的亲人。他搜寻了多达 14 个姓亨特的家族，但一无所获。可是过了一些日子，意外之喜从天而降——一个姓贝利（Bailey）的家族和亨特的Y染色体高度相符，他们来自弗吉尼亚州的一个偏远小镇，正是林赛双亲成婚之地。不久，亨特就与他的新家人亲切会面了，他们才是他亲曾祖父的后代。

“这样的结果才算令人心满意足。”伍德沃德略带调侃地说，“不过，还是如我之前所说，我们的首要目标是改变人们对彼此的看法。”

伍德沃德给出了一个实例解释这个目标：基金会积极地促成了分别来自以色列及巴勒斯坦的两位女性会面——她们都是两国的中层平民。

“我仍然记得那位巴勒斯坦妇女略带紧张地对我耳语，说她从未与一个犹太人近距离接触过。”伍德沃德回忆道。

我听着这番描述，也不免为这会面的结果担忧起来。

“但我们给两位女士展示了一系列DNA序列，并从遗传学上证明她们其实亲如一家。这成了两位女士之间的破冰桥梁。最终她们成了密友。”

伍德沃德开始像传教士那样布道，我不胜其烦，想将话题转移到讨论专业技术上来。我所好奇的是遗传系谱学的市场前景及竞争参数何在。

“一个庞大的数据库就是一个参数。但事实上，我认为至关重要的是为客户解析遗传信息的能力。对于我来说，我能轻易地理解个人的遗传信息会从方方面面影响我们的人生。但对于大多数人来说，他们需要花一段相当长的时间去理解、运用这些信息。我们目前所需要的是一些解析工具。”

当我拿到自己的检测报告时，我就对伍德沃德的言下之意心领神会。这张报告上满是数字和随机组合的字母，我感觉我面对的就是一纸天书。幸好我和盐湖城实验室的负责人佩雷戈（Ugo Perego）事先约法三章：他保证会对我的染色体做全面透彻的分析；同时他们还针对我弟弟的 Y 染色体检测 43 个特定标记，每个标记都带有一系列短 DNA 序列的重复片段。刚才提过的那串不明数字就是每个遗传标记的重复次数。只可惜这个结果平平无奇。

“从你的父系来看，你们姐弟都属于 I1 单倍群。”佩雷戈操着浓厚的意大利口音向我解释道。这个结果无非就是说我们姐弟都是土生土长的斯堪的纳维亚人。I1 单倍群只在欧洲高频出现，最早分化年代为 2.8 万年前。目前，丹麦人中有 1/3 都属于这个单倍群。

“真扫兴。”我索然无味地将此事抛诸脑后，“我本来就是斯堪的纳维亚人，我还有什么好期待的？”

佩雷戈公事公办地发表完父系结果后，又换了另一副兴高采烈的腔调：“可是你的线粒体 DNA 很有看头。”

佩雷戈在公布结果前先对我进行科普教育，向我解释线粒体 DNA 的测试机制。在索伦森实验室，测试过程需要对 1100 个碱基测序，这些碱基就在环形线粒体基因组的 1.6 万多对碱基中。这 1100 个碱基位于突变高发区域，而测试中获得的序列将与《标准剑桥参考序列》(*Cambridge reference sequence*)比对。我的线粒体 DNA 是从一个欧洲女性那儿传承而来的，命名为 H2 单倍群。报告中会显示受检序列与参考序列的差异点，也就是标明 H2 单倍群的 SNP 突变位点。一个序列的差异点越多，它就与原始序列分化得越远。佩雷戈在电话中循循善诱，还告诉我，一些非洲单倍群中带有 15—20 个差异点。

我研究了自己的检测报告，发现我的序列和参考序列差异不大，只有 6 个突变点，我于是又有点气馁了。

“你的突变是不多，可关键在于那是**什么**突变！你带有一些古老而稀有的突变，这就是说你的单倍群在人类迁徙史上具有承上启下的关键作用。”

我在电话另一端等着佩雷戈埋头科学故纸堆，找寻文献证据。

“首先，你的单倍群是 H2a1，是下属 H2 单倍群的亚群。该亚群的源头在中东及高加索地区，出现于 1 万年前产生的一个新突变。你可以看看那份检测报告，该突变名为16354T。”

“H2a1单倍群在高加索地区发生分裂，有3条分支向不同的方向迁徙。”佩雷戈继续解释道，“一支向南迁往阿拉伯半岛；一支北漂至中国北部、俄罗斯及西伯利亚；最后一支则西进到东欧，停留了一段时间后，继续向西欧进发，最终留在斯堪的纳维亚。在斯堪的纳维亚这一支中又出现了一个新突变——16193T，你也携带了这个突变。”

我看了看检测报告，确实白纸黑字写着这个突变。

“你还想再听一些数据吗？”佩雷戈尽职尽责地问。我当然想知道，而且我不得不称赞佩雷戈的兢兢业业。

“现在，H2a1单倍群在东斯拉夫人中占4%，在爱沙尼亚人及斯洛伐克人中占1%，这个比例在斯堪的纳维亚人中还更小。那就更不用说同时带有16354T及16193T两种突变的人了，那简直就是国宝熊猫。”

听到这儿，我的兴趣全被吊起来了。这么说来，我的基因组中肯定有一部分可以用来确定我的家系——我可以利用这种稀有突变寻找我未知的亲属。

“只可惜，你祖先姓甚名谁在你的DNA中无从查找。”佩雷戈一针见血地指出，“如果你想了解自己的家系情况，你得有一些其他的证据与DNA反映的情况相互佐证。你可以尝试去公共数据库检索信息，寻找和你相匹配的人群。可是目前数据库中的受测对象还是太少了，你能从中获得答案的希望很渺茫。但如果你认为某人是你的疑似亲属，你们可以都参与测试，并比对结果，确定是否存在亲缘关系，这种情况的成功率还是相对较高的。”

“如果我真找到和我带有相同线粒体DNA的人，”我追问道，“你能说出我们最后一位共同祖先生活的年代或是其他一些细节吗？”

佩雷戈长叹一声。

“线粒体DNA突变的速率非常缓慢。即使你和某人的线粒体DNA高度吻合，也无法保证你们在最近400年之内存在共祖。当然，如果你们来自同一地区,这也许还值得利用数据库继续深挖你们之间的关系。所以你应该先了解一下双方的系谱数据,再判定你们之间是否有可能存在亲缘关系。这就是利用线粒体DNA寻亲的原理。”

但在Y染色体方面,这个情况就好得多,因为Y染色体的突变速率较快。如果有两个男人带有37个相符的遗传标记,那他们有50%的概率是5代以内的亲戚。

“但也可能高达17代,这就显得困难重重了。因为如此长久的年代足以埋没姓氏的存在。”佩雷戈略感无趣地说道。

我倒是很想知道那个西班牙士兵和我家族之间的关系。如果他不是我的直系亲属,我弟弟的Y染色体中肯定不会带有他的痕迹。但是我知道还有其他方法可以获得更多的遗传信息。

“噢,你是指常染色体分析吗?”佩雷戈的语气中多了几分热情。除了单线遗传的Y染色体及线粒体DNA,人们还可以从其他染色体中寻觅祖祖辈辈的踪迹,这些染色体就是佩雷戈口中的**常染色体**。

“我们正在开展这项事业。”佩雷戈承认,这种新式分析即将投入市场,“这种分析基于追踪染色体本身的组成片段,这样就可以显示染色体发生重组的情况。但是要追究某个片段的具体来历还是很有难度。如果你要追溯至4代之前,那就只能通过统计学来计算概率了。目前所能得到的信息无非是某个人有70%的东欧人血统及30%的斯堪的纳维亚人血统,或是类似形式的信息。我们已有足够的数据量,但在统计学方面仍然有些技术性难题,我就不说这些索然无味的事了。”

佩雷戈又补充了一点,普通大众尚未对基因检测足够了解,这也是一个难题。

“我们现在讨论的都是些远离公众视野的问题。一般而言,许多普通民众还不知道如何进入数据库进行检索,因为他们对线粒体DNA及Y染色体一无所知。通常的结果就是:他们尝试进行检索,最终却一无所获,于是便对此事弃之不顾了。这样也确实是徒劳。”

我揣测佩雷戈的言下之意是,目前需要更多的基因解析工具,而且这个重担落在了他肩上。

"没错,就是这样。"佩雷戈接着说起,索伦森分子族谱基金会为应对随时而来的基因解析问题开通了一条紧急援助热线。只要支付象征性的费用,顾客就可以通过咨询专家追溯祖上的源头。甚至可以说,这些专家就是帮助人们研究家谱的顾问。他们也会在顾客受测之前提出相应的建议。

"这项服务的受众就是那些对家谱研究感兴趣、但不明白测试结果的顾客们。他们对各类测试的意义一头雾水,也不知道该选择哪些家族成员收集样本信息。实话说,遗传系谱学目前针对的还是高端客户群及少数能理解该技术原理的人群。"

我不知道该把自己归为哪一类人群,不过这并不能阻挡我寻根问祖的决心。

"你的16193T突变十分罕见,这可不是H2a1单倍群中的每个人都有的突变,因此研究范围很小。"佩雷戈给了我一个友情提示,"千万记住——数据库中的信息日新月异,你很可能在一段时间之内踏破铁鞋无觅处,但最后还是得来全不费工夫。坚持就是胜利,好运与你同在!"

看来我真该去数据库里淘宝了。我来到索伦森分子族谱基金会下属的数据库中检索Y染色体信息,结果一无所获。直到我略微降低了自己的检索标准,要求在10个遗传标记中有8个相符,这才找出了一小批人来。不过,当我详细查看这些结果时,才发现匹配人群中的姓氏五花八门,唯独没有彼泽森。统计结果则显示这些人和我弟弟的最近共祖要上溯19—32代之远。这样的结果毫无用处。我又锲而不舍地在"Y搜索"及"Y基地"两个数据库中继续检索,同样一无所获。于是我马上决定弃用父系路线,改走线粒体DNA的道路。

这个方向可不是全无希望的。我知道曾外祖母玖珉·萝兰有个女儿在上世纪迁居美国,谁敢说她的后代中不曾有人做过基因检测呢?系谱研究可是美国最深入人心的业余爱好呢!

于是我略带兴奋地再度打开索伦森搜索引擎,不过相同的结果再度闪亮登场——空无一物,还是没有人与我完全匹配。我又试了一次,这次检索我所属的H2大单倍群,结果显示有8万人符合检索条件,这些人大多都像我一样是欧洲人,但只有385人属于H2a1亚群。而同时带有16354T及16193T两种突变的人更是少之又少,只有寥寥17人。

从严格意义上来说,无人和我的类型绝对匹配,也没有人和我共享其他的突变类型。

我忽然觉得自己成了"独孤求败",明知希望渺茫却依旧迫切求索。我将希望寄托在"线粒体搜索"上,这是一个对公众开放的数据库。通过这个渠道,人们可以获取贝内特·格林斯潘及基因地理计划检测过的线粒体DNA数据。我参照佩雷戈的意见检索了我的突变。结果显示有2名男性匹配——一位来自乌克兰,另一位来自芬兰。可惜的是,他们检测的遗传标记比我少,因此我也无从得知我和他们的其他突变是否相符。

不过,看似山重水复疑无路,实则柳暗花明又一村。

机缘巧合之下,我加入了一个公益DNA计划:丹麦同类群计划。这是一个业余系谱学家们将兴趣转化为研究的经典案例:他们计划测绘出海内外所有丹麦人的亲缘关系网络。我去他们的数据库检索时,他们只有不足100名志愿者,可我一下子就找到了两人属于H2a1单倍群。我继续比对他们的突变,虽然不完全匹配,但也相去不远。我立刻欢欣鼓舞地写了一封申请书给该组织的匿名管理者,要求尽快"回归组织"。

"欢迎归来。"我收到了组织的回复,这个管理者据说是一位年老耳背的佛罗里达女士。作为一位退休的动物学家,黛安娜·马西森(Diana Gale Matthiesen)同时也是位系谱学老手,她对此有几十年的经验,并且对DNA检测有种近乎崇拜的偏好。她将DNA检测称为"互联网以来的最伟大发明"。黛安娜的亡父是丹麦人,在她对自己母系追根问底,并寻得若干远亲后,她打算来丹麦“认祖归宗”。

在此之后,黛安娜的志向日益远大。她琢磨着要为丹麦人的单倍群打造一个定制数据库,还要将其中的特殊突变分门别类。她预期这个计划将会成为那些希望寻根丹麦,却又无路可寻之人的风向标。与此同时,这个数据库也能为专业人士所用,无论是遗传学家、人类学家,还是历史学家,都可以在研究中自由使用该数据库中的资料。

从外行人的角度来看,这种事情是很奇异的。我之前从未思考过家族历史及远古祖先,可我现在自觉自愿地将我的突变公开在网络上。我还能靠着咖啡和糖果强撑到凌晨,挖空心思对付无比抽象的碱基,只为了找到某个和我共享线粒体环状染色体上特定位置处 DNA 的陌生人。我所查找的是一个微小(可能也是)无用的突变,这是从数千年前的某位女性那里流传至今的。这是一位无处寻踪的“母亲”,但她将这个隐秘的记号传递给无数的后代。我无从想象自己面对这庞大母系中的另一位亲属时会作何感想。

无论如何,DNA 的魅力已经深深地折服了我,而 DNA 也逐渐成为身份识别的一种形式。偶然间,当我想起自己属于一个特殊的单倍群,并携带了特殊的突变时,我就能切身感受到遗传学带给我的非凡意义。我可以宛如处子般端坐着,实则心潮澎湃地暗叹:我们的肉身转瞬即逝,但携带的遗传信息永久流传。同时,DNA 也为广义亲属的认定提供了真凭实据。就是那些我们明知道他们尚存于世,却难以为他们正名的远房亲属。

这些经历也凸显了遗传信息本身的魅力。我想深入挖掘自己的基因组,探索那个由数字构成的我,这就促使了我采取下一步的行动。我要抛开线粒体和 Y 染色体,接受一种全新的测试,即全基因组测试。这个测试将会检测超过 60 亿个碱基对,并从中获取无数细小的变异。据研究者所说,这些变异可以预测我的健康状况及致病概率——这是一张我的不是过往而是未来的全景相片。

第三章

无论健康与否，以我的基因为荣

亲爱的隆娜·弗兰克：

我们愉快地告知您，您于基因解码公司所做的基因检测已完成，请点击此处查看。

开门见山的信息总能让人一目了然，这也是我一贯的行事作风。我轻点鼠标，进入了我在基因解码公司的个人网页界面。该公司承诺为我检测超过100万个遗传标记。在他们尽忠职守的工作下，我的基因中检测出一些患病风险因子，描述如下：

您的检测结果中包含46个潜在风险。欲知详情及预防方案，请继续阅读。

这条信息看似委婉，我的心却提到了嗓子眼。3周前，我窝在家里的沙发上，一边享受这纯粹的愉悦，一边拆开了一封刚收到的说明书。倒也没什么大不了的事，只不过是我用DNA测试套装刮取了一些自己的口腔内膜细胞，寄往雷克雅未克接受检测。但是，我现在面对着电脑屏幕却心生怯意，对于自己的未来似乎不那么好奇了。

毫无疑问，这世上并不存在完美无瑕的基因组。人们随时间流逝而产生的突变如同定时炸弹般深藏于基因组内。可是，知行合一向来就是个难题，当我不知道真相时，我还能潇洒地无视问题的存在，但当现实赤裸裸地摆在眼前时，那又完全是另一回事了。

这一切的首要问题在于，我目前独在异乡为异客。我已经在雷克雅未克向基因解码公司的工作人员取经，平时就独自住在市中心的酒店里。虽然时临初春，可城中皆是春冰点缀，气温也坚守冰点之下。冰岛首都本来就是这种阴冷多风的气候，即便是在室内也冷得够呛，我于是毫无悬念地被感冒击倒了。

时近傍晚，暮色降临，我打开一听啤酒自斟自饮，自娱自乐。我忍不住瞥了一眼那所谓的"潜在风险"，其中将每个基因根据其影响的组织器官分门别类地标出，有血液病、关节及肌肉紊乱疾病、消化系统疾病，眼部、肺部及喉部疾病。更有甚者，还包括癌症、脑部及神经系统方面的疾病。落实到细节处，还有毛发、皮肤及指甲，等等。

这张"潜在风险"表是随机排序的，我满眼望去都是各种病症的名称：青光眼、硬化、肾癌、哮喘、胆结石、秃顶（只针对男性）、Ⅰ型及Ⅱ型糖尿病、下肢不宁综合征、痛风等。

我愣了愣，痛风？这难道也跟遗传有关？我还以为只有暴躁易怒的男性经过一段时间的纵欲过度才会得这种病，比如吃了过多的鹅肝酱和猪肉之类的食物，导致过多的尿酸积聚在大脚趾的关节处。

获得基因表达谱的过程出乎我意料地便捷。大多数流程都由仪器及计算机自动完成，几乎不需要人工操作。我口腔中少量的DNA将经过一种类似复印机的仪器进行扩增——由该仪器启动聚合酶链反应。在仪器中，特殊的酶将扩增出成百上千的DNA分子。在此步骤之后，这些分子将会载入基因芯片中，然后检测染色体上数以百万计的SNP位点。

只有极少数 SNP 位点与特定疾病相关，它们可能增加或降低患病风险。举例来说，有一个位于第 8 号染色体上的 SNP 位点，名为 rs9642880（名字一点也不罗曼蒂克）。通过将 2000 名冰岛及荷兰地区患膀胱癌的病人的样本，与 3.4 万个健康人对照样本进行比对，基因解码公司的研究者发现，rs9642880 能显著增高患癌风险。1/5 的欧洲人在该区域上携带了胸腺嘧啶，这使他们与携带其他 3 种碱基的人相比，膀胱癌的患病风险高了 50%。

如果想了解更多疾病与遗传标记的关系，目前有许多相关研究可供参考。个人也可以通过基因检测技术了解自己的患病风险概况。但当我面对着一堆冗长的列表时，我感到十分头大——我想以更为直观的方式了解我的基因图谱，触摸那个数字的自我。

我该从哪种疾病看起呢？我决定随意挑选一个，于是滑动鼠标越过一票癌症，点中了慢性淋巴白血病。网页中公事公办地描述着病情症状：浑身乏力，头痛，出血及免疫力低下。最后，页面中解释说，仅有 0.5% 的人会在 70 岁以后患病。在我获知自己的致病风险前，我需要先行在页面上确认：**我确实想知道检测结果。我能理解结果中所包含意义。**

这就是当前最为现代化的知情同意书，仅有网页上的寥寥数语，只需当事人轻点两下鼠标即可完成确认。可是，在此之前也并没有什么专家学者告知我该理解何物，我除了选择确认之外别无他法，我也无法阻止自己毫不犹豫地点下确认键。这有些类似于合同及保险协议中的那些蝇头小字——人们根本没耐心仔细思量，都是一扫而过。但我确实知道我能理解那些被转换为百分比的患病风险，因此我飞快地点了“确认”。

哈！开局有利！我罹患慢性淋巴白血病的概率仅有 0.2%，也就是 2/1000。这可比欧洲白种女性的平均值低了 40%。我有种中了头彩的兴奋感。

我继续向下浏览，一眼看到了颅内动脉瘤——真是个耸人听闻的词汇——这是一种在大脑主血管内突出的肿瘤，它没有任何发病先兆，突发后可使人变为植物人。

再下一局！我仅有3%的可能性得这令人毛骨悚然的病，这概率又比平均水平低了一半。这下我初尝甜头，士气大涨，立刻又查询了老年性黄斑变性，这是一种视网膜随时间衰老的疾病，也是在老年人中引起视力衰退及失明的头号罪犯。研究者已在第1、6、10、19号染色体上的5个区域发现了与该疾病相关的基因变异。我想起一个在哥本哈根的旧识，这位女士对阅读如饥似渴，又是一位专业的文学翻译。可是因为这种病，她目前几近失明，只得与有声读物为伴并全靠他人帮助行走。我略微犹豫，指尖在鼠标上游移，最终下定决心点开结果。好运又一次降临在我头上，还是远低于平均水平的2%，正常值可有8%呢！我默默地对着镜子里的自己点了个赞。这面镜子恰好挂在桌子上方，本来我打算从中看看自己愁容满面的样子，然而我现在却欢欣愉悦。

阿尔茨海默病，就是最常见的老年痴呆。现在，我不可抑制地回想起沃森为自己携带了载脂蛋白E4变异而忧心忡忡的样子，这个变异确实会大大提高患病风险。但当我点开结果，却是一片光明——载脂蛋白E4变异无影无踪。不过，我看到了两份载脂蛋白E3变异拷贝，这对阿尔茨海默病稍有影响，因此我有7%的可能性患有这种让人生不如死的病，但人群平均水平可达12%呢。

看来我父亲不是老王卖瓜，自卖自夸，我还**真是**个优良基因的集合体！这又让我不由自主地想起我在国内的一个朋友，她总是催我尽早结婚生子，以免成为高龄剩女。“像你这样身心健康、才貌双全的人，必须为提高祖国后代的质量**出一分力**。”朋友对我循循善诱道。作为一个同样秀外慧中的女性，她本人就身体力行了这项伟大的事业足足三次。

不过现在可没时间给我追忆往昔了。其实每个人都知道自己可能存在的弱点。我是有家族病史的人，我的父系一方遗传有心血管疾病。我的祖父母及父亲，都心脏脆弱，血管易堵塞。祖母时不时地就心疼，我们也不知道那是什么毛病，就一律称为“心疼”。祖父血液循环差，导致他腿上的疮始终不能痊愈。祖父一生辛劳，即便年事已高，仍然精神矍铄，但他刚过古稀之年，就被脑出血击倒了。再说说父亲，他40来岁时就被论断为患了重度高血压，病情严重得家庭医生都不敢诊治，直接叫来救护车将他送往最近的医院。等他年岁更长时，心脏病如约而至，病情主要是心动过速及心律不齐。医生用尽各种药物也没能保住他的双腿不受动脉硬化侵蚀，最终两条腿的动脉都僵化了。我父亲，一个曾经自建房屋并能在后院中随意翻筋斗的强壮男人，晚年却几乎无法行走，只能对自己江河日下的身体状况唏嘘不已。

“只要有收音机或一屋子的书，要我安静呆着也不是问题。”父亲信誓旦旦地保证。可是，他往往刚在椅子上坐了一会儿，就开始躁动不安起来。他得的是外周动脉疾病（PAD）。显而易见，基因解码公司早就将此病列入筛查范畴，就在心血管及循环系统目录下。他们还告诉我，在发达国家，有超过10%的人罹患该病，吸烟则是患病的罪魁祸首。不过，遗传因素也在其中起一定的影响：冰岛学者发现第15号染色体上有一个变异与之相关。我深吸一口气，点开了结果。

我就知道——结果不容乐观。现在我的患病风险瞬间高于正常值的14%，达到了18%。这看似差距不大，但从严格意义上来说，我的数值已经接近1/5了。基因解码公司此时还不忘在我伤口上撒盐，继续强调他们的测试“并未涵盖全部风险因素”。

虽然我早已戒烟，不过回想起我年少无知时在派对上吞云吐雾的场景，我还是一手冷汗。但是往者不可谏，我只能查阅所谓的预防及治疗方案，上面指示可服用血液稀释剂阿司匹林以降低罹患外周动脉疾病的风险。看来我该把这方案带给我在国内的医生看看。

这突如其来的患病风险让我神经异常紧绷。我的啤酒已经喝光了，唯一能让我保持镇定的只剩下小冰箱中的炸薯条和巧克力。我从镜中窥见自己神经质地撕开一条士力架，脑海里自动播放着那段可笑的广告语：“饿了吧，把它吃掉，把它吃掉。”

我继续往下看列表，心脏病及动脉硬化可真不是我想关注的焦点，我真正在意的是乳腺癌。这耸人听闻的病一直让我如芒刺在背，因为我母亲和外祖母都死于该病。

在我年幼记得的几件事中，有几个片段就是前往奥尔胡斯医院的放射病房探望外祖母。我还记得走廊上铺着灰色的亚麻地毡，两侧是高大的玻璃门，空气中散着淡淡的苦艾味。当大人们都坐定不动时，我只能和一个患了严重脑瘤的小男孩玩耍。医生们给小男孩理了个大光头，用紫色记号标出头上需要接受放疗的区域。那看上去就像一张异国地图，我觉得观察这些紫线条比探视外祖母要有趣得多——那时我才 4 岁，根本就是幼年不识愁滋味的时候。

不过在我上初中的时候，我就真正感受到乳腺癌的可怕了：这次噩运降临在我母亲身上。某日，母亲下班归来，对我们姐弟说，她身患癌症，下周就将摘除左乳，而医生也不能保证术后状况。

相依为命的母子三人涕泪交加，陷入绝望。但也不是真的全无指望——虽然癌症没有扩散的希望渺茫，但放疗和化疗也许能起作用。如果这些方法行得通，我母亲就能摆脱疾病，重获自由了。但仅在 6 个月后，扫描仪上又出现了癌斑，虽然很小，但不容忽视……接着就是与癌症长达三年的攻坚战：繁琐的检查，接踵而来的失望，新的治疗方案，垂死的挣扎、沮丧，直到最后，就是那不可避免的癌痛。每到夜晚，母亲因为癌症的骨转移引发的剧痛不断哀鸣，这时连吗啡都对她失效了。

在某些人看来，我刻意回避各种检查是很奇怪的行为。我从来不让自己接受什么肿瘤筛查，如果有人问我是否定期接受乳房 X 线照相术，我都会抵触地低声抱怨道："只是看这么一小块地方，根本没什么用。"

而现在我却端坐在冰冷明亮的屏幕前，上面显示着可以通过我的基因揭示我的患病风险，只要检测第 2、5、8、10、11、15、16 号染色体上的 8 个变异即可。在女性高加索人（白种人）后裔中，患乳腺癌的平均概率大约是 12%。即是说，每 100 位女性中会有 12 人在一生中的某个时刻患上这种病——无可避免。但由于7个变异的不同组合,也有人的患病风险会提升至60%。我悲观地认为我就是那倒霉的1/6,于是目不转睛地盯着我点开的结果。

但事实出乎我意料:我又低于12%平均标准——风险仅有7.7%。悬在我心中的一块大石刹那间无影无踪,我浑身轻快,好似小鸟。

在这令人欢欣雀跃的一刻,我坚信自己已经脱离了死神的魔爪。

“哇,你看起来真是精神百倍呢!”

翌日早上7点,基因解码公司公共关系部主管法默(Edward Farmer)到酒店回访我时,如是说道。而实际上,此时寒天冻地,旭日未升,我还一宿未眠。昨晚,在得知自己患癌概率很低之后,我兴奋地难以自抑,痛饮了数罐啤酒。在逐渐平复心情后,我又一丝不苟地研究了整份基因表达谱,从头到尾,一字不落地看了心房颤动、秃顶、痛风及下肢不宁综合征——全是赏心悦目的低患病概率。当然,我是女性,只会是秃顶基因的携带者,但我还是对这个结果无比满意。

但是,这个夜晚仍然不得安宁。我纠结良久,就为了一件事:我完成了这些基因风险评估,可它们到底用处何在? 这不是我个人的疑惑,而是许多人都会问的问题。如果有人知道自己有低于平均水平的患哮喘风险,这对他意味着什么? 或者说,某人知道自己患肾结石的概率略高,这对他的日常生活有何影响? 如果我得知自己患乳腺癌的概率有60%,我该有什么行动? 这些分子风险评估到底有多少确信度?

“请系上安全带。”法默对我说:“考里(Kári)会为你解开疑惑。”

法默口中的考里指考里·斯蒂方松(Kári Stefánsson),基因解码公司的创始人兼主管,同时也是该公司的形象代言人,关于他的故事众说纷纭。我在大约10年前就见过此人,那时的基因解码遗传学公司——基因解码公司的前身——尚在萌芽状态,并且外界非议颇多。这家公司在遗传产业化方面是第一个吃螃蟹的先驱,于是掀起了轩然大波。斯蒂方松提出了一个好主意,他想通过探究冰岛人民的基因组实现产业推广。他试图创建一个超级数据库,将冰岛全民的医疗记录与他们的遗传信息相结合,同时包括上溯数代的家谱记录。通过该数据库就可以高效地追踪与疾病相关的基因。

斯蒂方松从认同他理念的风险投资人手中融资1200万美元,将他在哈佛大学神经病学和神经病理学教授的职位、名望抛之脑后,两袖"金"风地回到故乡冰岛,满志踌躇地想要突破立法阻隔,开拓自己梦想中的事业。有人强烈反对斯蒂方松,认为民众的基因组数据不该落入私企的囊袋中,类似的不满甚至都蔓延到了冰岛国外。斯蒂方松只得转型成巡回演说家,他那考究的阿玛尼西装及北欧海盗式的凶相成了荧幕上的焦点。斯蒂方松在各个会议间辗转,游说他的反对者们,他那顽固倔强的本性很快让他恶名远扬。

斯蒂方松现已年过花甲,仍有着1.8米的伟岸身姿,宽肩阔膀,满头华发,一脸髭须。另一方面,斯蒂方松还是冰岛10世纪时的国宝级吟游诗人埃吉尔·斯卡德拉格里姆松(Egill Skallagrímsson)的后代。具讽刺意味的是,埃吉尔不止相貌出众,怪异的行为也让他备受关注。如果饮食不合他意,他会当着一众宾客的面呕吐。如果有人冒犯,他就怒目而视或者咄咄相逼绝不退缩。如今,埃吉尔的后代则被贴上了诸如此类的标签:"自高自大""咄咄逼人""暴躁粗鲁"。

但在基因解码公司的首页上,斯蒂方松却面带微笑,双手托腮,作出一副沉思者状。要不是那黑色紧身的T袖勾勒出他强壮的上臂曲线,他看起来还真是位和蔼可亲的老爷爷。这幅肖像下配了一段说明文字:

与其他希望仿效我们的公司不同,基因解码公司不仅致力于人类遗传学,还为大众打开了一扇崭新的大门,可以由此了解当今世界常见疾病的遗传风险概率。

这话听似自恋,却所言非虚。

斯蒂方松的理论是站得住脚的。10年后,基因解码遗传学公司已经遍寻成千上万的冰岛人基因组,并在其中寻找出许多至关重要的基因变异,这些变异对人类的健康和疾病影响深远。该公司会定期向最优质的科学期刊投稿。法默贴心地给我普及了足够多的前沿信息。

专业人士都很为这些研究所触动,不过赞成公司将基因表达谱直接提供给消费者的人却不多。其他的一些怀疑主义者,比如英国人类遗传学委员会的某些成员,就担心大众无法在缺少专业遗传学人士的建议下正确理解这些遗传信息。委员会成员提出异议,认为这个测试只是列举了一些风险就直接贩卖给消费者,是不应该的。许多医生持同样意见,2008年,迫于医师利益集团的压力,加利福尼亚州禁止没有经过资质认证的专业医疗人员实行商业性基因检测。

但商业性基因检测似乎是大势所趋。2009年,面对连年财政困难的基因解码公司改头换面,尝试将自己打造成一个"诊断型公司"。公司先申请了破产保护,又在紧要关头由一群美国投资人出手相救。这之后就有盈利进账——是大把的钱,通过基因表达谱赚来的钱。这就正如斯蒂方松对媒体公开披露的决定中所说:"当我们将视线从医疗转向预防保健,测控个人患病风险将会成为日常医疗的重点。"

自我上次与斯蒂方松会面已经过去10年,但他那招呼人的方式提醒我,他还真是一点没变。

"你的公司又要给我添麻烦了么?"斯蒂方松看着他的文件,既不起身,也不抬头,只是伸了伸手。在我出声之前,他又吼着要助理给他泡点咖啡,这样他才能继续这场谈话。正如我不少记者同行所写,这是他经典的保留节目。斯蒂方松的粗鲁并未给我留下深刻印象,反倒是他的嗓音——真是动听得令我难以忘怀,给人柔软得如丝般的感受。他的英语虽然带有浓重的口音,却十分迷人。即使是现在,他告诉法默,作为公司宣传部负责人,他可以接受采访,但采访者要做好被他驱逐出去的准备时,他的声音仍然富有磁性。

"是被彻底地赶出去哦。"

我揣测唯一能避免被驱赶的方法就是先下手为强。我先戳了一下斯蒂方松的痛处,他虽然是打开个人基因表达谱市场的出头鸟,但他的竞争对手,位于硅谷的23与我公司,比他更有名望,并预估在商业运营上比他更有看头。我故作天真地请教斯蒂方松,在《时代》(*Time*)杂志将基因表达谱评为"年度最杰出发明"的当下,他如何看待23与我公司在该领域的杰出表现。此话一出,我立刻感到桌子对面放出了一股杀气。

"这有什么好大惊小怪的,我来告诉你其中的奥秘。这家公司的创始人之一傍了个大款,这是美国人才干得出的事。"斯蒂方松咆哮道,"好吧,我今天下午憋了一肚子火。不过这算什么呢?我有N个下午都被气得发狂。"他直勾勾地盯着法默,后者则摆出一副中立的公关脸。

我回想起23与我公司的沃伊齐茨基(Anne Wojcicki),她就是斯蒂方松口中那个傍上大款——谷歌创始人布林(Sergey Brin)的女人。即使是怀孕之际,她仍然在奥普拉脱口秀中精彩亮相。不久之后,斯蒂方松才在另一个名气稍弱的脱口秀节目中,向主持人玛莎·斯图尔特(Martha Stewart)解释了所谓基因表达谱。而这位永远笑脸迎人的主持人兼家政女王最近因为证券欺诈而入狱。

"请告诉我……基因解码公司的忠实顾客都是哪些人?是玛莎·斯图尔特脱口秀的长期观众吗?"我尽量让自己显得无辜清白。

"你这家伙都是从哪儿知道这些的?"斯蒂方松还是面朝法默,不过他这次的咆哮略微带了一点笑意。我总算攻开了这层坚冰,接下来我们开始开诚布公地聊了起来。这位牛人第一次将椅子转向了我,并且告诉我,他们公司将大多数基因表达谱贩卖给专业人士。

"这其中包括全科医生,也有一些致力于预防保健的诊所,那在美国简直就是遍地开花。"斯蒂方松解释道,"当然,私人消费者的数量也在上升,但就长期而言,医疗卫生市场还是个大头。实际上,我认为直面消费者也是一条影响医疗卫生系统的途径。如果人们认为当前的预防保健毫无作用,他们就不得不获取更多有关个人患病风险的信息。这也是控制疾病负担的关键。"

问题在于基因表达谱的未来走向是否乐观。2008 年 1 月,一群美国遗传学家在《新英格兰医学杂志》(*New England Journal of Medicine*)的社论中警告称:基因表达谱在临床应用上价值不大,因为目前主流的疾病——糖尿病、心血管疾病、癌症等,成因都十分复杂。虽然已知有一系列基因与之相关,但这还不足以完全解析这些疾病,因为其中还掺杂众多环境因素。对于基因表达谱是否能提供个人患病风险的真实写照,目前还未可知。

"一派胡言!"

斯蒂方松忽然抬高嗓音,发声怒吼,同时如野兽般俯身向前。

"基因表达谱的功效不输于任何一种筛查方式。如果某人知道自己有 50% 的概率得乳腺癌,她会采取什么行动呢?统计学证明,如果一种疾病可以预先诊断,那就有 99% 的概率可被治愈,而一旦疾病扩散,那就几乎回天乏术了。我认为,如果更加广泛地使用基因表达谱,被治愈的人群比例会显著上升。"

这个例子听得我一身冷汗,但我随即想起自己的幸运变异,而后冷静了下来。与此同时,斯蒂方松还在自说自话。

"我们还可以举心血管疾病为例。比起在血液中检测胆固醇的传统方式,我们针对心血管疾病的遗传标记检测可以对心脏病风险提供更好的预测。对于重视预防性治疗的人来说,基因表达谱可是相当有用的。不过,前提条件是他们能理解这些信息所包含的意义。"

斯蒂方松即使在说话时也表现得像个多动症儿童。他不停地摆弄自己的手机,时不时地要求添点咖啡——他完全没打算邀请我和法默一起喝。我试图利用他的某个软肋引起他的注意。

"可我们早就知道该用何种方法降低罹患这些疾病的风险了。"我挑衅地说。

这保命八字诀就是:戒烟、茹素、运动、减肥。可这些认知并未使人们改变现有的生活方式,那么知道自己所携带的某些基因又有何意义呢?对于大众来说,染色体、遗传标记、统计学,都太抽象了。

斯蒂方松慢吞吞地斜过眼瞪着我,好像看见了一只五色斑斓的大蜘蛛。

"你说起'大众'的时候,感觉把这些人都当作二等公民,其余的则是一通废话。"斯蒂方松敲击着桌面,强调他说的话,"胆固醇测量的经验说明,人们得把测量结果当回事。但其实也就大约30%的人在发现他们胆固醇过高后开始服药控制,并改变生活方式。另外30%的人虽然有所反应,但基本上是漫不经心地予以处置。"

当然,还有剩下的四成人直接无视了这些信息。此外,胆固醇水平只说明一种疾病的部分原因,而基因表达谱则预测了数十种疾病的患病风险,这叫人如何理智地选择该把宝押在哪种疾病上呢?

"那你就完全误会了。当人们看到自己的基因表达谱,他们就会发现其中难得有一项以上的重大疾病具有较高的患病风险。我看过一个熟人的基因表达谱,其中有两项高风险重疾。以一堆患病风险给别人施加心理压力显然是不人道的。但另一方面,如果一个人群中一大部分人都有患病风险,社区就需要据此制定医学预防计划了。这可能是可预见的最省钱可行的方法了。"

我问斯蒂方松,他们是否对每个新生儿都检测基因表达谱。斯蒂方松灵光闪现地赞同说,他们掌握的信息越多,对于个人一生健康的正面影响就越大。

"我告诉你,"斯蒂方松有些不耐烦,"现在总算有不少人能正确理解这些数据了。鉴于这世间万物都基于DNA序列,而这项研究又恰好揭示了这些序列是如何影响个人的,那我们就不可避免地将其投入日常使用中。因此,如果因为人们不明白这些信息会从生物学、心理学及社会等层面对他们产生影响,就严令禁止他们使用这些信息,那也是种罪过。你可以回想一下,近几年来有一些药物就是在进入市场后才开始临床试验的。这其实都是消费者的市场需求所驱动的。”

说到这儿，斯蒂方松显然再也坐不住了，他很突兀地问法默是否看了自己的那组新照片。没等法默回答，斯蒂方松就要我们跟着他走。我们只得亦步亦趋地跟着他走向走廊尽头的房间。房中几近空荡，只有 8 幅巨大的照片斜靠在墙上。这些照片都是特写镜头，拍摄地点位于离基因解码公司不远的一处海滩。海滩上的鹅卵石及湿润的海草都被放大至 1.5 米，清楚地影印在铝制相框中。

斯蒂方松向我们介绍了他们拍摄时所使用的特殊镜头，又滔滔不绝地对我们讲述他多么热爱独自一人怀揣相机走遍自然的感受。我略显刻薄地问他，那些平平无奇的海草怎么会散发出如此光彩照人的紫色，是不是曝光出了问题。“这就是那些海草的真实面貌。”斯蒂方松解释道，接着又给我普及推广了奇幻瑰丽的冰岛风光。

“冰岛真是这个地球上的人间仙境！”

斯蒂方松的照片确实水准惊人，这在某种程度上刺激了我的自尊心。面对着一个集物理学界的楷模、学术界的权威、高科技公司的创始人及敏锐有才的艺术家于一身的神人，谁能不感叹上天的不公呢？在我脑海中可还回荡着我父亲那句“优良基因集合体”的著名言论呢。

这些相互堆砌、鲜少改变的遗传信息是如何使人们变得大相径庭的呢？在这 60 亿个碱基对中，人类与黑猩猩的差异也只有几个百分点。那么人与人之间的差异是如何通过那 0.5% 的不同而体现的呢？我暗自怀疑，真的能依靠这仅有的几个化学变化就形成千变万化的人群吗？我和恭谦亲和、天生鬈发的法默，还有这个无所畏惧、尖酸刻薄、皮肤黝黑的斯蒂方松，难道只有这一点差别吗？

“好吧，”斯蒂方松打断了我的浮想联翩，“既然你也检测了基因表达谱，你对此有什么疑问吗？”

回到斯蒂方松的办公室——这次没有人陪送——我便毫无顾忌地大肆抱怨自己居然有罹患动脉硬化的高风险基因变异。基于我昨日的穷究苦读,我发现这个变异也会提高我患肺癌的风险。33%的概率早已让我不忍耳闻,斯蒂方松却不为所动。

“这不能说明什么,即使你有这种遗传倾向,只要你不抽烟就基本没事。”

我很想停止这喋喋不休的询问,但还是忍不住继续倒苦水,表示很为自己基底细胞癌的高风险担忧。这可是最常见的一种皮肤癌,而且也没有什么特殊的发病先兆。

“我也曾切除掉一块皮肤,但情况也不像你说的那么严重。你只要远离阳光就行了。”

虽然我很仔细地研究过那份报告,但我也坦承其中仍然有不理解的部分。我从小到大都是一副瘦骨嶙峋状,但基因解码公司却说我有高于平均水准的超重风险。我会发福?我就此问斯蒂方松,这份报告是不是出错了。

“那报告没错。”斯蒂方松语调森严地回答,“我本人也和你一样,携带了这种肥胖变异,但我的体重已多年未变——也许是因为我坚持锻炼的缘故。对于我来说,每天运动3小时能保持最佳的状态,不然我就会陷入抑郁。”这个话题可能让他想起了在训练室中的场景:举起哑铃击败忧郁。不过他却起身到角落处的小冰箱里取出一瓶水,甚至递给我一瓶。

“对于多因子疾病的变异,不可能提供一个精确的预测,因为这些疾病的成因过于复杂,并不仅限于单个基因。致病原因往往与环境更加相关。人们目前只是知道这些变异的**外显率**,但它们对个人的致病影响还未可知。我们无法得知这些变异在疾病中的作用,因为某些变异被表达,而某些变异常常不表达。”

我呆望着斯蒂方松。他这是在承认自己认为基因表达谱其实毫无用处吗?

“我不是这个意思。基因表达谱会告知人们一个给定的结果——比如肥胖——的概率是高或低,但不能说明某个人一定会发胖。”

为了向我说明环境因素的重要性，斯蒂方松开始讲述基因解码遗传学公司所研究的一项新发现。在公司中任职的科学家研究黑素瘤时，在基因中发现一种变异与促黑素受体相关，但这种变异在各个欧洲人群中表现出的影响大不相同。在西班牙人中，这种变异将黑素瘤的患病概率提高了2倍，但对冰岛人来说却几乎没用。据此推测，阳光也是黑素瘤的致病因素之一。在冰岛，人们能轻而易举地躲避阳光，但在西班牙就绝非易事。瑞典的日照程度介于冰岛及西班牙之间，而瑞典人患黑素瘤的概率也恰好在这两种人群之间。

“我们还发现了3个提高心房颤动概率的基因变异。其中每一个在中国人身上出现的概率都要高出欧洲人3倍，但中国人鲜少患有心房颤动。这个例子比阳光对黑素瘤的影响更难解释。这也提醒我们应该在基因表达谱能提供更精确的预测之前，加强注重环境因素对疾病的影响。”

我刚想出言反驳，斯蒂方松已经开始阐释另一个复杂因素。显然，我们是从双亲中的哪一方继承了基因变异是个重要的因素，即是说，这个基因变异是来自卵子还是精子。基因解码公司的研究者可以一眼发现这种神奇效应，因为他们不仅掌握了4万个冰岛人的遗传信息，还有这些人的近亲的数据。通过某种特殊分析，他们能看到使人们形态各异的变异是从父母中的哪一位那儿传承而来的。据斯蒂方松描述，这是将“各个样本逐一筛查”而得来的结果。比如说，基因解码公司发现来自父系的某个变异将糖尿病患病风险提高了30%，但是母系来源的相同变异却将该风险降低了10%。类似这样相反的效应在以往的变异研究中从未提及，因为在传统的研究中，这两种效应在进行统计时会相互抵消。这项发现刊登在《自然》杂志上，研究者还发现了一种提高皮肤癌风险的变异，但它只存在于父系遗传之中。无独有偶，乳腺癌变异也具有这种效应。

斯蒂方松又将话题转到“失传现象”上来：“到目前为止所发现的变异还不足以解释大部分遗传性疾病的病因。”

我惊讶地转了转眼睛。是的,人们确定觉得基因组中存在"暗物质"那样的神秘成分。

"你可能已经知道许多研究者在寻找一些稀有变异。"斯蒂方松的语调听起来就像在调侃这种想法。

我告诉他,詹姆斯·沃森曾经提过稀有变异,但我早把这件事忘了。

"在**我**看来,我们现在无法解释的大部分问题其实都来自于双亲中的哪一方携带了常见变异。总体而言,我认为最终结果会趋向于,我们的遗传模型过于原始、必须改变。"

说到这里,斯蒂方松提到了一些趣事。他认为教科书都该重新写入最新的科研发现。但是有关基因表达谱的问题——非冰岛人士是不是就无法获得一份详细的风险评估了呢?因为研究者们不知道变异究竟来自于双亲中的哪一位?

悲剧的是,在我刚准备抛出下一个问题时,一位女秘书探进头来提醒斯蒂方松,他该启程出发了。斯蒂方松得去参加一个十万火急的项目,他要立刻飞往加利福尼亚州。为了在结束谈话前说些积极向上的内容,我急匆匆地对斯蒂方松说,我很高兴自己的乳腺癌风险很低。我轻描淡写地描述我外祖母及母亲分别于不到60岁及刚满46岁时因乳腺癌病逝。但我察言观色,感觉自己高兴得还太早了些。

"我们检测的这些常见变异没有考虑家族病例的因素。如果有家族病史,你还要对你的乳腺癌基因做个检测。"

这个话题直指我抛之角落的乳房问题。乳腺癌抗原1(*BRCA1*)基因及乳腺癌抗原2(*BRCA2*)基因的某些突变存在于2%—5%的女性身上,这些突变会显著提高乳腺癌发病率,在某些研究中甚至高达80%。也许我是该坚持做一个基因检测。

"然后祈祷出现一个乐观的结果?我可不建议你这么做。"斯蒂方松说。

其实我也无法从中看到什么希望。如果我携带了乳腺癌基因突变，我只能眼睁睁地看着自己沉浸在长期的恐慌忧虑之中，并且花费大量时间到医疗机构做乳房X射线和超声检查。

“事情倒也不至于此。”斯蒂方松答道，“你可以做个双侧乳房切除术。”

双侧乳房切除术。在拉丁语中，这听上去似乎温和无害。可这个男人也真是客观得近乎无情，居然这么直白地要我将双侧乳房切除？就为了预防的名义而大动干戈？

“当然，除非你认为这么做比死亡更可怕。”

我不知道该何去何从，但这件事在我脑海中挥之不去。据我所知，许多女性在得知自己携带了乳腺癌基因突变后就切除了双侧乳房，并在胸前填入硅胶。虽然这种激进的疗法在5—10年前不被认可，但目前已成为美国的主流疗法。

回到酒店，我迫不及待地登录恒河沙遗传（Myriad Genetics）公司的网页，这是一家拥有乳腺癌基因诊断测试专利的美国公司。他们让我填写一张快速调查表，从中可以得知我是否可以参加这项测试。首先，他们询问我的家族中是否有人在50岁前罹患乳腺癌，我给予肯定。接着，我就得知自己在乳腺癌及卵巢癌方面都有较高的患病风险。如果我是德系犹太人，这个风险会进一步增高，恒河沙公司的人员对我如是解释道。好在我知道我不是德系犹太人，不过该公司的乳腺癌基因测试能让我对此事更加明晰，况且他们还强调：“了解患癌风险是战胜癌症的第一步。”

根据公司的指示，我计算了自己携带乳腺癌基因突变的概率。我只有一位近亲在50岁前罹患乳腺癌，于是我的风险降低至4.5%。即是说，我仅有不到5%的概率携带了这种使乳腺癌患病率升至65%—80%的变异。当然，死亡风险也不仅限于此，这还同癌症发现的时机及治疗方法密切相关。

现在的问题就在于，不到5%的概率是否已经低至能让我确信我没有携带乳腺癌基因突变——根据公司首页所说，我已经有95%的概率免于携带这种突变。如果确实如此，我在免除了这种突变的情况下，再综合基因解码公司出具的基因表达谱，就只有低于8%的概率罹患乳腺癌。另一方面，如果能一次知道结果，一劳永逸地摆脱这个问题，岂不是更好？

只不过是多一次测试而已。

我得慎重考虑一下这个问题。

我独自将基因检测的经历反复咀嚼了一阵。我从基因表达谱中收获了什么？苛刻地说，基因表达谱也不过是提供了一些浅显易懂的风险概率，提醒人们他们不像自己想象的那么健康。事实上，所谓"健康"人群也不过是一群潜在的患者。一旦这种观念根植于人心中，那大家都会觉得自己只能坐等生病了，不是吗？

有一小批对医疗技术颇感兴趣的伦理学家和社会学家时不时地就公开宣称：将最新的基因检测投向公众根本毫无益处可言。普通民众根本无法像考里·斯蒂方松团队那样理解这些概率，这反而会让他们陷入焦虑之中。接着就会引发连锁反应，人们会忙不迭地骚扰医生，给原本就忙乱不堪的医疗系统火上浇油。最终导致人们更加忧虑恐慌，贫困加剧，甚至寿命缩减。

众多舆论引导者及评论家也质疑这项新检测所带来的机遇。其中包括英国《星期日泰晤士报》的记者朗(Camilla Long)，她撰写了一篇冗长却慷慨激昂的文章，反对直接为消费者提供基因检测服务。针对各类疾病的患病概率，她提出疑问："……哪个心智正常的人会想知道这些数据……这种类似达摩克利斯之剑的诊断将会对人生产生不可预计的影响。"她就此事给出了一个悲观的结论："如果由此引发了群体性精神障碍，后果是难以估量的。"

人们会因为患病风险而忧心忡忡，这种说法听上去很合乎逻辑，但我觉得也不见得站得住脚。最起码**我本人**就没出现这种状况。在我的雷克雅未克之旅中，我并没有因为基因解码公司提供的结果而疑窦丛生。我也没因为携带了外周动脉疾病的基因就不断担心自己双腿有截肢的可能性，更没担心自己会得青光眼或致盲。这种风险虽然相对较高，但无论我得到这份报告还是没有做这种检测，它都存在于我体内。但不可否认的是，乳腺癌基因突变在我体内作祟一事还是对我产生了一些阴影。

总体而言，我对病痛及死亡的恐惧还没达到影响正常生活的地步。关于基因预测对人们的影响也未有公论，有人能坦然待之，但也有部分人被略高的心血管疾病风险所吓倒。总有一些人能根据常识采取冷静观望的态度，而另一些人则化身为狂躁的忧郁症患者。其实，基因检测所产生的影响更多与个人的性情本性而非与检测结果本身相关。

因此，关键问题在于，我掌握了这种特殊切实的遗传信息后，我能改变什么，我的人生会因此发生什么变化。难道我要以全新的方式审视自己吗？或者我能够改写自己的人生？

我也许能自我改善，不过可不是像斯蒂方松说的那样，每天运动3小时或切除两个乳房。就某种程度而言，我对自己的生理状况有更深层次的感受。或者更确切的一种说法是，我越发将自己看作一个“生物体”了。

我知道这听上去有点怪异。特别是生物体的概念总让人想到一些进化程度较低的物种——微生物或蠕虫之类。人类则是高等的“个体”，不是什么“生物体”。但经过这个测试，我感觉对自己有了更透彻的审视，如同使用了X射线穿透了一堆组织有序、永动不息的细胞群，而非一个人类。

认为自己是个生物体的想法还挺令我欢欣鼓舞的。这种想法能将人从身为人类的束缚中释放出来，从更广阔的视角审视自我。我的基因表达谱让我看到了自己作为生物体的优与劣，但与此同时，我又能控制这些认知给我带来的影响。

不过，尖酸刻薄的批评者们则会说：“我们都知道应该令自己老旧残破的身躯保持体形,我们也能脱口而出一些针对睡眠的健康标准。但这些真的带来什么改变了吗?"

事实也确实如此,我们只是在理论层面上理解这些知识。但是,将自己**视作**一个活力无限且可塑性极强的生物体就已相当有力,再加上**想要**重塑自我的愿望,这一切所带来的冲击力就更为强大了。人的想法往往不仅是企图有所作为。在我得知自己有30%的概率罹患青光眼时,我即刻预约了眼科医生为我检测眼压。当然,我现在也能自觉自愿地到气氛压抑的健身中心去,那些沉重繁复的器材也不再让我心生厌倦,反而感到活力四射。当我在跑步机上奔跑如飞时,我都能幻想自己的腿部肌肉正在发生一系列复杂的生化变化,那些鲜活的化学物质流入奔腾的血液之中,最终回流至脑部,这一切过程都影响到我的心绪及基本世界观。

我的基因表达谱向我开启了一扇通向内在自我的窗口,让我窥见了一个全新的领域:这是一个由数字信息组成的奇幻的内在领域,但它又能被转换为可感可测的外在表象。举例而言,某一部分遗传信息对眼球内部的细胞起效,导致眼压突然上升,视力随之下降。另一个遗传错误导致胰腺中的β细胞惰化,无法产生足够的胰岛素——这就形成了糖尿病。我又一头扎进自己的基因数据中,试图找寻更多信息。通过基因解码公司提供的一种基因浏览器,我随机翻阅了百万个SNP位点,对它们千奇百怪的名称也逐渐习以为常:先是一个前缀rs,接着是一串数字,表示某个特定染色体上的位置,最后是从双亲处继承而来的两个碱基名,例如rs4610(T,C)。但是,为什么在100多万个遗传标记中只找到了50种关联疾病?显然其中还有更多与疾病相关的遗传标记存在。

经过几个挑灯苦读的夜晚,我总算发现了能让我心安理得的内容。那是一个名为Promethease的软件,由卡里亚索(Michael Cariaso)和伦侬(Greg Lennon)编写,这是两个极富创意的美国人。Promethease是一个免费程序，经由基因解码公司的数据，该程序可将个人的 SNP 位点及相关科研成果相联系，得出其中的确切信息。卡里亚索和伦侬于 2007 年编写了代码，将其投入网络供大众使用。该软件始终与最新的科研成果步调一致，因为它具有一个内置功能，可以随时监控各大主流数据库中关于 SNP 位点的最新文献。一旦有针对基因变异与疾病关联的新文献，该软件会自动收纳，使用者也会获取相关的报告。

“我们现在每个月至少能成交 1 万个单子。”卡里亚索从阿姆斯特丹给我打来一通 Skype，“要从海量的遗传数据中获得信息并不困难，但要将它们制成浅显易懂的报告送至客户手中就完全是另一回事了。未来，这项服务对于遗传分析行业来说是一个极富竞争力的领域。”

这听上去似乎还挺靠谱的。总之，我自己也从基因解码公司的服务器中下载了原始数据，再将其上传至 Promethease 在美国的服务器，之后我就能稳如泰山地在自己的硬盘中读取报告了。不同于基因解码公司提供的 50 来种情况，我现在能看到超过 4000 个 SNP 位点的列表。这足以让我兴奋得手心出汗，因为列表将众多变异分类标示为“新奇有趣的 SNP 位点”“需要服药”“慢性疾病”“你独有的 SNP 位点”。甚至还有一个包罗万象的分类，名为“未知杂项”。

卡里亚索十分热心地帮我解读报告。“我能迅速发现一些有趣的东西，而且我保证会在解析过后立刻删除这些文件。”他向我如是保证。

我可没觉得我的基因见不得人。其实我全不介意让一个陌生人在我未知的情况下浏览我的基因表达谱。基因组是个矛盾综合体：一方面，我的基因中确实包含了我所有的基本信息；另一方面，它们太过抽象，一点也不像个人隐私。

“哟，隆娜！你是我看见的第一个携带了 rs8177374(T,T)的人！”卡里亚索飞快地给我发来一封电邮。我都害羞得脸红了，因为只有 2% 的高加索人会在这个位置上携带两个胸腺嘧啶(T)。根据文献资料，这两个胸腺嘧啶可是优良的信号。

"这是种可抵御多种疾病的有效突变,比如侵入性肺炎球菌疾病、菌血症、疟疾及肺结核。"Promethease 提供了一些具体资料。

这真是个令人振奋的消息。

"除此之外,你的检测报告还真是平平无奇。"卡里亚索说,"不过,低调的基因才是好基因。如果谁有一份令人瞠目结舌的报告,那他可就麻烦大了。"

那真是谢天谢地。我开始全身心投入 Promethease 的界面。我将与慢性疾病相关的 SNP 目录通读了一番,我立刻被 rs2217262 抓住了眼球,它似乎对孤独症有重大影响。将近 90% 的高加索人在胞质分裂作用因子 4(*DOCK4*)上有两个腺嘌呤,其余的则带有一个胞嘧啶及一个腺嘌呤,或两个胞嘧啶。我属于最后一种情况,根据研究显示,这种人群患孤独症的概率比平均水平低一半。Promethease 直接定向至维基百科的一篇文章中提到:"这是一种具有防御性的基因变异。"

目前,孤独症对于我这个 43 岁的人来说还没什么威胁,但如果我想要孩子,我在胞质分裂作用因子 4 上的防御变异则会起到一定的缓解效果。天知道这件事的真假,这只是个学术上的说法。但在现实中,似乎更加明显的是我携带了"老年性精神衰变"的防御变异——说得学术些,就是在 rs3758391 上有一个胸腺嘧啶。这个 SNP 位点之所以被认为具有这种防御作用,是因为它位于一个名为 *SIRT1* 的基因的中部,这个基因长期以来都是衰老研究的重头戏。*SIRT1* 遍布于动物界,即便是小小的酵母也携带了它,只要它发生突变,就能使一个微生物延年益寿。

在人类中也有类似的例子,有研究者曾在芬兰对 1000 名超过 85 岁的硬朗老人做过调查,研究显示在基因结构中只要有一个胸腺嘧啶就已属于优良结构,甚至还能略微强健心脏。我为自己还携带了一个胞嘧啶感到些许担忧,因为我更想成为携带两个胸腺嘧啶的稀有分子,当然,我还想知道这个胞嘧啶是打哪儿来的。我只记得家族中有一个老年痴呆患者,就是我外祖父的母亲,我们这些小辈都叫她"姥姥"。

她直到90高龄还身强体健，却在人生末年受老年痴呆困扰。她总是在养老院的大厅中安静等待巴士来接她，但她无法理解开车的小伙子为什么总是不来，即便告诉她这个“小伙子”已经退休多年，她也还是不能接受。

“咦，这是什么玩意儿?”

我男朋友凑过来看我的检测报告，眯着他那双近视眼盯着rs2146323。“这个位点会使大脑的海马体积缩小。”他边发笑边说道，“这可不妙。据我所知，这个脑区与学习及记忆功能相关。”

我也知道那个腊肠状的小东西在这两方面具有至关重要的作用。

“你在这个基因中携带了两个胞嘧啶。”我男朋友继续朗读他所看到的结果，“这一类人的海马体积比携带胸腺嘧啶及腺嘌呤变异的人要小。”

我男朋友得意非凡地看着我。我忍不住提醒他，几年之前，我在洛杉矶时，加利福尼亚大学的几名顶尖神经系统科学家检测过我的大脑，可没人提过我的海马有异常。

“那你真是个幸运儿。”我男朋友说不出好话来，“可还有抑郁症发病率上升的位点rs3761418呢，就在第22号染色体的*BCR*基因上。你在这儿有两个鸟嘌呤，抑郁症发病率比携带其他碱基的人高1/3。”

为了防止我男朋友继续胡说八道，我点开这个结果的原始文献，指出这是针对329个日本人的一项研究得出的结论。“这说的是日本人!”我对他强调，看这些结论时应该保持中立态度，这些研究成果并不一定在现实中都会成立。如果一个结论是确凿无疑的，那它必然在多个不相关的独立研究中重复出现，而将针对一个人群的研究成果直接套用在其他人群上根本不科学。

“我知道。”我男朋友拖腔拉调地说，“只不过，你如果得抑郁症竟然和你携带的某个变异有关，这件事还挺有趣的，不是吗?”

他还真是抓住了重点。在当时，我虽然没有服药，但我的精神科医生告诫我该为了预防发病而服药。在过去7年中，我曾3次因抑郁症病发送医。根据统计学,这种情况显然预示着情况将会恶化。并且,每一次发病都会给脑部造成伤害,后果就是海马缩水。

我经常忧虑自己的抑郁症倾向,因为这得自家族遗传。但我确实没能力改变现状,更别提我还有一个毫不体谅我的男朋友。于是,我转而阅读 Promethease 关注的重点——人体是如何代谢各种化学物质的,尤其是药物代谢。

这让我碰巧发现了一件事:有一些特殊的基因变异能揭示个人的药物适用量,这能帮助人们在获得药物的最佳功效的同时,避免药物中毒及不良反应。如卡里亚索所说:"了解人体对药物的代谢状况比知道罹患老年痴呆的概率重要得多,因为知道概率根本无济于事。我预计,针对人体代谢各类药物的遗传测试很快会纳入病历之中。"

这还真是个不错的主意。要知道,每 5 个美国人中就有 1 人死于不合理用药,死者中有很多人是因为用药量过大。这些人对相关化学物质代谢过快,因此加大了用药量,最终药物变成了毒物。从这个状况看来,我对基因解码公司绝少提及此事很是不解。他们只在报告中说,如果我患有脑血栓,我每天要摄入大于 2.5 毫克的华法林抗凝药。其中还说道,由于遗传原因,我只要吃一些降低胆固醇的他汀类药物就几乎不会患肌营养不良症。虽然这听着让人高兴,但与 Promethease 分析原始数据得出的结果相比根本微不足道。Promethease 给出的文献中包括了超过 50 种药物的代谢情况。

以美沙酮为例,在脑部的一种特殊转运蛋白的基因上有一个 SNP 位点,我在该位点上从双亲处各继承了一个胸腺嘧啶,这意味着我每天需要摄入大于 150 毫克的美沙酮才能对抗海洛因戒断症状。我男朋友就此事对我发表看法:"你真该把这些禁忌制成一张卡片,放在钱包里随时警戒。"

我倒是不太关心如何对抗海洛因或该吃多少美沙酮,只是比较忧虑自己不能顺利代谢莫达非尼。这种药用于治疗嗜睡型睡眠障碍,也会被健康人士用于提神醒脑。在现实生活中,学生和倒时差工作者们都需要高超的熬夜本领，他们会使用这种药物作为精神兴奋剂。我也数次想要使用这种药物帮助熬夜。但是，根据 Promethease 所提供的文献，我很可能对这种药物有代谢障碍。能让我稍许安慰的是，在全人群中还有 25% 的人与我同舟共济。

"这真是太好玩了！"我男朋友惊叫道，"我跟你说，你还有这么个基因，如果你喝太多咖啡，你的胸围会缩小。"

起初我还以为他在拿我开涮，可这居然是个事实。细胞色素 P450 1A2（*CYPIA2*）基因能决定人体代谢各种化合物的速度，其中之一就是咖啡因。在 rs762551 上，有可能携带胞嘧啶或腺嘌呤。携带腺嘌呤会使酶发生变化，让人体更迅速地代谢咖啡因，我就属于这类人，而携带胞嘧啶则会有平均水准的代谢水平。

"一项健康研究显示，肥胖女性如果每天饮用较多的茶或咖啡，她们的胸围会显著缩小。但这种情况只针对在 rs762551 上携带了至少一个胞嘧啶的女性。"我男朋友大声说道。

我真想无视他那谄媚的笑容。

"超过 40% 的欧洲女性在这个片段上带有胞嘧啶。"我男朋友继续喋喋不休，"真该严禁 25 岁以下的小姑娘喝咖啡，不然她们的身材可就毁了。"

我忽略了这乏善可陈的评论，自己研读报告。胸围研究者们引用了其他报道中的结论，认为咖啡可以预防乳腺癌。有一项针对 411 名女性的调查研究，这些女性都在乳腺癌抗原 1 基因上携带了突变（其中 170 人患乳腺癌，241 人未发病）。这项研究着重研究乳腺癌与这些女性在 35 岁前的咖啡饮用量，及细胞色素 P450 1A2 基因三者之间的关联度。尽管细胞色素 P450 1A2 基因本身与乳腺癌发病风险并不相关，但在基因 rs762551 上携带至少一个胞嘧啶的女性如果饮用咖啡，她们患乳腺癌的概率要比不喝咖啡的同类人群低 64%。不过，咖啡对未携带胞嘧啶的女性没有类似的功效。

"很好。"我心满意足，结束了今天的 Promethease 探索之旅，"我会和以前一样狂喝咖啡的，不过我还是得去做个乳腺癌基因测试。”

乳腺癌基因测试可不是寄几滴唾液样本就能完事的。我还得先去我的私人医生那儿说服她，我确实需要接受这项遗传咨询。

“看来还真有这个必要。”医生透过她的眼镜瞥了我一眼，在表格上签字，又将其递交给哥本哈根大学附属医院。

几周后，我收到了要我参加咨询的通知——貌似是向一位护士咨询。她不会告诉我是否要接受基因检测，她要做的只是确认是否有必要让我和专家面谈。她耐心地询问我，家族中是否真的有大量成员患乳腺癌，还是我自己多虑了，接着在我的家族病史上添了几笔。然后，她将我送回家，并开始收集我那些发病或过世的亲属可能留下的病历。她还向我解释道，说不定这些人还留有一些身体组织，用酒精或石蜡保存着。这些组织很可能还在医院的生物信息库中，可以向医院征用这些东西，将它们送检。一旦这个调查流程启动，我就得耐心等待数周，之后临床遗传学家就会约见我，并提供咨询服务。

“咨询服务大约持续一小时，我们不提供停车证。”我的通知上如是写道。于是，我骑着自行车来到医院，摸进6楼的临床遗传学科室。透过玻璃门看去，里面没有病人，只有数个实验室和办公室。我的咨询服务应该就在这个毫不起眼的地方展开——刻板的灰墙，寻常的办公家具，还有几幅孩子的涂鸦。经验老到的临床遗传学家谢尔高（Susanne Kjergaard）告诉我，她已经为数百位病人提供过咨询服务。她展开我的病历信息，换上一副职业化的愉快腔调。看来她今天心情很不错。

“你已经咨询过自己的医生了。我也收到了相关的家族病历，我们可以绘制一张家族树。你看，方形代表男性，圆形代表女性。”

对于我们这样的小家族来说，这可真是张简洁明了的家族树。我的标记是个空心圆。在其上方还有另外两个圆形，与我的圆形相连。这两个圆均被一条粗线划过，中心还有个圆点。这种标记代表疾病与死亡。两个标记下都写着死亡日期，我屏息静气地看着我母亲在1984年的亡故日。

“你目前应该很健康吧?”

这个问题该怎么回答?其实我根本不知道答案，还好我检测了基因组，起码还知道自己有各种患病风险。

“应该是的。”我最终回答道。但是，谢尔高指着我的家族树说道：“根据资料，你母亲在43岁时得了乳腺癌。”

“我现在也将近43岁了。”我冲口而出，这句话一下子让气氛沉重起来。

“你外祖母在57岁时得了乳腺癌。你外祖父则死于前列腺癌，但在如此高龄得这种病也实属正常。你还知道其他类似的例子么?父系母系都可以。”

“不，我家里没那么多人患癌。”

“我们要做的是评估你家族中的患癌人数是否高于丹麦家庭的平均水准。”

谢尔高抬起头来，提醒我癌症是一种极其普遍的疾病，有1/3的人都会在人生中遭遇这种疾病。那简直可以说是遍地开花了。

“乳腺癌是女性的高发癌症，每9个或10个女性有1个中招。但在你的例子中存在两个层面：你的一级亲属中有人罹患该病；但要肯定你确实遗传了该病，我们必须上溯三代，追查每代人中更多的患癌病例。”

我很诧异两个例子还不足以说明问题，可我确实没有更多信息了。我姨婆早就移居美国了，我也没有她及她后人的消息。

“既然如此，我也无法肯定地说你遗传了该病。但你母亲如此早发病，也确实引人关注。”

看吧，我也是这么想的。

“我们现在所要做的是比较类似家庭的统计数据，你的数据比平均值稍高一些，属于‘中等风险’。”

中等风险,这是什么意思?这根本没告诉我任何直接的结论。在大多数语境下,中等是一个积极的词。

“我通常不喜欢讲各种事件的概率,因为这对常人来说难以理解。我更倾向于这样表述:你终生不患乳腺癌的概率会比患该病的概率要高得多。”

这听着有点像要逃避真相。我心里不以为然。

“难道你更想知道具体数字?”

我点头称是。最终,一张纸质的数据报告单滑落在桌面上。谢尔高给我展示了一张由两条曲线组成的图表,一条曲线表示女性在43—83岁之间的平均癌症发病率,另一条则是我个人在这一年龄段的发病概率。我的曲线在83岁时比平均值略高,达到了23%。

“根据当前的研究成果及表格,你的终生患病风险在23%—28%之间。由于你的风险比普通女性略高,因此系统对你发出了一个特别建议。”

“略”高?这个词组在房间中久久回荡。我可是白纸黑字地看到了普通女性的风险值是10%呢!而且我也知道我们正在说一件不“小”的事,现在我必须得接受乳腺癌基因测试了。我卷起袖口,准备让他们采集我的血样。

“我们的建议是,从现在开始,你每年都要来哥本哈根大学附属医院做常规检查,会有一位资深的乳腺外科医生为你检查,并拍摄乳房X射线照片。对年轻的女士来说——我就是指你——还会做超声检查。”

她究竟在说什么?一位资深的乳腺外科医生?我人可就在这儿,坐在丹麦卫生保健系统的核心区域里,在我对面就有一位杰出的专家,他们居然还要我像过去那样接受触摸检查和X射线?我可是基因时代的一员,我想经由分子层面了解我的情况,这才是切合时代的做法。无法彻查我的家族三代不是问题,但这可不意味着我外祖母及母亲就没有携带乳腺癌基因的突变。因此,我还是有可能遗传到这个突变。

估计这位久经沙场的谢尔高医生早就看惯了病人的恶劣态度，她很是淡定。

“如果你母亲还健在，我们会先请她接受乳腺癌基因检测。如果确认她是突变携带者，我们才会请你测试。通常我们只要求在世的乳腺癌患者接受测试，这是为了确认这个突变的性质。既然不确定你家族中是否有显性遗传因子，那么在你身上检测出乳腺癌基因突变的概率并不高。而在我们确认有突变的例子中，其家族病史都与你的略有不同。”

我一点都不心悦诚服。为什么不直接检测我的两种乳腺癌——基因乳腺癌抗原1基因和乳腺癌抗原2基因，并在各个数据库中逐个比对碱基？我们又不是在讨论原子裂变的问题，只是要提取一小段DNA放入测序仪，并用计算机解读结果而已。

事实上，我对此事早已做过功课。我曾在恒河沙遗传公司的网页读到过：如果客户不清楚特殊遗传突变的具体信息，科学家也可以对客户做一次全测序，比较两种乳腺癌基因的共有序列。如果在其中发现异常，可在数据库中查询具体情况，并确认这些异常是否会增加患癌风险。同时，恒河沙遗传公司也在征集任何可能有害的突变类型，因为这邪恶突变会阻止乳腺癌基因产生蛋白质。我认为丹麦卫生保健系统也应该有能力提供相同的服务，于是将打印的相关信息摊在这位咨询师面前。

谢尔高面露尴尬，指尖轻触面颊，深吸一口气准备开腔。“我们认为受测者需要接受咨询。普通大众无法自行理解测试本身。”她继续强调，“从技术层面上看，我们可以轻松完成你要求的测试，但这仍然需要解析结果，解析才是难题。我们的流程就是要先测试患病者，这才能确保我们找到与疾病相关的突变。你必须了解这个情况：即便在一个家族中有众多患癌病例，并且也已确认该家族中存在乳腺癌及卵巢癌的显性遗传因子，其中也只有不到1/3的患病者携带了乳腺癌基因突变。这就意味着还有其他未知的致病因素和机制。即使做了全测序，你也会发现你只是得到了一堆意义不明的信息。”

“你的意思是，如果对我的乳腺癌基因做了全测序，有可能会发现一些未知的突变？”

“是会有一定比例的信息连我们都无法解释，因为我们也不知道那是否会提升患癌风险。这样的信息知道了也没什么意思，是吧？”

是挺没意思的，但老是纠结自己身上可能有已被解析的信息也很无趣。我决定再放手一搏。

“如果我对你的解释无法信服，再三要求你为我做乳腺癌基因全测序，调查其中是否有已知的风险……呢？”

谢尔高被我缠得筋疲力尽。

“那我可以告诉你，发现新风险的概率极小。你的家庭并不特殊，而且我也从没被谁这样打破砂锅问到底过。不过，如果你明确知道全测序的局限何在，我还是可以开个先例，和我同事商量一下这种做法。”

我努力让自己的苦肉计看起来逼真动人，现在看来总算是奏效了，因为新晋的癌症遗传学掌门人格德斯（Anne-Marie Gerdes）医生得知此事，同意听取相关信息，并辅助我作最后决定。她特别想确认的是：我是否了解一旦做了乳腺癌基因全测序，就可能会出现已知的突变，让我有65%—80%的乳腺癌患病概率？我真的能承受这个打击吗？

我对自己倒还算有信心。我可是从15岁起就开始生活在这种阴影里。一旦发现突变，我知道能作何选择。我可以接受谢尔高的建议，每年接受触诊和乳房X射线检查，或者按考里·斯蒂方松所说，切除双侧乳腺，填入硅胶。我询问是否有关于这两种疗法的指导意见。

“我们不谈这类事。”外科主任医师说道，一脸义愤填膺状，“这只是遗传咨询，我只能保证来向我咨询的人能理解这些选择的意义，并自行作出合适的选择。我没有立场为别人作决定。原本想要切除双侧乳房的人，最终很少真的走上这条路，《爱情》（*Love*）杂志这么说。这是个至关重要的决定，人们通常会和家人商量，因为这种病已经夺去了她家族中很多年轻女性的生命。如果一位女性在接受咨询并了解乳房切除手术及整形外科手术的意义后,仍然认为这就是她想要的方式,我们才会支持她的选择。"

"手术流程需要一年多的时间。"格德斯医生友情提醒道,"首先,要切除双侧乳房及乳头,之后将组织扩张器置于乳房肌肉下。组织扩张器中充有少量盐水,几个月后它们会逐渐扩张。接着就将硅胶填充物塞入乳房,并在外部重塑带有纹身的乳头。"

"我知道了,问题就在于我是否有必要在这个年纪就大动干戈。"我在暗自期望医生会说你还年轻,不过她没这么说,却将话题转向另一个新器官。

"我们也会将卵巢纳入考虑范围中。乳腺癌抗原 1 基因上的突变也会极大提升卵巢癌的风险,概率会提升到 60% 。"

好吧,看来我还得每年检查卵巢。

"不过,卵巢不像乳房那么容易检查,卵巢癌也更难治愈,死亡率非常高。实际上,现在还推荐一种预防性疗法,就是将两侧卵巢都切除。"

我可从没想过这么做。

"在一定程度上,以激素疗法预防过早绝经也恶化了这个情况。"格德斯说道,"雌激素是激化乳腺癌的原因之一。另一方面,研究显示,携带乳腺癌抗原 1 基因突变的女性切除卵巢后,她们患乳腺癌的概率也降低了。"

听到这儿,我还是想做全测序。如果结果很糟糕也没事,我没有子女,这个恶果只会由我独自承受。

"那我们来看看你的家族树。"谢尔高说道。她用指尖划过一排人:我的母亲、舅舅,还有我的两个表妹。"如果你从你母亲处继承了突变,那你舅舅就有 50% 的概率携带相同的突变。如果你舅舅不幸中招,那你的两个表妹也会有 50% 的概率携带该突变。"

"你还有个弟弟。"格德斯补充道,"他也可能携带这个突变,这会提高他患前列腺癌的风险，并且会遗传给他的后代。”

我喃喃自语地说，如果确实有这个可能，那我应该告诉我弟弟和我的两个表妹。

“你是该通知他们，这不是我们的份内事。”谢尔高边说边起身，“我帮你预约了一次血液测试。”她的口气听上去谈话已近尾声，“你可以下楼去采集血样了。我们会在遗传分析结束后通知你来接受咨询，那应该是在几个月之后了。”

她坐下来将我的数据录入计算机系统中，又突然转向我。

“我们不会在通知函中告知你测试结果如何，我们只会面谈。”

我分别和两位医生握手，大家都客套地微笑。而我只顾着自思自忖那“将来的会面”，最后简直就像个陌生人般溜了出去。

采血的病房位于底层，运转得井然有序。被采集者要先取号，并坐在病人中排队等候，病人们都是灰白肤色，穿着病号服，以便于接受静脉滴注。在轮到号码时被采集者会被叫入一个小隔间中，其中有个做事麻利的科研助手会在其血管上迅速采血。这一过程至多用两分钟，其间被采集者与工作人员没有任何言语交流。

回归人世后，我竟然全然忘了我的自行车，走到半路才想起来。

这之后，我就开始回想和两位医生的对话，在脑海中预演各种不同的场景。我忽然觉得，唯一可能的测试结果就是我**携带了**乳腺癌基因突变，因此我必须作出一个抉择。我都开始幻听考里·斯蒂方松说“双侧乳房切除术”的声音了。

那我是否能在知道致使绝经期提前的情况下，自愿选择切除乳房及卵巢呢？我能在周末接受一次切除手术，然后下个周末开始忍受头发转白及长黄褐斑吗？另一个问题是，我该如何抵御检测结果带来的恐慌感呢？

这天晚上，我被两种乳腺癌基因及它们编码的蛋白质勾起了浓厚兴趣，两种蛋白质的作用是不断修复基因组。在一连串卡通影像般的画面里,我想象着染色体是如何不断受到损害的。当DNA长分子被破坏,系统机制就会启动,将其修复至原状,乳腺癌抗原1基因和乳腺癌抗原2基因编码的蛋白质就担此重任。基因突变后,蛋白质就会失效。此时就好比让一个独臂的盲人修车工在路边开工,有时进展顺利,而有时会出错,还有极少数情况下会出现特别有害的因素,这会破坏一部分控制机制,使细胞疯狂增殖。这就产生了初期的癌细胞,这些恶势力会不断地扩大地盘。

如果这些东西开始转移……我开始重复一句只有些宽慰作用的老话:**人终有一死**。

这简直就是我家的一句口头禅。我们都不畏惧死亡,因为每个人的结局都不过如此:要么坦然面对死亡,要么痛不欲生地活着。就像我父亲面带扭曲地笑言:"我不怕死,我只希望没有轮回。"

所以,没什么好怕的。我提醒自己,没人能逃得过突变和遗传缺陷的魔爪——完美无瑕的基因组不存于世。个人遗传学进展越多,这一事实就越清晰。随着基因组测绘数量的增加,购买测试服务及检测基因表达谱的民众也会随之上升,基因非完美理念也会被广为接受。

当然,还是有人会因此而惴惴不安。其实人们完全可以说服自己,既然终有往生之时,何不坦然接受个人的患病倾向呢?我就反复思量过这个问题。

有时,等待的过程确实遥遥无期又毫无意义,因为我知道,以目前的技术,测序两种乳腺癌基因根本花不了一星期,卫生保健系统花两个月时间检测完全是绰绰有余。最终,我按耐不住打电话问谢尔高检测结果能不能快些出炉。她忽略了这个问题,说下周就能公布结果。也许是她从电话中感受到了我的焦虑不安,她说到时会写电子邮件跟我约定下一次面谈的时间,这比通过邮寄信件告知我节约时间。我向她表示感谢。

3天后,我收到了这封邮件。

"您的检测结果已准备就绪。您可在周一下午3点前往我的办公室。我们建议您由家人陪同咨询。"

今天才周五。看来这个周末我都得忍受腹泻的困扰了。

"看来你有点紧张。"外科主任医师边说边将一份带有两个签名的文件递到我面前,"不过,你很幸运,接下来要听的是好消息。"

"乳腺(卵巢)癌(BRCA)遗传突变分析",文件抬头写着这几个大字。在"结果"一栏下方写着这样一行小字:在乳腺癌抗原1基因和乳腺癌抗原2基因中未检测出致病突变。

虽然我的肠胃已经适应了对压力的应激反应,但现在忽然如释重负,腹腔中总算有空间容纳新鲜空气了。办公室中充满了喜庆洋溢的气氛,连谢尔高也开怀畅笑起来。我深吸一口气以确信一切都是真实的。

这真是太好了!我同时突破了统计学上的概率和家族遗传的诅咒!我莽撞地脱口而出。我没有乳腺癌基因突变,根据基因解码公司的分析,我只是风险略高于平均值而已。我简直处于狂喜中。

"不,你不能这么看这个结果。"谢尔高立刻强调,"我们并不知道你母亲及外祖母的情况。在她们的基因中很可能存在我们未知的缺陷,然后遗传给你了。"

谢尔高又将卫生保健系统提出的建议搬了出来:定期接受乳腺外科医生的检查。这没问题——她现在无论说什么都无法抑制我喜不自禁的感受。这时,谢尔高忽然说起基因解码公司来,我记得以前曾跟她提过这个公司,但她十分不屑。她说她时常遇到一些人,对染色体缺陷及突变略知皮毛,就到网上查询资料,接着就把自己吓得魂不附体。

"这些人根本无法理解这些信息。"谢尔高气愤难平,"他们花钱在私企里接受了一堆测试,但自己又弄不明白,这要卫生保健系统怎么给他们建议?我们该何去何从?"

虽然很不礼貌,但我确实无法回答她,可我也知道她为何对这类事件如此反感。目前,基因检测行业的前景仍不明朗,但卫生保健系统受现实因素冲击后确实发生了一些改变。

针对个人的基因检测仍然处于萌芽阶段,人们可以随意指责现有的检测及基因表达谱无法提供足够的可用信息。但我们的研究确实也只是冰山一角。科研项目——尤其是公众科研项目——意在提升针对个人的医疗能力,即预防及治疗方式将适应个人的生理状况,这就不得不牵扯到个人基因上。从长远来看,针对诊断及治疗方面的遗传信息服务将成为未来消费的主流。但是大众会采取自主消费的方式获取这项服务,而非通过医生及医院。市场为了笼络个人消费者,会将价格不断下调,并扩大服务范围。一旦将这些条件与网络所提供的信息相结合,人们就会得到一个富有冲击力的混合答案。

将来,每个人都会在无所不知的网络上查找各种疾病症状及治愈方法,也会有如微软医疗保险库(Microsoft HealthVault)及谷歌健康(Google Health)等服务机构存在,人们在那儿可以申请一个账号,用以保存自己的实时病历。如果人们患病了,也会有病人如我(PatientsLikeMe)这样的组织提供服务,其中是由成千上万个慢性病人组成的社交网络。这里的用户不会在闲聊上浪费时间,他们只顾着从专业角度描述病情症状及患病成因,并与相关研究者联系,尝试各种治疗方案,并相互交换建议。在某些事件中,病人们也会扎堆参加一个研究项目,完全不顾卫生保健系统的建议。

病人的观念已不同于往日,医生的角色也日渐转变。以往医生就是主宰病人命运的神,全知全能的专家对病例的讨论是不容置疑的,但未来的医生会转变成技术服务者。穿白大褂的中介拥有一定权威性,提供卫生保健系统允许的服务,但在许多实例中,他们懂的东西并不比患者多,甚至更少。如今,在美国展开了一项激烈的争论,探讨如何使医生融入遗传学竞争中。研究显示,“普通”医生对遗传学的了解太少,不足以给病人提出建议,他们对各种商业性的测试内容及重要性也知之甚少,经过专业训练的遗传学咨询师更是少之又少。另一方面,遗传学的进步速度堪称一日千里。不过,还是有值得鼓掌庆贺的事:人们现在将对自己的健康负责，而遗传学的高速发展则进一步将人们的命运推向他们自己的掌中。

“我们该何去何从？”主任医师的疑问回荡在我耳边。我想要寻找能够对此有靠谱推断的人，就是那些推动遗传学发展进程的人。这个新兴行业及其中的新锐研究者们正在召开首届消费者遗传学会议。于是，我立刻买了张飞往波士顿的机票，去听听他们的见解。

第四章

革命分子的研究

革命非瓜熟蒂落,欲成必强势取之。

——切·格瓦拉(Che Guevara)

我来到杂乱无章的海因斯会展中心,参加首届国际消费者遗传学会议。会场的气氛沉闷压抑,罪魁祸首就是温度过低的空调。但是,在场的各位都显然认为自己处于这新兴之物的首要席位上。

"他们是来自世界各地的消费者遗传学机构。"会议主办人、生物技术企业家约翰·博伊斯(John Boyce)介绍道。我看到了许多在基因革命中认识的熟人。索伦森遗传公司正在大谈亲子鉴定的消费量在美国不断攀升,这项服务可通过邮购或当地药房获取。基因解码公司自然也在受邀之列。无巧不巧,他们正好被安排在一群同业竞争者旁边,大家都在做全基因组测序,微不足道的百万 SNP 位点测试早已被抛置脑后。这场会谈的内容包罗万象,从消费者遗传学是否会成为未来的商业模式,谈到如何将个人的遗传学信息推广向世界。

不过,世事总是白璧微瑕。在这冰窖般的会议大厅中,座谈小组正在探讨自由市场中试图限制或阻碍消费者遗传学的"势力"。比如说,德国当局就不认为直接将遗传学测试推向消费者是个明智之举,因为消费者并无理解遗传信息的能力,与遗传学相关的各类测试还须医生同意方可实施。

“德国佬可真够幽默的。”讲台边传来一个拖腔拉调的声音。那是考里·斯蒂方松,他这话显然是在挖苦德国人。“他们可是忙不迭地向全世界人民兜售烟酒名车呢,这些玩意儿才更容易置人于死地,可他们却不让人知道自己身上的患病风险。我真觉得这略显奇葩。”

“不知天高地厚的老家伙。”我的邻座狠狠地啐了一口。大半排人都听到了这句话,有不少人点头赞成,而斯蒂方松仍然在台上慷慨激昂。

“总而言之,对于直面消费者的批评是很可笑的。大家都知道,现在的病人使用网络自行诊断病情,有时获得的信息比向全科医生咨询还有效。人们都相当关注自己的健康,在我看来,问题的症结在于,我们是否有责任让公众接触到不断演进的遗传学知识?”

斯蒂方松想利用首届消费者遗传学会议的场合制造舆论,或者说,是下个断言——他的研究团队发现了一些与心房颤动相关的遗传标记。变异位点位于第16号染色体的 *ZFHX3* 基因上,这些变异会大幅提升患心房颤动的风险。进一步引申来看,变异还会增加常见的脑出血的风险。这类少量出血本身不会致命,但它们会逐渐破坏大部分脑组织,最终引发痴呆。

“在一半的脑出血高风险人群中,这些基因变异会带来高达75%的风险概率。与此同时,检测变异所提供的预测远比传统的胆固醇测量来得有效。可是,还有许多医生及遗传学家固执己见。这究竟原因何在?”

我坐在第五排的座位上,内心震动。医生们对消费者遗传学的抵制及德国对于此事的新禁令都在我意料之中,但 *ZFHX3* 基因对于我来说是个全新的概念。在我前往冰岛造访斯蒂方松之后,他的团队就发表了这个新发现。研究者们的进展突飞猛进又直观明了,完全有理由让人们瞠目结舌。

既然斯蒂方松团队发现的 *ZFHX3* 标记获准进入科学文献,这些信息应该已被基因解码公司纳入了基因表达谱之中,那我现在也能查询自己的相关标记的情况。这个流程目前已经开始运行。只要某一个研究团体有新成果,发现了 SNP 位点与生物学特性之间的新关联,那么,基因表达谱的持有者就能登录个人账户,输出原始数据,查看个人的新状况。某天,我们也许都会收到抑郁症风险的警告,接踵而来的还有易患脚癣的通知等。想来,这也是一种接触遗传学前沿的有趣途径。

"停!"

我的思绪被一个小伙子的喊声打断,他就坐在我前两排的地方,现在正质问斯蒂方松:他的团队是否有能力为大众解释瞬息万变的遗传学信息。

"今年购买基因表达谱的顾客会发现自己在各类疾病上的风险都很低。但明年,这个概率很可能会因为研究推进而突然飙高,许多新成果都会揭示之前的结论是站不住脚的。贵公司给出的结果是随时易变的,但普通大众对此却不甚了解。"

小伙子听起来很是忧心忡忡,而斯蒂方松却对他不屑一顾。

"这就是游戏的法则。自然的规律就是无法预测未来,但我们仍要依照**现有**知识作出相应的举动。"

斯蒂方松的说法让我想起了癌症研究专家弗格尔斯坦(Bert Vogelstein),他来自约翰霍普金斯大学,曾在《自然》杂志上写下类似的话:"人们总喜欢拿着鸡毛当令箭。但我们也确实不可能等到弄明白一切问题后才有所作为,那未免太遥远了。"

难道是我们太急不可耐了吗?可是,关注健康的人们可等不到每个问题都解决的那天。

话虽如此,这个小伙子的话中还是有值得关注的重点。人们能从同一套基因组中获取的信息量是十分可观、充满差异的,不是因为基因本身会变,而是测试手段及分析结果随时在变。这一点在会议中只是一笔带过,但根据基因表达谱所作出的解析确实存在问题,因为解析者在分析过程中会使用不同的基因片段。简而言之,他们选测的变异不同。例如关于心血管疾病,有些会测试相关的 7 个变异,另一些则只将其中 4 个纳入考虑范围中。这就意味着,同一个人会从不同的解析机构获得完全相反的结果。有些机构只依靠 9 个突变计算Ⅱ型糖尿病的患病风险,而另一些机构会使用 18 个或更多的突变。自然,后者更精确。

除此之外,还有各种各样的数据更新。重要的新 SNP 位点的发现与已知的成果相结合,就会使相同的基因组呈现出完全不同的风险评估结果。2009 年,《新科学家》(*New Scientist*)要求一组荷兰研究者对基因解码公司所评估的Ⅱ型糖尿病患病风险进行更深入的研究,而两年间,这个结果发生了相当大的变化。研究者们并未检测活体,而是用电脑以不同的 SNP 位点组合模拟了 6000 个与糖尿病相关的基因组——这是一个"虚拟病患"的数据库。基因解码公司在 2007 年秋天发布了他们的基因表达谱,位于 *TCFL2* 基因上的 8 个 SNP 位点构成了风险计算的基础。但在一年后,这个数目上升至 11 个,在 2009 年增至 15 个。随着这些变化的出现,40% 的虚拟病患风险种类发生了变化,甚至有 10% 的人改变了两次。

不过,虚拟病患的数据真的能和现实对应吗?

答案亦是亦否。也许有人认为,如果潜在疾病根本无法有效预防,那么患病种类改变也就无关紧要。但是,如果能针对特定的疾病提供有效的预防手段,那其中的区别就立见高下了。

话说回来,消费者的信心又完全是另外一回事。来自鹿特丹伊拉斯姆斯大学的扬森(Cecile Janssen)是关于这项研究的负责人,她承认自己也很担心消费者的信心会破灭消失。一旦人们认为,无论自己怎么做,自己的检测报告及患病风险都会日异月迁、变化无常,人们就再也无法从中得到触动。就像卫生部门常常建议大家吃某些食物以预防癌症,但到最后建议总会被撤回。

怀疑论者会将这些当作废话,因为说这些还为时尚早:消费者遗传学根本还没到达鼎盛时期。其他人则会反驳称:只要找到用武之地,这项业务还是会有极大的发展前景,只是必须将其置于聚光灯下,受公众的严密监督。消费者们必须做好心理准备,接受测验结果的不确定性,这是最起码的条件。我们都要明确一个观念,那就是:科学很少会给出一个确定的最终结论;科学是一个持续前进的过程,它会不断更新我们对世界的看法。

杜克大学基因伦理、法律及政策系的主任迪根(Robert Cook Deegan)这时走上前台说道:"无论目前存在什么困难,我们都不能回避一个事实:这个行业内的一些基本观念已经全然改变。人们现在都能获取自己的遗传信息,而且获取的途径越来越物美价廉。"

迪根还给德国的法律下了个新定义:"脑残条文。"

"想要将人们隔绝于消费者遗传学之外,就如同为了使人们免受色情内容危害而戒网。德国人的做法就是如此愚蠢,这根本就是矫枉过正。"

总之,德国人就是采取了一种十分可笑的方法。在很久以前,就有一首关于"毒知识"及"不知情权"的颂歌。其中的主流观点是,人们不应接触对他们无益的知识,因为非专业人士根本无法理解这些知识。相对温和的解释是这能给人们提供家长式的监护,而实际上我们可以干脆地将其称为专家的目空一切。目前,关于人们对遗传学知识的反应的首个研究成果刚刚出炉,结论认为,普通消费者完全有能力自如地处理这些"毒知识"。

多年以来,格林(Robert Green)始终在波士顿大学研究老年痴呆。在众多研究项目中,他的团队为老年痴呆患者的家属检测了载脂蛋白E4变异,该变异会增加10倍的患病风险。他们还在其中有了一个惊人的发现,那些被证实携带了这种——可能是很可怕的——变异的人们并未表现出异常的焦虑及恐慌,即使同未受测而不知情的人们相比,他们也显得很正常。

诚然,在收到检测报告的头6周内,载脂蛋白E4变异的携带者们还是会比不知情者要略显焦躁。但经过一年半之后,当研究者再度向他们提及此事,他们的心理状况就与不知情者没有区别了。相对而言,已知携带者会比具有同样风险但决定不作任何了解的不知情者花更多精力计划时间及思考人生。

那么,基因表达谱与疾病风险测试会产生影响吗？根据斯克里普斯转化科学研究所的一项研究显示,这些测试并不会引起恐慌。6个月以来,该团队追踪了2000多名从基因导航(Navigenics)公司购买了SNP位点基因表达谱的人,其中并未发现任何引发抑郁的迹象。该研究的主导者托波尔(Eric Topol)对《纽约时报》说道:“到目前为止,对于基因检测始终都是猜测四起,我简直觉得这堪称散布恐慌,但我们现在能用数据说话了。”

国立卫生研究院的麦克布赖德(Colleen McBride)主持了另一个有趣的研究,调查吸烟者与肺癌间的关联。患肺癌的吸烟者参与了一个测试,检测一个已知的肺癌致病变异。研究者做了一个假设:如果人们得知自己并未携带这种致病突变,或他们知道自己的风险低于平均值,那他们会对测试结果反应淡漠。换句话说,他们会认为自己得到了基因方面的“免死金牌”,于是继续吸烟。这个例子放在心血管疾病中也同样适用:一旦人们知道自己的患病风险不高,就会毫不节制地狼吞虎咽堆积如山的垃圾食品。

在伦理学家眼中,这些忧虑可不是杞人忧天。但研究显示的结果正在逐渐打消这些疑虑。在国立卫生研究院的拓展研究中,结论显示,无论受测者是否携带了致病突变,基因检测都未能产生使人停止吸烟的动因。麦克布赖德对这两项研究进行总结:“这些发现显然会让那些持家长式想法的人士兴味索然。”

家长式的专制也有其弊端。考里·斯蒂方松在座谈会议上提到的一个令人不安的故事就很能说明问题。在关于乳腺癌的关联基因的研究中,基因解码公司检测了110位冰岛女性。根据这些女性的家族病史,她们都很有可能携带了乳腺癌抗原2基因的致病突变,这会使她们有高达75%的乳腺癌患病概率。这个认知很符合“毒知识”的定义,研究者将这项成果提交至国家卫生部门。

于是,一群人民公仆手握着事关民众生死的信息——他们甚至还与其中的某些人私交甚笃。那么,公务员们会如何抉择呢?如如不动!根本没人将此信息告知受测女性。这些携带了乳腺癌抗原2基因突变的女性们始终游荡在无知中,她们的基因数据则被一群人玩弄于股掌之间,这些人包括顶尖科学家、个人护理用品制造商及医疗保险公司。也许这些女性正在一无所知的情况下愉快地生活,但如果她们得知卫生部门隐瞒了真实信息,她们难保不会勃然大怒、灰心失望。我暗自想象她们获知这些信息后不寒而栗的场景。

以往在针对民众的研究中,最为关键的点就在于始终对受测者进行匿名保护。受测者自愿在无回报的条件下提供个人信息,他们也不会收到任何检测结果。但在目前的状况下,这种观念似乎已经是陈腔滥调了。

“我认为在遗传学领域中,集伦理、法律及社会准则为一体的方式,就是让受测者得知自己的检测结果。”马什菲尔德临床研究基金会的麦卡蒂(Catherine A. McCarty)在《基因组学法律报告》(*Genomics Law Report*)的博客中如是写道。在同一个论坛中,英国桑格研究院的遗传学家麦克阿瑟(Daniel MacArthur)虚构了一个故事:一位女性参加了糖尿病相关研究,而研究者碰巧发现她是乳腺癌基因突变的携带者。如果不将此事告知这位女性,这实在有些不近人情,不是吗?

埃维(Linda Avey)身上有些精灵般脱俗的成分,她父亲是南达科他州的一名路德教牧师,她本人又是23与我公司的创始人之一。埃维身材苗条,笑容满面,亲和娴雅,好似邻家女孩般,任何人都可以和她促膝谈心。这时,埃维正穿着深色西服,疾行于走廊之中。忽然,她凑近我身边耳语道:“遗传学就是男人们的天下,不是吗?”

这真是难以辩驳。遗传学领域可谓是雄性激素堆积起的世界，男性们赌上自尊，利用手中的高科技在这个领域中竞争。23与我公司在群雄之中就显得独树一帜了，因为该公司由两位巾帼英雄创办。埃维也承认公司的风生水起与她们女中豪杰的身份息息相关。

埃维毫不避讳地谈起现状中存在的挑战："我们应该从更为时兴的角度看待伦理。研究界最近兴起一种'保护人类小豚鼠'的说法，讽刺家长式专制横行的现状。我们更需要一种全新的研究方式。"

这真是个宏大深远的计划。我提醒埃维，23与我公司时常被称为遗传学界的脸书——这可不是夸大其词。消费者不光能在加利福利亚的公司本部购买基因表达谱，也能通过外观华丽、使用便捷的公司网站获取服务。消费者可以通过网络与其他23与我的用户直接沟通，对比各自的祖先及患病风险。这其中还有一个准妈妈团体，她们不断更新自己的怀孕历程，比较各种症状及遗传信息。当然，论坛中也有一些关于是否要给孩子做基因检测的争论。

"'脸书'论坛是经过深思熟虑后才创建的。"埃维边说边温柔地轻拍我的手臂。她解释说，这个选择意在鼓励用户之间相互交流信息，通过这种方式，能大幅改变普通民众对科研的看法。"这种方式并未风靡各处，只是在小范围内流行。不过名声在外的顶尖科学家们似乎很是忌惮DNA民主化的想法。最近我刚见过某位大牛，他很是不悦地冲我大吼：'你降低了遗传学的档次！'"

埃维瞪着眼睛，夸张地摇着头，极力模仿老者义愤填膺的模样。

"我们才没降低遗传学的档次呢。"埃维继续说道，"我们只是向民众推广遗传学，让科研在大众中彰显魅力。因为我们认为有必要激发民众对科研的主观能动性，并且让他们也从科研项目中获取个人的信息资料。"

无论埃维是否想要发动改革，这种趋势在目前的社会及科学界都是不可避免的。首先是测序仪器日渐廉价的冲击——从SNP位点，到基因序列，再至测绘全基因组，皆是如此。另一方面，在网络2.0时代，人们可以相当便捷地分享个人数据。网民们不再坐等信息推送,而是代之以探索发现、分享交流,并自主创新。

"这个想法从一开始就存在于我们的蓝图中,它源于我长年以来在医药产业受到的挫折。"埃维感叹道。她又直勾勾地盯着我的双眼说:"何为医学进步的最大障碍?挑战的根源在于何处?"

在那个当下,我头脑空白,哑口无言,只得理解地微笑,将这当作一个随口一说的问题。埃维则继续滔滔不绝,完全无视我的反应。

"就在于:要针对每个研究挑选正确的病人,并召集足够多的病人参与研究,这样才能开发并测试新药物。"

我点头赞同。我曾在生物技术实验室中工作过,该实验室由美国出资建造,针对神经退行性疾病进行研究,如老年痴呆及帕金森病等。因此我知道测试及研究中所需的人数是极其庞大的。临床试验从动物身上起始,逐步过渡到人体试验,经过多重检验后方可证明药物的安全性及有效性。要研制一种新药物,从试管试验至投向市场,几乎要花费10 亿美元以上。

埃维面露挫败,继续说道:"但是整个科研风气完全走错了路子。许多高校科学家只关注自己的一小块疾病领域。"穿着白大褂的学者们只管钻研自己专业内的心房颤动或硬化症,他们只想解决某一方面的问题。

"这种垄断导致数据无法共享,使一切进展缓慢。"埃维说道。也许由于这个原因,埃维于2009 年9 月卸下23 与我公司的重任,创办了头脑风暴研究基金会,专门致力于收集各类人群的表型和健康状况,这些人群都携带了特殊的遗传标记,其中就包括载脂蛋白 E4 变异,埃维和她丈夫都携带了这种老年痴呆的遗传标记。"经过这种拖延的折磨,我总算意识到,病患应该成为研究的推动力,他们应该直接参与研究过程。"

天晓得,埃维的说辞听上去鼓舞人心,但是会议厅里的大佬们不会停止纠结于民众是否能消化遗传谱系树带来的苦果、是否能理解遗传学数据带来的不确定性——事实上，遗传学离成熟还十分遥远，目前还处在突飞猛进的发展阶段。

"结果确实存在不确定性，而人们也必须坦然待之。"埃维对此十分不屑，"不过，我可以告诉你：我们明白我们要创造一种由病患和用户构成的生态系统。民众通过网络与我们保持联系，如此一来，他们就能与时俱进，随年龄增长不断跟进自己的数据。你知道吗？这些团体——甚至可以说是部队——已经开始制造机会，准备开展长达数年的长期研究。现在的研究依靠东拼西凑获得经费及研究对象，这些研究可不同。"

是的，我也知道这个情况，并且赞赏有加。人们可以根据各自的检测报告发现一些药物的潜在不良反应，也可以追踪人们的生活方式，揭示各人在健康、寿命及生活满意度上的差别。以上所说的方面都可以通过遗传分析仪进行检测，由此可以获取疾病、寿命等特性与基因变异之间的关联。

"除此之外，"埃维说道，"这些流程全都基于自愿参与，一切费用都由公共医疗系统承担。"

我很疑惑这对个人用户来说意味着什么。参与那种基于遗传学的"脸书生态"会是一种与日常生活和健康更紧密联结的方式么？不过，只有时间才是检验答案的唯一标准。

起初，23与我公司致力于研究帕金森病。该项目由一些帕金森病研究基金及病友协会出资赞助，邀请了10 000名病患志愿者，以几乎免费的条件为他们提供基因表达谱。作为回报，志愿者须按时将自己的病史、服药情况，以及用药效果、不良反应提交给该组织。不仅如此，志愿者还须说明自身的生活状况，包括饮食习惯、运动状况，以及研究者们罗列出的一长串影响因素。研究者们将这些信息与遗传标记相对比，从中就能获得更多与疾病相关的信息。

"请注意，我们必须明确一点，现在可不只是在讨论研究者们获取的信息。这些所知所得是医患双方用于直接比对并优化治疗方案的信息。我们还需要从日常医疗实践中取得更多切实可靠的信息——最原始的数据。”

紧随帕金森病研究项目之后，23与我公司又开展了一项所谓的“科研革命”项目。埃维与其合伙人沃伊齐茨基希望能从消费者中招募一些先驱者，参与该项目中的基因组展示（阅读有关基因组的文章）。

“科研革命”，这个名头听着还挺响亮的，我不得不承认这两位企业家都是命名高手。这场革命被视作科学完全民主化的必要组成部分，旨在使真正的研究面向民众。这场革命也将成为埃维的生态系统的铺路砖。在“科研革命”网站的首页上，有10种疾病选项，用户有权投票23与我公司下一步将研究何种疾病。最先募集到1000位志愿患者的疾病就会开展研究项目。用户只要通过网站投票就能参与这项虚拟服务。

知名博主麦凯布（Jen McCabe）踊跃参与了这项革命行动。我曾非常偶然地访问过她的博客。那时我正百无聊赖地陷在沙发中上网，等待睡神来临，但麦凯布慷慨激昂的博文让我睡意全无。麦凯布不仅尽职尽责地替23与我公司作报道，还决定直播她首次打开自己基因表达谱的实况。她在自家公寓内架设小型网络摄像头，正对着她本人拍摄，她想借此说明“能够对社会有所回馈是多么带劲的一件事”。这可真是年轻人热情洋溢的最佳写照。

这段长达7分钟的视频得到了数千次点击率，预示着下一批志愿者队伍已在酝酿之中。

视频一开头就显得有些神经质。“哦！天哪！”这样的惊呼不断地从这个装模作样的女人口中发出，她看似被面对结果的压力击垮了。“我简直紧张得要发狂了。”她坦白相告。在她收到结果通知后，她还耽搁了两天才肯面对现实。“我原本认为在网络上分享我的遗传信息没什么好紧张的，但昨天我还是再三思量了这件事的利弊。”

麦凯布举起一张手写布告对着摄像机。在"利"一栏下写着"透明公开"及"患者需求导向研究"等词汇;在"弊"一栏下很自然地出现了"隐私"一词,但我所不能理解的是为什么她要写上"爸爸"这个词。

"不过,我现在已经实况转播了,谁都能看到我第一次面对检测结果的反应。"麦凯布真是善解人意。

"哦!我的天哪!"麦凯布又惊叫起来,"看看这个。我携带了一种会让我难以消化面筋的变异,因为它会让我体内缺少α1-胰蛋白酶。这对我来说真是闻所未闻。"她的声音略带颤抖,不过这个发现还是比较容易让人接受的。

"可我完全没携带囊性纤维化的突变,也不会有酒后脸红的症状——太好了!不过,等等,结果说我能耐受乳糖,不会吧,我可是只喝豆浆的呢。"

麦凯布热切地点击着屏幕,可摄像头离得太远,视频里看不清她在做什么。

"我不具有抵御疟疾和艾滋病的体质。不过看这里:我可是个短跑健将哦!"

看来麦凯布携带了α-辅肌动蛋白3(*ACTN3*)基因变异,这让她拥有发达的快肌纤维,因此她在爆发性运动及耐力运动中更适合前者。"难怪我在学校里从来都不肯参加越野长跑。"她犹豫不决地笑道。

"也许大家看到这些会很兴奋,但我个人却感觉十分紧张。"麦凯布说,"好在我没携带什么会令我忧虑不安的突变——比如镰状细胞贫血和血色素沉积症。我也愿意和大家分享这一切,因为我认为支持患者需求导向研究是至关重要的。"

麦凯布瞪大眼睛瞅着摄像头。

"我该在网络上搜寻更多信息,因为这些结果太**难以置信**了。自从我第一次收到自己的信用卡记录后,我再没像现在这样对核对数据产生兴趣。"

面对着屏幕发出的微弱光源,我自问是否要追随这个美国乐天派一起加入这项科研革命。只要不到100美元就能得到一份基因表达谱——这可是基因解码公司标价的1/10——而且我对基因检测的观念早就改变了,所以这对我来说不是问题。我只要进入那个赏心悦目的网页,点几下鼠标,对方就会送一套检测套装给我。

在某种程度上来说,这也算是为科学事业献身了。只不过捐献者还能在有生之年看着自己的数据解析出意义深远的信息。这也可称得上是永垂不朽了。

虽然时间已晚,但我还是决定姑且一试。我在23与我的网站注册了一个免费账户,获得了"科研革命"项目的投票权。那张列表简直就是个大杂烩:偏头痛、银屑病(牛皮癣)、严重食物过敏、关节炎、乳糜泻、淋巴瘤/白血病、多发性硬化、肌萎缩侧索硬化(ALS)、癫痫和睾丸癌。每种疾病都急需研究资源,但我最终只能选择一项跟我本人最密切相关的疾病:偏头痛。虽然我自己没怎么受这种毛病的折磨,但我舅舅和我一个表妹可是深受其扰。目前,偏头痛在排行榜中暂列第一,有216位患者登记在案。排第二位的牛皮癣只有99位患者登记在案。

查看排行榜的感觉异常美妙,因为这让人感到自己正在推动一项事业前进,或者说,能预见到自己迟早有一天会加入这项事业。但这真的能说服人们提供自身的数据吗?他们会提供精确无误的记录吗?他们能理解科学家提出的问题吗?他们会如实回答这些问题吗——尤其是事关饮食、饮酒习惯及遵医嘱的状况?自报数据的结果恐怕会令研究者们咂舌。23与我公司能依靠这些非随机志愿者与知名高校的传统科研团队一较高下吗?后者可是采用随机试验及正规课题来进行研究的呢。

"我觉得这行得通。"麦克阿瑟在其博客"遗传未来"中写道。他在文中强调,该项目采用了有效的病毒式营销:项目参与者会将朋友、熟人都拉进来。"随着病患队伍日益壮大,23与我公司的分析也会日趋精密,人们完全可以寄希望于这个项目能发现新的疾病关联。"

如果谷歌的创始人,也就是23与我公司的女婿,能继续对该公司出资赞助,那其中的希望又提高了数倍。

“如果某天该项目——尤其是针对广大基层民众的次要疾病——汇集的病患人数超越了最大型的学术团体,我只会见怪不怪。”

麦克阿瑟的乐观其成不久就有了动向,“科研革命”针对志愿者用户的首项研究成果公之于众了。美国人类学遗传学会正在夏威夷召开年会,23与我公司的首席科学家,埃里克松(Nick Eriksson)在会上发布了研究成果。

当埃里克松侃侃而谈时,台下一片静息屏气。该研究团队同斯坦福大学及哥伦比亚大学的合作者联合发现了三种与人类特征相关的遗传踪迹。他们究竟发现了什么?难道他们追踪到了有关帕金森病的决定性基因,还是找到了睾丸癌的致病成因?都不是。他们发现了各种SNP位点:其中有两个与鬈发相关;一个会使人们在强光照射下打喷嚏;还有一个会提高芦笋嗅觉缺失症的患病风险,这种毛病会使人无法辨别含硫化合物甲硫醇的气味,这是消化芦笋后尿液中所含的一种物质。

“还有很多人类遗传变异仍然无法解析。”埃里克松团队如是总结。为了弥补这个漏洞,研究者们开始关注他们自封的22个“普遍性状”,这些性状的遗传状况之前一直无人问津。通过问卷,埃里克松团队调查了志愿者是左撇子还是右撇子、优势眼是哪一只、是否带过牙箍、是否拔除智齿、是否会晕车、性格乐观与否、喜欢早上锻炼还是晚上锻炼等。有将近10 000名志愿者回复了问卷。研究者们只要在电脑中将这些答案与志愿者的基因进行比对即可——志愿者们早就检测了包含50万个SNP位点的基因表达谱。为了给夏威夷会议的与会者们答疑解惑,埃里克松声称他们的方法行之有效:研究者在数据中鉴别了一系列相似的遗传相关性,即SNP位点与体质特征之间的明显关联,比如发色、瞳色、雀斑等。

埃里克松证明了确实能依靠自报数据进行研究。可是谁会去做这样的研究呢？耗费大量人力物力、时间金钱，就为了研究自然鬈的来源或是为什么有人闻不到自己尿液中的芦笋味？难道在这 10 000 个志愿者身上就找不出其他更有价值的研究方向了？无怪那些批评家会说消费者遗传学根本就是“搞笑遗传学”。

遗传学民主化还有一个颇具争议的话题——前提是人们将来会有能力支付基因检测的费用——病患们**自己**会影响数据在研究及日常生活中的使用方式。谁说大家只对各种顽固重症感兴趣呢？又不是只有疾病基因值得关注，各类基因都应该被平等相待。最终，消费者遗传学就只是为了从分子层面上剖析一个人，至于从什么角度入手，全由消费者说了算。

“你居然也在这儿？”

丘奇(George Church)是哈佛大学的教授，他很是惊异和我在波士顿又见面了。几天前，在消费者遗传学会议上，我曾和他寒暄了几句。今天，我又和他在另一个会议的茶歇上碰面了。这次会议是在剑桥的微软大楼里召开的，比起上次，此次会场条件可是极尽奢华。这次的入场费用需要 1000 美元——这是 SNP 表达谱最低价格的两倍，要么就得凭记者证才能免费入场。这次会议的焦点集中在丘奇对消费者遗传学的特殊论调上——个人基因组计划(Personal Genome Project，简写 PGP)。

这个在私下被称为“PGP”的计划在高度提倡个人性的同时，还野心勃勃。他们计划招募 10 万名志愿者，免费为他们做全基因组测序，交换条件则是志愿者同意将这些基因组信息及他们的全面健康信息投放至网络。在浩瀚的数据库存中总能找出基因、环境因素及人类性状之间的关联。数据中还包括志愿者的真实姓名及相片，任何人都可以访问这些资料。

“我是受到维基模式的启发。”丘奇边说边咬了一口百吉饼。在他的规划中，将打造一个电脑界的生物资源“公开平台”，其中的软件都无需费用，且任何志愿者都可在其中编辑内容。这个计划中最大的革新之处在于，民间的业余爱好者也能接触到原始数据。

“这些数据都是异常珍贵的资源，如果被商界及学术界所垄断，那就太荒谬了。我们根本无法预测未来的革新者是谁。目前的科技已经广泛普及，下一个比尔·盖茨或乔布斯（Steve Jobs）很可能就是一个15岁的平凡少女，她通过自家网络在我们的数据库中翻箱倒柜时迸发了意想不到的灵感。”

丘奇本人就是靠在游戏厅中组装电脑起家的。经过多年的经验积累及发明创造，丘奇名列《新闻周刊》（*Newsweek*）杂志评选出的全球“10大网络狂人”。美国记者齐默（Carl Zimmer）称丘奇是“毋庸置疑的天才，前所未见的生物学奇人”。不过，眼前的丘奇鬈发浓须，兴高采烈，更让人觉得他像个乐天派伐木工。我略带谄媚地奉承丘奇，说他的项目简直让23与我公司的“科研革命”成了落水狗。

“那是，我们和他们根本不是一路，我们和任何项目都不同。”丘奇说道。不光是参与者不计其数，该项目测序分析的范围也极其广阔。个人基因组计划从志愿者处征集了大量健康数据——他们的健康问题、摄入何种药物、饮食习惯如何，接着进行后续研究。比如说，研究团队为志愿者们进行脑部扫描，将脑部的结构及功能研究透彻。这种方法也能近距离透视个人的免疫系统，研究个人对各类传染病的应激反应。最后，志愿者们还要参加皮肤活组织检查，这些组织将被转化为永生干细胞，存入生物银行中，任何有科研需求的人都可以从中提取所需的干细胞。丘奇还打趣说：“你能从这个数据库中找出平克的干细胞呢。”要平克的干细胞做什么？研究心理学吗？我简直莫名其妙。

举一反三，人们也能从数据库里获得丘奇本人的干细胞。丘奇和知名心理学家平克都在头10位指定的先锋中，其中还包括了互联网专家戴森（Esther Dyson）。在个人基因组计划的网站上，对丘奇的介绍中写明了他是个养子，伴有阅读障碍。平克是波兰裔犹太人的混血儿，他患有食管痉挛，服用降胆固醇药物，将叶酸作为膳食补充剂。58岁的戴森则说自己“从未患病或缺席工作”，不过她定期服用安眠药和激素雌二醇来缓解更年期症状。

乍一看来，个人基因组计划冲破了传统的禁忌，将遗传学打造成一个展示自我的平台。他们是如何做到这一点的？他们又如何确信自己能招募到成千上万愿意大肆披露自己的遗传信息的志愿者？

“在同一时刻，有约 15 000 人在线。”丘奇的话让我为之一振，“首先，志愿者得参加一个入门考试，以证明他们对遗传学知识足够了解，知道自己所加入的项目意义何在。”

我们所讨论的美国民众，被丘奇分为 3 类人：第一类，认为自己无比健康，只有为科研作出贡献方能体现自身价值；第二类，认为自己病入膏肓，再没什么可失去的，只好死马当活马医；第三类，纯粹的遗传学发烧友。这些人都已经参与过基因地理计划及 23 与我公司的基因测试，但他们仍然意犹未尽。

“这些人可都是民间高手，他们比我还懂遗传学。”丘奇边说边捏扁了一个空纸杯。我半开玩笑地问他能不能加我一个志愿者，他以我的国籍不符拒绝了我。该项目受官方限制，只能使用美国籍的志愿者。不过，还有一些国际联合的计划正在酝酿之中，这些项目会沿袭个人基因组计划的模式，研究世界各国的基因组。实际上，第二个个人基因组计划在韩国已经呼之欲出了。

“我们目前已征集到 13 个完整的实名基因组，并将它们公开发布。”丘奇对着观众席上的 200 位与会者宣称道，“不过，这是第一次，也是最后一次会议将全基因组序列受测者齐聚一堂。”

13 名受测先锋中有些人决定不出席会议，比如平克就不在现场。但先锋中的老前辈詹姆斯·沃森就从冷泉港飞来参会了。这位老绅士看起来精神矍铄，身着一套剪裁合身的花呢夹克，还有一位年轻助手相伴。沃森刚一上台就向丘奇喊话，要他好好致力于哈佛大学实验室的基因组测序事业。

"废话少说,只管干活!"沃森嘟嘟囔囔道。

观众席上一阵窃窃私语。当天的主持人,电台主播克鲁尔维奇(Robert Krulwich)见势不妙,便匆忙转向下一个议程。这位资深的科学记者毫不掩饰自己对公开遗传信息的疑虑,但他的态度相对温和。

克鲁尔维奇直接让小亨利·盖茨(Henry Louis "skip" Gater Jr.)上台发言,他是哈佛大学的教授,主要研究非裔美国人。他与其97岁高龄的父亲都参与了测序。"我们是最先参与测试的非裔美国人,也是首对父子档。"盖茨如是说道。他还说如果在场有人没看到针对计划所拍摄的剧集,就该购买这套DVD。接着,他又换了一副不那么商业的口吻说:"重要的是,我想让我父亲永垂不朽。"

坐在观众席后方,我情不自禁地想起令这位乐观人士声名鹊起的事件:一名白人警察怀疑这位黑人大教授是个恶棍,闯入了高端的剑桥学府行凶,于是两人发生了冲突,最后证明大教授不过是呆在自己剑桥的家中。针对此事件,一部分人指责白人警察是个"种族主义者",另一部分人则说盖茨是个"自高自大的学者"。这件事最后还请出奥巴马(Obama)总统来当和事佬,他将当事人双方邀至白宫花园,在媒体的见证下喝了和解酒。

"这真是感人至深呀!"盖茨对着剧集中,父子俩首次看见全基因组时的场景感叹道。

"最神奇之处当属现在的科技已能从我的基因组中分离出属于我父亲的部分,然后就得出了继承自我母亲的那一部分。这感觉就好像是母亲重回人世一般。爸爸当场涕泪交加,而我也处于崩溃的边缘。这真是太震撼人心了。"

"这是怎么做到的?"克鲁尔维奇一脸好奇,"DNA序列只是一张五颜六色的图表呀。"

"照片是什么?"盖茨镇定自若地反问道,"只不过是将一个人付诸于纸上的方式罢了。基因组也只是从另一个角度描述一个人,就像人们要学着从照片中获取信息一样,我们也要从这些图表中识别一个人。

这可是认证身份的最佳证据。”

接着,皮肤黝黑的盖茨还顺便告诉我们,他其实是白种人。盖茨的线粒体DNA和Y染色体都显示他起源于欧洲。

“有35%的美国黑人携带了奴隶主的Y染色体,这个比例也许会震惊四座。但就我而言,遗传学就该为打破纯血统神话的壮举服务。这绝对有助于我们认识到全人类就是一锅大杂烩——这真是个完美的混合。”

可惜的是,在这个精彩的开场白之后,盖茨还得跟着哈佛大学的教务长去参加另一场预算会议。接着台上又迎来了两位生意人:亿明达公司的首席执行官弗拉特利,生命技术(Life Technologies)公司的首席执行官创始人卢西尔(Greg Lucier)。这两个公司都致力于全基因组测序,两位领导人也都将自己的测序结果公之于众。克鲁尔维奇对两位领导人发问说,他们是否担忧其他股东及董事会成员会用他们的数据分析出他们不喜欢的结果。

“我可是非常健康的。”弗拉特利淡定地说道。

“那你的家人呢?”克鲁尔维奇非要打破砂锅问到底,“他们对此有何想法?”

“我们常在家里探讨这个问题。”卢西尔说道,他还让妻儿父母全都参与了测序。“全家都对这件事热情高涨。由于我是做这行的,所以家人早就见怪不怪了。我们就想站在风口浪尖,成为前沿标杆。”他向着观众席微微一笑。

“这样是挺好,不过对**孩子们**来说就……”克鲁尔维奇有口难开,简直都焦头烂额了。

“好吧。”弗拉特里说道,“关于在网络上投放基因组信息,确实有所争议,因为投放者的子女等同于被动泄露了一半的DNA信息,而他们对此无计可施。这也是为人父母应当慎重考虑的问题。”

“我就是很难看到你公开信息会造成什么后果。”克鲁尔维奇说道。

"想想这四通八达、无所不能的互联网吧。"

在这个问题上,瘦弱矮小的戴森加入了两个首席执行官的阵营。她解释说,过去所谓"理性"的人无法看到大量"显然"愚蠢无用的事物的价值,而这些事物正是我们今天所认为的互联网发展的关键。如今,网络已然成为人们生活中不可或缺的东西。"同样,针对遗传学五花八门的兴趣点也会成为该学科发展的动力,并且最终惠及其他相关领域,而绝不只是医学领域。"戴森说道,"我们无法预知何为未来的重点。公众的瞩目固然必要,因为人们确实需要了解这方面知识。在10年内,遗传学界就会出现普适大众的知识体系,可我们也没必要等到那时候再有所行动。"

戴森并不认为人们无法理解这些统计数据。她对民众的智慧相当有信心:"只要人们能理解棒球的统计数据,那基础遗传学对他们来说就根本不是问题。其实浏览自己的遗传学数据比研究随便哪本教科书都来得容易。"

弗拉特利插话道:"我们得明确一个观念,那就是:从网络获取个人基因组信息绝对是个利大于弊的好事,不这么做岂不是太傻冒了。"

出于偶然,弗拉特利的公司作了一个新规划:他们打算针对遗传学数据打造一系列周边产品,这些产品都是为满足公众长期的特殊需求所定制的——就好比苹果手机里可以购买的各类应用程序。该公司也确实打算首先打造一款可在手机上浏览DNA的小程序。这样一来,人们就可以在百无聊赖之际查看自己的基因组,或是就医开药时以此查询自己的用药禁忌。

"看来男同胞们在酒吧把妹之前还得先跟她交换一些必要的生物数据。"克鲁尔维奇不无讽刺地说道。接着他又严肃了身心:"这听上去简单,但现实中将此类隐私信息公之于众还是让人隐忧重重。"

"这也真是怪了。"我邻座的人窃窃私语道,我看见他的名牌上写着:马克西(Kirk Maxey)。"大家都把遗传信息泄露当作洪水猛兽。怎么就没人想想当前网络对个人信用等级等信息的威胁呢?只要有人开价竞拍，个人信息就会在当事人完全不知情的状况下贩卖给得标者，例如个人借贷状况、各类账单是否准时缴清之类的隐私都会泄露。难道这类隐私还不如基因序列重要吗？”

马克西的问题被提至公告板，供会议讨论。在茶歇时，我同马克西聊起他的个人经历，我发现他实在是个具有传奇色彩的人物。马克西目前掌管着开曼化工公司，已婚并育有二子。马克西在年少时，只是一个穷困潦倒的医科生，不过他可是个捐精者。这可不是受金钱驱动，马克西如是强调，他只是想“帮助不孕不育者”而已。于是马克西付诸了实际。密歇根大学的生育所告诉马克西，他 14 年来所捐的大多数精子都将用于人工授精研究；后来他得知自己是 400 多个孩子的生身父亲，许多孩子还同他住在同一区域内。在 2006 年，有两个孩子历经曲折联系上马克西，于是他想要对整个捐精业进行改革。

“捐精者应该接受基因检测。”马克西嗓门有点太大了，“既然有这个技术水平，就应该确保捐精者没有四处撒播遗传缺陷。”

马克西大胆地加入了“丘奇十先锋”小队，因此他的基因组及医疗记录可供任何感兴趣的后人研究。马克西透露称：“我们必须对此事实习以为常：要在网络时代及基因数据库普及的年代做到匿名捐精是**不可能**的。禁止人们获得自身的部分遗传基因信息本来就不可理喻。”

台上的克鲁尔维奇还在继续“拷问”下一位演讲者。这次轮到倒霉的韦斯特(John West)，他是一位美国商业巨头。韦斯特夫妇及两名十几岁的子女以 20 万美元的价格在晓我(Knome)公司做了测序。韦斯特一家作为首个以非医学原因测序的家庭荣登报刊封面。克鲁尔维奇还沉浸在公开子女遗传信息的恐慌中：“这不是给他们戴上了沉重的枷锁吗？他们不得不年纪轻轻就开始考虑自身的患病风险。”

韦斯特对此言论很是不屑：“在未来几年中，不为孩子进行测序会被视为不道德的行为。如果有极其贫困的父母没有条件为孩子测序，社会也要为他们提供相应的帮助，监控孩子的健康状况。”

在凭记者证免费进入的席位上，人们对于花 5 万美元测试一个基因组发出不满的抱怨声。即使测序价格会连年下滑，还是有人发问，是否有更廉价的测序方式提供给富裕阶层以外的人们。

“我希望政府能接手新生儿的测序工作。”弗拉特利说，他认为这将在 2020 年付诸实际。“作为铺垫，我们也要继续承办类似个人基因组计划及此次会议的活动。”

戴森认为美国政府不太可能接手这项任务，因为美国还没通过全民医保法案——尽管这几十年来已作出许多辛勤尝试。另一方面，戴森作为 23 与我公司的董事之一，希望该公司将来能为每个人提供 DNA 测序服务。

“我们将提供全基因组测序及类似 SNP 表达谱的售后服务。不久我们就会停止提供 SNP 测序服务。”

在茶歇中，我站在角落里哀悼在基因解码公司检测的过时 SNP 表达谱。这就好像我随身带了一个诺基亚初代板砖手机，而别人都在用苹果 4s 手机看视频。

“不过，目前在全基因组中获得的信息并不比一个基因芯片上的 SNP 位点（数目多达百万）的信息多。”科利尔（Earl Collier）如是安慰我。科利尔是基因解码公司的主管，他说的话当然是有根有据的。科利尔提醒我，人类有多达 2 万个基因，但其中 90% 的基因生物学功能尚不明确。即使目前的测序设备较之以往已更加快捷、廉价，可后续的解析服务却大大地拖了后腿。

“就目前而言，大多数受测者所知的基因—疾病关联都来自于 SNP 位点的相关研究。要想从全基因组中获得更多信息还要经历一段长途跋涉。”

对我来说，我还是希望在圈内人中交流，并只测序需要的序列，正如许多杰出人物选择的做法那样，这也是遗传数据的魅力所在。不过我还是要等到测序价格下跌至1000美元时才会参加测序，这大约在3—5年内能实现。

“现在的人们也有机会获得免费测序。”一个小伙子一边说着，一边极力从不灵光的咖啡机中倒出一杯卡布奇诺。他就是个人基因组计划的社区事业部经理博贝(Jason Bobe)，专门从事组织实践工作，他也是此次会议的主办人。为了取得一些额外的反响，博贝声称在未来5年内，他将举办一场个人基因应用创意大赛，获奖者可获得免费测序的机会。参赛者提供的思路必须具有一定的潜力，“能推动人类生活多方面的发展，如健康、寿命、生育、才智、安全及娱乐等方面”。

我对于博贝所说的任何一方面都毫无想法。

“让你的想法天马行空吧！”博贝鼓励道，“我们已经得到了一些建议，最终会通过短信投票评选出4个最佳方案，就跟娱乐节目《美国偶像》的模式一样。”

这个让业余基因爱好者咸鱼翻身的计划将我的思绪带离了会场。与会者都是一群见多识广且腰缠万贯的人，随便哪个人都能张口就讨论“微生物组学”，还能计较“新一代测序技术”的细枝末节。如果是一个门外汉听着这些争论会作何感受？对于一个在茶歇中为我们提供现烤羊角面包片的姑娘来说，她真的能理解这会议上所说的内容吗？她会拿起手机为个人基因组计划的应用程序投票吗？她真的会关注这些吗？

文明产生于“教育与灾难之间的竞赛中”，这是英国作家威尔斯(Herbert George Wells)的名言。这个竞赛目前正以前所未有的形式如火如荼地进行着。科技手段不仅狂飙发展，价格也十分“平易近人”。科技目前趋于完全自动化，常人也可以利用这些技术揭示人类潜藏的秘密。可是，即使在汇集了研究精英及工业巨头的丘奇会议上，也找不出一个人，能对遗传测序技术未来数十年的应用前景做一个全面的展望。当然，他们很想让大家看到自己带来的业内革新。

同时，遗传技术及信息的**普及教育**也完全跟不上前进的步伐。在一般退休人员或普通大学生群体中，人们普遍不知道基因为何物，发现自何处，以及具体作用为何。

“个人基因组计划的主要任务之一是介入公众教育，特别是针对青少年的教育。”一个清脆的嗓音在我背后响起。发声者是一个穿着细条纹西装的“男孩”，目测大约16岁，可他实际上是专攻生物学法的律师。“沃豪斯(Dan Vorhaus)。这是我的名片。”

我接过名片，而沃豪斯继续镇定自若地说道：“随着这些任务的全面展开，该计划会与政治界及教育界直接发生碰撞，使后两者认真对待来自基因研究的挑战。我认为业内研究者及相关行业有责任告知人们遗传学的适用范围。”

沃豪斯在就读法律学校之前获得过生物伦理学学位，所学的就是厘清与基因相关的奥秘。

“就普遍意义而言，遗传信息中确实存在一些独特之物。这些信息同其他个人信息有本质上的不同，因此也要被区别对待。”

也难怪沃豪斯这么想，我们可是在讨论与患病倾向有关的敏感信息呢——人们很有可能被这些信息反咬一口。对于遗传信息滥用的恐慌早已在美国政客中蔓延开来，他们通过了《反基因歧视法》(Genetic Information Nondiscrimination Act，简称GINA)。该法案于2009年生效，专门用于防止健康保险公司及雇主滥用民众的遗传信息。即是说，没人能调查或使用人们的遗传信息。

“按照这个法案来看，个人基因组计划根本就是在太岁头上动土。”沃豪斯怒气冲冲地说。接着他清了清喉咙，又理了理领带。

“我觉得GINA可没法达到规范遗传信息使用的目的，它只是单纯地禁止使用这类信息而已。我们需要用法律法规确定这类信息的实际使用范围。”

我对康涅狄格州第一起有关基因歧视的诉讼案件做过笔录。在麦克斯能源公司任职的芬克(Pamela Fink)不慎将自己携带乳腺癌基因突变的事情告诉了上司，并说自己将切除双侧乳腺，作为预防性治疗手段。芬克之前在公司连年晋升,颇受赞誉,每年圣诞节都获得分红。但在公司获知此事后,她就遭遇接连降级,并且最终被解雇了。在芬克完成手术6周后,她带着一只装满个人物品的箱子被请出了公司大楼。

"我们只是听了芬克及其律师在媒体前的一面之词。"沃豪斯强调,"再说,她老板在现行法律下也不能以基因为由炒她鱿鱼。"

沃豪斯的论点有些与众不同。我们可以完全换个角度思考:老板们在雇人之前先对应聘者检测相关基因,是否对员工有利。

"比如说,工作中可能存在某些因素会提高特定疾病的患病风险。"沃豪斯说道。这让我想起丹麦根措夫特医院正在申请湿疹基因测试的专利。研究人员建议所有患有过敏性皮肤炎的孩子都参与测试,这样就可以帮助他们回避需要接触水及频繁洗手的工作,这类工作很可能引发他们的皮肤过敏。

"这是个绝佳的实例。"沃豪斯微笑道,"有严重癫痫遗传倾向的人不适合做飞行员及重型机械操作员。GINA可没将这些情况考虑在内。我们需要的是政府、雇主及雇员间的通力合作,促进遗传信息的共享,同时保证它们不被滥用。"

作为一个真诚的基因组理想主义者,沃豪斯也打算和全球人民共享自己的序列。不过,如果有律师事务所因为沃豪斯有极高风险罹患老年痴呆就拒绝了他的求职申请,他会作何感想?实际上,他又不是一定会得这种病。

"呃,如果他们确实把这个看作影响工作的重要因素……"沃豪斯的声音渐渐低了下来,过了一会才重新拾起话头,"原则上,人们不应该因为与生俱来的遗传因素遭受歧视,政府部门应该将注意力放在解决此类问题上,而不是一味地给私人雇主施加压力。"

这个小伙子没有继续深谈他认为政府应该采取何种措施。不过他说的也有道理,政客们在立法前探讨一些实例,会有助于他们提出更明智详实的法案。正如他所说:"我们很缺乏使用遗传信息的正、反面实例。"

我很容易想到一大堆关于“残留 DNA”的负面影响。每个人都会在咖啡杯、酒杯、烟头及牙刷等物上留下自己的 DNA，如果有人收集这些物品用于 SNP 测序并将结果公之于众，也不算违法行为。在 2008 年的美国大选中，就有谣传称，奥巴马竞选团队将所有可能残留 DNA 的物品全数回收，以保证没人能获得候选人的 DNA 作为可供要挟之物。当时，生物伦理学家安纳斯(George Annas)及遗传学家格林警告称，将来也许会出现“遗传学麦卡锡主义”，即是说，候选人之间会就对方携带了不良 DNA 信息互泼脏水，因此政治团队也应考虑公开相关基因变异的具体信息。

“其实我还蛮意外的，到目前为止都还没什么狂热分子或八卦小报把这类事件作为一个噱头。”沃豪斯看上去还挺困惑不解的，“不过这种事迟早会发生，而且会牵涉到不少名人。”

我自言自语道，肯定会有人去调查布拉德·皮特(Brad Pitt)和他那一大群孩子的 DNA，然后看看其中有没有“喜当爹”的成分。还有可能倒霉的就是世界各地的皇室成员了。

“这种事情肯定会招致法律纠纷。老实说，你不可避免地遗落的 DNA 归你一人所有这一点，很难说得过去。每个人都有权力拾起这种遗留物。”

在这些八卦实例背后，隐藏的是关于“遗传隐私权”的根本问题。然而，随着时间推移，即使人们已将各类信息都争论了个遍，可还是无法对公开遗传信息的后果有个透彻的认识。我们作为个人，能运用什么权力来保证遗传信息的私密性及不被滥用呢？

“这可是个非常有趣的议题。”沃豪斯目光炯炯地回答道，“我估计将来会有更多公开的基因组，所以这个议题也算是迫在眉睫吧。”

可同样有趣的是，人类与遗传信息的关系往往处在科技发展及社会舆论的对立面。总之，这是一条充满沧桑剧变的道路。人们会参与五花八门的研究项目，并将自己最私密的生物信息上传至网络空间。把 DNA 作为不可公布的隐私的观念将会消失。人们的社会观念也将进入一个新纪元,大家不会再将遗传信息或从人体内提取的细胞当作个人的标记。人们也会探讨各类可供互相交流的新工具。

这些想法显然与当前主流的观点形成鲜明对比,目前人们都认为此类事件属于盗版他人 DNA 的行为。实际上,我和沃豪斯在会场争论未来观念的发展时,媒体上也正在热议类似的话题。一群亚利桑那州的哈瓦苏派原住民莫名地收到一笔丰厚的补偿,原因是有研究者使用他们的 DNA 进行科研活动,但原住民其实对此事并不知情。

1990 年,这群哈瓦苏派原住民自愿为亚利桑那州立大学捐献 DNA,让研究者们能找出部落中糖尿病风险提高的原因。但科学家没找出糖尿病关联基因,于是这些捐赠物就被用于其他项目了。虽然最终关于美洲原住民罹患精神分裂症的遗传成因,有多于一打的科研文献公开发表,但令哈瓦苏派原住民多年后仍然十分愤慨的,是另一些后续研究。基因分析显示,哈瓦苏派与其他美洲原住民一样,都起源于中亚。但这个结论严重违背了哈瓦苏派的创世神话里所说的,他们来源于美国大峡谷的说法。哈瓦苏派原住民至今都还居住在那里。这个遗传数据并未动摇原住民对自我的精神认同,而且他们的收入都来自将与本族起源相关的纪念品卖给来大峡谷的游客。

在报刊和博客上,舆论一直倒向哈瓦苏派原住民。报道中用醒目的大写字母写着:研究者不该在捐献者不知情的状况下使用 DNA 序列。但这在科研中其实是不现实的,因为研究一个问题往往会得出其他问题的答案。那这能作为一个合理的开端吗? 这么说来,还有谁能拥有专属于自我的 DNA 呢? 难道我们能不承认双螺旋结构中的信息都属于人类的共同遗产吗? 也没人有权叫停这种行为,因为这些研究确实能帮助他人。

“人们该把自己的基因组想象成手机。”丘奇忽然插了句话。他津津有味地吃着自助的食物,但又舍不得放弃插话的机会。“想象一下,大家都带着手机四处逛荡,看着手机上闪光的各种信号,但从不交换号码,因为他们不想接到骚扰电话。”丘奇继续说道,“这显然不现实,对吧？电话、传真机、邮件之类的工具都是为了交流信息而存在的，在遗传信息方面也是同理可得。在理想条件下，每个人都是某个基因组项目的成员。”

在纯粹的热情占上风之前，我还是要说，并不是人人都是那么有兴趣的。23与我公司的宣传已经吸引了3万名客户，丘奇的个人基因组计划有1.5万人，基因解码公司则自夸有将近1万名客户。换言之，基因行业还远没有像手机及邮件那样普及的市场。

“我们这辈人应该指望有朝一日看到基因行业的转折点，那时该行业也会无比红火。”丘奇说得好像这件事就快成真了一样。

“只要是与疾病**无关**的东西，都能干番大事。人们很可能对行为、个性及大脑功能感兴趣。个人基因组计划正打算钻研这些东西。参与者们很快就要接受认知及社会功能的测试。”丘奇边说边拿起一小块羊角面包。

我当然相信丘奇会把这个想法付诸实际。迄今为止，个人遗传学基本都是为健康问题服务的。健康固然重要，但疾病和缺陷显然不是人类身上最有意思的问题。这些身体方面的问题只是基础，虽然人们是该使身体保持最佳状态，但人们也不是光靠这些活着的。

最引人入胜的问题当属人类的躯壳与意识的交点。我们该如何从基因中探索所谓的灵魂呢？

第五章

深入大脑

无时无刻不计数。

——弗朗西斯·高尔顿爵士(Sir Francis Galton)

在包罗万象的世界里,什么最能引起人们的高度关注呢?这个问题无论问谁,答案恐怕都一样,那就是——人类本身,人们最关注的总是自我。那最煽情动人的问题又是什么呢:我是如何演变成我?这个问题的答案显然与遗传学紧密相连,同时也与生物遗传密不可分。生物遗传塑造了人类的灵魂及精神,最终造就了完整人生。人生的轨迹是否早已预设完毕?人类是否有能力扭转天意,谱写自己的人生?

"我的秉性、脾气、人生观都能在基因里得到体现?这不可能吧!"我在洛杉矶遇到的一位女艺术家质疑道,连她那新潮的厚框眼镜都无法掩饰她因惊讶而瞪大了的双眼。她就是无法理解她为何不能主宰自己是谁,她仍然认为**在她的灵魂深处**有绝对的自由去选择自己成为何等人物。人的灵魂才不是由那些湿答答、黏糊糊的生物体组成的,而是通过教育、经验及环境塑造而成的——总之,人的灵魂绝非天生,而靠后天养成。"这可事关我到底**是**谁——又不是什么随便的生理问题。"

她说道。

但事实问题在于,人类就是存在于生理构造之中的。人类感知世界的方式是通过无数脑细胞过滤而成的世界成像,而不是直接分析世界的本质。细胞之间相互联络的方式及对外界刺激的反应,一定程度上取决于遗传规则。诚然,精密复杂的大脑结构显然不仅受基因控制,这在同卵双胞胎的研究中体现得十分显著——双胞胎有相同的基因,却并不拥有完全相同的大脑。但无可否认的是,基因确实通过控制细胞,在塑造大脑结构和功能方面终生在起作用。辛劳不倦的受体始终在传递一股稳定的神经信号;生长因子控制大脑结构不断重建;酶类则掌管新陈代谢。大脑中主要功能的可用性及工作效率都由遗传信息精确规定。

"毫无疑问,基因对人类行为的影响至关重要。"《科学》(*Science*)杂志中的一篇文章如是评价。之后,文章回顾历史,滔滔不绝地讲述了基因与行为之间的关联研究已经扩展至性格中的侵略性、抑郁倾向及在情感中混乱不忠。从各主要科学杂志的封面判断,发展行为遗传学势在必行。

不过这不是重点。探索人类的思想、感受和行为的遗传学基础长期以来就是边缘学科。数十年来,人们在科学史上走过一段崎岖的弯路,种族优生学及种族灭绝问题完全遮盖了行为遗传学的光芒,将其弄得臭名昭著。

这一切始于达尔文(Charles Darwin)的表弟,弗朗西斯·高尔顿爵士。这位全知全能的英国人类学家阅读了达尔文的进化论后,热情高涨地对达尔文表示,他认为人类的智力应该与生理特征共用同一套法则,两者都具有遗传特性。为了探索这种特性,高尔顿针对英国维多利亚时代众多天赋异禀、才华横溢的男性,调查了他们的后裔。高尔顿在追查这些男性的家族谱系树时发现,天才家族中出现杰出后代的概率确实高于普通家庭,而与天才的亲属关系越远,出现杰出后代的比例越低。这项遗传特性所揭示的事实震撼了高尔顿,这确实是毋庸置疑的法则。

高尔顿在其著作《遗传的天才》(*Hereditary Genius*)中阐述了自己的研究所得,并于1869年出版该书,此时距达尔文的奠基之作《物种起源》(*On the Origin of Species*)问世不过10年光景。其后数年,高尔顿致力于如何将该研究成果付诸实用。1883年,高尔顿的优生理论新鲜出炉。在其论著《人类才能及其发展的探究》(*Inquiries into Human Faculty and Its Development*)中,高尔顿提议英国社会应该步调一致,探索一种奖励机制,以鼓励具特殊天赋者生育更多子女,如此便能将优质因子广泛传入整体人群中。

高尔顿理论的接班人是美国生物学家达文波特(Charles Davenport),他于1910年在初建的冷泉港实验室成立了优生学档案局。在20世纪初期,遗传学研究尚处于含苞待放之际,相关实验手段仍须通过果蝇及类似的可靠物种才能得以实现。受大量实验启发,达文波特将高尔顿理论发挥得淋漓尽致,比方说:达文波特认为,减少整体人群中的劣势种比提升优势种比例更加见效。达文波特对目前社会提供的全民福利深感忧虑,他希望能通过唤起社会对智障、精神病及瘾君子们的重视,以提高这些疾病的治愈率。这些病患必然携带了"不良"性状,如果能加以防范,就能将这些"不良"性状排除于整体人群之外。

达文波特的计划立刻在文明社会中如火如荼地展开。在美国,所谓的"劣等种族"由于优生学理论被排挤于移民范围之外;在许多欧洲国家中,所谓的"白痴病患者"被强迫接受绝育手术。这项运动在纳粹灭绝种族运动中达到巅峰,他们疯狂地剿灭犹太人、吉普赛人、同性恋、精神病人、弱智及各类"不合群的劣等人群"。这种行径导致了灾难性的后果:在第二次世界大战后,基因修补被打入了意识形态的冷宫,不许付诸实际。

但在研究领域中,先天与后天之间的相互作用似乎更引人注目。在研究者们发现了DNA结构后,通过科学方法展开的研究逐渐兴旺发达。后人在高尔顿的启发下,通过研究双胞胎以探索心理特质及精神疾病的遗传问题。自此之后，双胞胎成为了数量遗传学的基本研究工具。一系列数量遗传学研究都致力于探究人类性状与遗传物质之间的关联性，以及如果这种关联存在，该遗传物质又起到了多大的作用。

遗传，或者说遗传率程度，是难以界定的。人们无法将一个确切的遗传数字应用于个人，而是只能给出一个人群中的平均概率。比如说，如果身高有90%的概率由遗传决定，这不意味着某人那1.7米的骨架中有90%来自于基因，其余的则由饮食及健康程度决定。换个角度而言，这也不意味着90%的人群身高都是遗传变异造成的。

从数学层面上而言，人类性状遗传率只是性状变异研究中的一部分，这种性状可以利用基因进行描述。双胞胎研究试图从多角度预测这种物质。其中之一就是在一对同卵双胞胎中比较一个给定的性状，但这对双胞胎必须在出生后就分离生活，虽然具有相同的基因却在完全不同的环境下成长。如果这种性状发生改变，它就不能单纯用基因进行解释。科学家们可以通过统计学方法推论出环境及基因在其中各占多少影响成分。另一种途径是在同卵双胞胎及异卵双胞胎中比较同一性状。同样，两类双胞胎之间的差异可以用于估算性状的遗传率。

双胞胎研究始终存在着争议，尤其是这种研究手段背后所用的精密手法及数学技巧不断在演进，而且有待商榷。试问有谁能假定双胞胎因为生于同一时刻、长于同一地区，他们的生长环境就是完全一致的？根据不同的数学解析，人们最终只会发现，研究相同的性状却会得出不同的遗传率。不过，这仍然不能改变双胞胎研究是评估遗传率的最佳工具。

以精神分裂症为例，我们可以事先决定一对同卵双胞胎及一对异卵双胞胎同时发病。如果有遗传物质与精神分裂症相关联，我们可以假定同卵双胞胎的同时发病概率高于异卵双胞胎。事实也确实如此，如果某人有一个患精神分裂症的同卵双胞胎同胞，统计分析能简洁明了地揭示出此人患病的概率是常人的50倍。如果某人有异卵双胞胎同胞或其他兄弟姐妹患精神分裂症，此人患病的概率是常人的5倍。

科学家将这些数字代入数量遗传学的公式后，就能得出精神分裂症有80%的概率受基因影响。

大多数人都相信疾病是由于一些“缺陷”基因所导致的，但很多人都难以接受自己正常的心理性状也与DNA直接相关。可无论如何，这几乎就是事实。经过数十年的反复研究，双胞胎研究基本证实，几乎每种心理或精神性状，甚至于每种行为模式都存在一定的遗传因素。即便是人们起初认为同DNA毫无关联的事情，也很可能与之息息相关。美国心理学家，弗吉尼亚大学的特克海默(Eric Turkheimer)就提出了他所谓的行为遗传学头号法则：“一切人类行为性状都是遗传所得。”

智力是最受瞩目的研究现象。人们都为这个性状深深着迷：我们该如何测量智力；如何比较不同人之间的智力差别；人们在各方面的智力是否有差异。人们为了“智力”的确切定义穷尽心血，在若干个世纪中争得不可开交。事实证明，由标准智商测试所得出的智力结果，也是正常遗传性状中的一员。成年人中几乎有80%的智商变异来自于遗传因素。另一种智能——记忆力，也在一定程度上与遗传因素相关，但相关性下跌至20%。

也许有人会认为，这些例子中探讨的都是心理智能问题，这就是说，此类才能可在一定程度上追溯至脑部机能运作。那么显而易见，心理智能肯定与生理相关。但即使是一些极其复杂的行为，或平时被人们归咎于心理学或社会学问题的“软性”特性，同样与遗传有不可分割的关系。

以“强迫囤积症”为例，这种病使人有强烈的欲望，要在房屋内堆满圣诞精灵、陈旧的漫画书，或啤酒标签等物品，这显然是由遗传而来，至少在女性中遗传。2009年，一项涵盖了4000对女性双胞胎的大型研究得出结论，该病的遗传率达到50%。觉得收集狂的遗传难以理解？那么看看下面：在双胞胎研究中，两人产生共鸣能力的遗传率为30%—50%；人们对于宗教的虔诚程度也不仅与父辈的信仰及定期宗教活动相关。2005 年,明尼苏达大学发表了一项针对广泛人群的大型比较研究,结果显示,宗教信仰或心灵倾向的深浅程度有超过 40% 来自于遗传因素。

有一小群社会科学家基于人类也是生物体的概念,将遗传学的解释模型拓宽至政治领域,他们大多扎根在美国。该项目的带头人是"约翰二人组",分别是得克萨斯州莱斯大学的约翰·奥尔福德(John Alford)及内布拉斯加大学林肯分校的约翰·希宾(John Hibbing),他们在 2005 年发现,人们根本的政治倾向存在遗传学证据。无论是保守派还是自由派人士,他们的取向都不仅受父辈影响,与遗传学也密切相关。研究者询问了来自美国及澳大利亚的双胞胎对于一系列政治热点话题的态度,包括同性恋权益、死刑及学校祷告等问题。结果显示,同卵双胞胎意见一致的比例要远高于异卵双胞胎——这个比例甚至高达 40% 。

奥尔福德和希宾的研究引发了争议,研究者们针对一个全新的科研领域吹响了战斗的号角,不过这场战斗的名字相当不讨喜,名为基因政治学。在以往数年中,该研究领域的带头人是年少轻狂的福勒(James Fowler),他任职于加利福尼亚大学圣迭戈分校,主张融合社会学及遗传学,组建一门关于"人类自然的全新科学"。这个创举给福勒带来了诸如"年度最佳创意者"等殊荣。2008 年,基于 800 对美国双胞胎的选民登记记录所展开的两项投票行为研究显示,人们的选举态度——是参与投票还是袖手旁观,都有 60% 受到遗传因素影响。一年后,福勒又宣称,遗传学还能决定某人会是某政党的忠诚拥戴者,抑或是暂时的追随者。

一些观察员对此类发现采取回避态度,他们不确信基因真的能对现代事物所引发的行为有如此深远的影响,这些行为一点都不"自然"。"废话少说。"福勒反唇相讥,"如果忽略各类政治口号、投票站等相关事物,政治行为只关乎人们对于合作及社会交换的态度——人类的取向偏好与石器时代的祖先都有关联。"福勒猜测,影响政治取向的基因其实长期控制着人类的社会行为及对团队协作的偏好。

福勒承认将基因与史前行为相结合存在很多臆断成分。因此，双胞胎研究中所得的信息远不能满足他的需要。从某种程度上看，双胞胎研究就好比雾里看花，花朵似乎含苞待放，却总也无法认清其品种。相似地，研究者虽然知道有某种遗传物质在起作用，却不知道该物质为何物，即不知其中包含着什么生物学机制。

为了探索这些遗传杂质，科学家们诉诸于分子生物学，这是一种追踪特定风险基因的手段，无论是精神分裂症还是保守主义倾向都在其研究范围内，并且还能识别出基因如何发挥其作用——基因产生了何种酶，酶的活性如何，酶在生物体中执行何种作用。这种行为遗传学中的新方向利用了基因芯片及关联分析模型，具有无限的潜力及发展前景。该学科也是公众瞩目的焦点。当媒体大肆宣传某科学家发现了与某类事物相关的基因，如"吸烟"基因、"不忠"基因、"驾驶困难"基因等，这幕后的推手就是分子生物学。

在早期阶段，分子生物学并未获得媒体的正面报道。1993 年，美国行为遗传学家迪安·哈默(Dean Hamer)指出，X 染色体上有一个特定区域与男性同性恋倾向有关，这一言论引发了极大的争议。哈默并未声称这两者之间必然相关，也没说所有男同性恋中都有这种情况，只是说他所研究的一小群男同性恋样本中出现这种情况的概率相对较高。哈默的第一组样本是 40 对兄弟，其中有一些人是同性恋，之后他又在另一组样本中发现了相同的区域：Xq28。

许多同性恋组织欢欣鼓舞，因为哈默的成果为同性恋争取平等权利及反歧视提供了有力的理论依据：既然性取向是客观存在于生物体结构中的，谁又能责怪同性恋是有悖伦常的怪胎呢？但在圈外人看来，这项发现就鲜受欢迎了，尤其是某些特定的宗教阵营还曾宣称能把同性恋"拨乱反正"呢。在他们的观念中，同性恋无论在过去还是现在都是一种行为选择。除了宗教阵营外，还有其他阻力反对该言论。有些人甚至叫嚣要动用政治力量迫使科学家不得从事此类课题研究。那么,所谓的“同性恋”基因究竟是否存在呢?这是否会导致那些望子成龙的母亲们刻意去做产前基因测试,然后堕掉那些所谓的“同性恋”胎儿?连哈默的同僚都用各种理由攻击他,希望能减少复杂的心理社会因素与单一的生物学的联系。“这是我们课题组的核心研究,但在当时被迫停止,因为我们失去了经济支持。”当我向哈默重提旧事时,哈默对我如是说道,“质疑声实在是甚嚣尘上,远远超过了对同性恋的纯科学研究范畴。”

1993年末,荷兰科学家布林纳(Han Brunner)发现的“暴力基因”再次引起轩然大波。布林纳研究了一个荷兰家族的五代人,其中大部分男性成员都有过暴力、犯罪、智力低下等症状,他们均携带了有缺陷的单胺氧化酶A(*MAOA*)基因。该基因能产生单胺氧化酶,用于分解一系列神经递质,如肾上腺素、去甲肾上腺素、5-羟色胺等。然而,在这些有暴力倾向的男性中,缺陷基因会阻碍酶的产生,使一些亢奋物质过剩,直接作用于大脑。这项发现迫使公众开始思考暴力倾向及其他冲动行为是否都与单胺氧化酶A变异有关。一些评论家担忧暴力罪犯将会要求做基因测试,并以“基因决定犯罪”为由替自己开脱;其他人则预测这可以用来筛查问题儿童,也会产生后续的基因歧视问题。

由于早期就存在争议,公众更愿意看到如下新闻:某项研究发现遗传学能证明为何某些人对极端刺激的行为有特殊偏好。1996年,权威期刊《自然遗传学》(*Nature Genetics*)上发表了两篇文章,美国及以色列研究者各自发现了多巴胺D4受体(*DRD4*)基因的特殊变异与刺激偏好人格之间的关联。这其中甚至存在着生理学上的逻辑。

多巴胺D4受体是一种位于特定脑细胞表面的蛋白质,尤其存在于处理情绪的脑部区域——大脑边缘系。这种受体能捕获和绑定神经递质多巴胺,并将信号传入细胞中。信号的强度取决于受体结构。如果某人携带了较长的多巴胺D4受体基因变异版本,他的受体结合多巴胺、传递神经信号的能力会减弱。研究者假设,长版多巴胺D4受体基因变异的携带者需要额外的努力，才能感受到多巴胺带来的幸福愉悦感。短版多巴胺 D4 受体基因变异的携带者只须在电影院里观看登山场景就能满足生理需求，但长版变异携带者就得亲身跋涉珠穆朗玛峰才能获得同样的效果。科学家们反复钻研数据，认为长版多巴胺 D4 受体基因变异与寻求刺激和危险的个性并没有直接关联，但确实是关键的组成部分。一年后，一项针对日本人的研究获得了相同的结果，支持了这种假说。

这是行为遗传学首次精确描述了单个基因的特定功效，之后此类研究就一鼓作气，蓬勃发展了。1996 年上半年，维尔茨堡大学的莱施(Klaus-Peter Lesch)领衔了一个研究团队，声称他们在神经质方面取得了突破。粗略来说，神经质的主要症状是焦虑忧思，生活在负面情绪之中。莱施团队发现神经质与 5-羟色胺转运蛋白(*SERT*)基因上的某个特殊变异高度相关。该蛋白位于大脑细胞表面，当神经递质 5-羟色胺触发反应后，转运蛋白捕捉 5-羟色胺，将其送回细胞中。5-羟色胺转运蛋白基因中一个元件的作用是，调节 5-羟色胺转运蛋白的产量。与多巴胺 D4 受体基因相类似，这种调节功能取决于变异的长、短版本。短版变异生成的转运蛋白较少。在莱施的研究中，神经质高发者通常携带了一份或两份短版 5-羟色胺转运蛋白基因变异拷贝，而神经迟钝者则往往带有两份长版变异拷贝。

类似的过程周而复始。行为遗传学的相关基因不断证明，基因能影响大脑中的化学物质，特别是控制神经递质的降解状况。

同时，这些基因还与混乱的情感关系相关——它们很可能在各种不同的人类性状中起到关键性作用。多巴胺 D4 受体基因就是绝佳之例。耶路撒冷希伯来大学的研究结果显示，这个基因不光能左右我们对新鲜刺激的渴望，还能对人类性行为进行微调。多巴胺 D4 受体基因上的不同变异显然影响了人类的性意愿、性兴奋程度及性表现。单胺氧化酶 A 也起到了类似作用，虽然它的首要作用是与暴力倾向相关，但其中的变异也与“社会敏感性”有联系，同时还能影响赌博成瘾、活动过度、强迫性精神障碍等精神方面的状况。

除了在大脑中占据一席之地及产生广泛的影响之外，这些基因变异还有一种常见特性：它们的影响力微乎其微。分子生物学研究并未摆脱掉大量来自双胞胎研究中的遗传数据：30%、50%、80%……举例来说，当科学家们发现5-羟色胺转运蛋白能在一定程度上影响神经质时，短版5-羟色胺转运蛋白在焦虑症遗传问题上所占的影响比例为8%。仅仅是8%，但在这个问题上，这样的比例已经算高了。

我们可以将这8%的比例与智力遗传方面的发现相比较。在过去的20多年中，伦敦大学国王学院儿童精神病学教授普洛明（Robert Plomin）始终在寻找影响智商的基因，但几无所获。在普洛明的最新研究中，他和同事们研究了1994—1996年出生的6000多对英国双胞胎，他们已经多年追踪研究这些孩子，并做了各类测量。研究者们利用基因芯片比较了高智商及一般智商孩子之间的50万个SNP标记。从这些严谨的统计测试中得到的唯一发现是一个功能不明的基因标记，按照计算，这个标记最多能额外提高0.5个智商点数。

"这当然会让人略微失望。"当我前往伦敦布里克斯顿区造访普洛明时，这位美国人无奈地感叹自己的研究被英国人刻意忽略了。除却失望之情，普洛明还是很积极向上的，他又开始积极筹划一项针对1万名欧洲儿童的国际研究。普洛明的期望值很低，正如他自己所说："我们可能在未来5年内解释智力上3%—5%的变化，这可能涉及成千上万个基因。"

可到底是什么地方出错了呢？这也许正如多年前，迪安·哈默在《科学》杂志评论中所说的，研究者应该重新审视行为遗传学的整体思路，他们需要抛弃传统模型，不能单纯地假定基因与行为之间的简单线性关系，即认为特定的基因会对特定的行为有直接影响。换句话说，基因并不能控制行为，它们只是纯粹的蛋白编码工具。基因与行为之间存在一个黑箱，在其中，基因网络与环境因素、大脑的生理发育及功能一起,构建组成了人们口中的“行为”。这个黑箱正是研究者所要探究的关窍。

这个想法打开了突破口。近期的研究开始注重基因与特定环境条件之间的相互作用,并采用了疾病研究的模型。科学家们开始寻找易导致疾病的基因(疾病的易感基因),同时也在探索诱发疾病的生活方式及环境因素。

有一对夫妻在此类研究中引领了潮流:心理学家卡斯皮(Avshalom Caspi)及莫菲特(Terrie Moffitt),这对学术伉俪与伦敦大学国王学院及北卡罗来纳州的杜克大学都有合作协议。在跨入新世纪之初,他们就刮起了精神病学的风暴。

卡斯皮与莫菲特掘到了精神病学方面的金矿——他们得到了1000名新西兰男性的心理学数据及社会成长记录,这些资料的时间跨度都超过20年,从这些人的幼儿园时期起就开始记录。两位研究者筛查这些成年人的“反社会”行为,并将这些行为定义为暴力及犯罪倾向。下一步则是开展基因测试,以调查反社会行为与单胺氧化酶A变异的关联性。

但是并没发现什么关联。没人能单纯地通过单胺氧化酶A变异判断某人是否有精神疾病。但另一个因素开始浮出水面:携带来自双亲的低活性单胺氧化酶A变异的男性如果在幼年时期遭受过家庭虐待,他就极有可能出现精神疾病。该基因本身的发现已经十分有料,而更具爆炸性的新闻则是生物遗传及童年经历会共同造成后期的暴力倾向。

一年后,卡斯皮和莫菲特开展了针对5-羟色胺转运蛋白变异与抑郁症之间的关联研究。结果再一次显示,基因变异及心理状况与成长过程密切相关。研究者统计了过去5年中经历了人生大患的个人,并询问他们是否在受冲击期间出现了抑郁症倾向。抑郁症发生的频率取决于此人携带的5-羟色胺转运蛋白变异的类型。当然,携带了两份短版变异拷贝的人,如果同时在过去5年内经历了多于4次的人生冲击,他们当中会有近一半的人受抑郁症困扰。作为对比,经历了同样冲击的男性,但携带的是两份长版变异拷贝,他们当中只有 1/4 的人会发病。

最重要的是,幼年受虐绝对是其中的一个关键因素。携带了两份短版 5-羟色胺转运蛋白变异拷贝的男性成年后患抑郁症的风险大幅增高,如果他还在幼年时期受过虐待,那这项风险几乎达到 2/3。携带两份长版变异拷贝的男性则不受童年虐待的影响。短版 5-羟色胺转运蛋白变异提高了抑郁症的发病敏感度,而这种敏感度在幼年不幸的人身上会进一步提高。

我坐在从华盛顿前往弗吉尼亚州里士满的火车上,脑海中仍然在盘旋有关抑郁症的点点滴滴。我正要赶去见肯尼斯·肯德勒(Kenneth Kendler),他是一位精神病流行病学家,并于 1983 年起在弗吉尼亚联邦大学担任教授。我之前曾与他结过缘。多年前,他曾在一个富有特色的哥本哈根餐厅平易近人地接受了我的采访。当时我在那儿大嚼牛排,而肯德勒仍然坚持他的素食主义。

前往州府的火车隶属于传统的"美国铁路客运公司",它晃悠悠地以龟速前进,车厢内的气温降至冰点,以对抗 6 月那厚重的湿气。一些乘客裹在夹克和羊毛衫中,无声地向车厢外的夏日发出抗议。车窗外总是那副恒久不变的绿意盎然,大家除了安静阅读外别无选择。本着娱乐至上、打发时光的精神,我带着《生理医学》(*Physiological Medicine*)、《美国医学协会杂志》(*Journal of the American Medical Assoliation*)、《普通精神病学档案》(*General Archives of Psychiatry*)、《美国精神病学期刊》(*American Journal of Psychiatry*)等读物备用。我依次浏览这几本杂志,《美国精神病学期刊》首页上的文章用它最终的结论吸引了我的目光:"重度抑郁症是一种家族性疾病,其中的家族性绝大多数来自于遗传影响。"

我继续往下阅读,文章提到一系列抑郁症遗传研究发现,该病的遗传率在40%左右。他们应该也研究过我的家族,因为我的一级亲属提供过大量相关证据。举例来说,我母系一方从曾外祖父到我,全都得了抑郁症。我的曾外祖父马里努斯·汉森(Marinus Hansen)冲着自己脑门崩了个枪子——我对他的印象只来自家族故事及他阴沉灰暗的肖像照。他的女儿,我外祖母,则几乎将额叶白质都切除了。这是个有点吓人但温暖人心的故事,我小时候总是听到大人讲给我听。

"妈,妈,告诉我外祖母是什么时候做的额叶白质切除术。"我对着妈妈撒娇,而妈妈也很乐于跟我回忆这件传奇般的往事。这可是她少年时代经历过的重大事件。那时,外祖母为了讨生活拼尽全力,最后精神崩溃陷入重度抑郁中,病情严重到她只能住院治疗,经年累月地躺在床上。大家对此无能为力,用尽一切手段也无法拯救外祖母。外科医生甚至采取了电击疗法,但还是无效。她病情严重,根本无法自理生活,最终医生建议使用最后的杀手锏:精神外科手术。

在20世纪50年代,医学报告指出,额叶白质切除术——用薄薄的金属刮刀在病人大脑前叶随机切除神经通路——能一定程度上减轻重度抑郁症,患者在术后可以回家休养。外科医生建议尝试这一方法。外祖母虽然对精神外科手术及各类治疗手段知之甚少,但她还是同意签字。

无论听过多少次,这个故事都会让我起一身鸡皮疙瘩。**试想一下如果他们真做了这个手术会是什么情况**。幸好家庭医生坚持己见——这种疗法是坚决不能使用的。作为替代,他找到了一位精神病专家,这位专家住得很远,外祖母每周都乘车去他那儿治疗一次。疗程持续了两年,并最终见效。我对外祖母的印象极其模糊——她在我上小学前就过世了——但在我记忆中她仍然是位爱心满满的健壮妇人。她在年过五旬后仍然十分有主见,拒绝受人摆布或顺从别人。

据推测,我外祖母将这种抑郁倾向遗传给我妈妈,我妈妈也逐渐开始显示出这种患病迹象。我妈妈在初中辍学之前一切都很顺利。辍学后,她有许多年都是和她父亲相依为命的。之后她几乎停止饮食,接着出现代谢紊乱。她从来不提"抑郁症"这个词,但当她说起自己的少年时代,言语汇成了那个准确无误的临床病症名称。后来,她的抑郁症再度发作。在她生命的最后几年,我记忆中的一切都被阴影沉重笼罩。

忽然间,我又回到了自己的旅途中,正在前往里士满的路上,在车厢那冰冷的温度中瑟瑟发抖,犹如一只刚被修过毛的小羊羔,但我却觉得自己异常幸运。与我的先辈们相比,我以一种难以置信的轻松状态度过了这次危机。我的少年时代并没有因此陷入一团乱麻中,充其量算是有惊无险。说到抑郁症,我也仅有 3 次轻微的发作病史可供参考。而且,我所生活的这个时代,不光抑郁症能被有效治疗,人们还开始钻研并理解抑郁症的复杂古怪的遗传问题,这种遗传问题是从前人们始终想要忽略的。

到达里士满时,天公开始不作美。持续的濛濛细雨将整个气氛压抑得十分灰暗,甚至可以说是沉重压人。弗吉尼亚联邦大学坐落于这个小镇的荒凉之处。校园里的新建筑乏善可陈,在一片破败腐朽中显得格格不入;四处都是两层的失修砖房,街边店铺早已倒闭,外围都用木栅栏围起。这周遭的环境加上阴沉的天气足够让人十分沮丧了。

拐进西大街,场景转换成一个全美式小镇:板屋林立,杂草丛生的花园,绿树成行的街道。我从一扇大前窗里瞥见肯尼斯·肯德勒在他自己的屋子里,于是我走了进去,他简直无法掩饰自己的激动之情。

"你看了今天的《纽约时报》没?"

我给他看了看我的《华盛顿邮报》(*Washington Post*)首页。

"对,说的都是同一件事,我已经收到关于这件事的 20 封邮件了。"我们一同注视着那醒目的标题:抑郁症基因出错了。

"太好了,太好了。"肯德勒激动地喃喃自语,"我们进屋吧。"

我坐在前窗拐角的椅子上,很容易就能发现房屋中书香门第的痕迹。房间里全是古董家具,以及年代久远的、来自印度的原作。在餐桌旁悬挂着一幅巨大的彩色画作,画中人显然是位现代年轻女性,她却被摆出成一副 17 世纪的荷兰文艺复兴范儿。这可真是一副怪异的沉思相。

“这是我女儿。”肯德勒解释道，“她是艺术生，这是她的自画像。”

楼梯平台处还有许多类似的肖像，人物大多是肯德勒的女儿和两个成年儿子，还有一幅是肯德勒夫妻俩的照片，不过是他们年轻的时候。那很可能是 70 年代的作品，但肯德勒看上去和现在相差无几，唯一的不同是他的头发和胡子业已灰白。他给我的印象和从前一样，像一位深思熟虑的拉比。也许是他那副圆滑精明的眼镜、低沉而有穿透力加之过分清晰的发音习惯给我造成了这种感觉。肯德勒是位沉着冷静、彬彬有礼的男士。从他口中吐出的恶言也仅限于“胡扯”这样的话了，而且出现频率十分之低。

“我成长于长岛上的一个犹太社区，那儿位于纽约市外。”肯德勒起了个话头，“我从小就生活在一个十分保守的环境中，直到我 10 来岁时搬到了加利福尼亚州，那儿可是个充斥着嗑药和……”

可惜肯德勒没透露更多的细节，因为有一只高贵冷艳的虎斑猫瞪着两只碧绿的眼睛鬼鬼祟祟地溜了进来。猫咪瞥了我一眼，就差没凑过来嗅一嗅我伸出的手掌了。

“她是只特立独行的猫咪，几乎不喜欢与任何人亲近。”肯德勒对我解释道。不过这对我来说不是问题，因为我向来就是动物王。我对肯德勒说，小动物们都喜欢我，接着我就用平时对待我家黑色小公猫的语气同虎斑猫交流起来。“真是一只可爱的小东西，快到我这里来。”猫咪前进了几步，但当我尝试着抚摸她的耳朵时，她极具攻击性地向我的手咬来，在我虎口处狠狠地留下了一个齿痕。接着，猫咪在地上懒懒地蜷起身子，不怀好意地瞪着我。

与此同时，肯德勒又开始扯起之前那个大消息，尽管今天他已经提过这事无数遍了。这个故事与卡斯皮及莫菲特的著名成果达尼丁研究有关。该研究认为，如果某人在幼年时期遭受过精神创伤或虐待，他所携带的 5-羟色胺转运蛋白基因就会提高他成年后患抑郁症的概率。

不过，最近有一批精神病学家及统计学家使用另外14个研究中的同类型的数据做了一次综合分析，结果并未发现5-羟色胺转运蛋白基因与抑郁症之间有任何关联。

“我觉得这结果肯定不利于卡斯皮的研究。”肯德勒说。他又急急忙忙地补充说，卡斯皮的父亲是他的希伯来语老师，所以他知道卡斯皮从小就是个好孩子。卡斯皮在达尼丁所做的两个代表性研究，即5-羟色胺转运蛋白基因、单胺氧化酶A基因与人类幼年经历之间的内在联系，是一个相当优秀的起点。在肯德勒看来，这些研究所获得的影响远超预期。

“我觉得其中缘由在于，这两项发现看似可以回答先天与后天这个古老的问题。谁都认为这项研究‘相当不错’。这些结果让大家欢欣雀跃，它简洁直观，能一下子抓住人们的眼球。2003年，当这些结果公之于众时，研究过5-羟色胺转运蛋白基因的人都迫切地关注自己的数据结果，希望这些结果与研究对象的童年经历确实相符。”

“然后呢……”

“有些人的结果是相符的，另一些人就不是了。但海量分析将所有人都纳入了考虑范围之内。”

海量分析。很多统计调查在一些样本中检测到的关联在另一些样本中却检测不到，于是就将所有研究合并起来，视作一个整体进行分析。海量分析在研究中常被视作王牌使用。嘿！看看我们的结果。我们有更多的数据，所以我们是对的。

尽管如此，许多业内人士还是难以接受如此解释5-羟色胺转运蛋白基因与抑郁症之间错综复杂的关系。毕竟，这个传闻中的“伍迪·艾伦基因”(Woody Allen gene)总是与压力相伴出现——携带短版基因变异的人在应对压力时有困难。2007年，一群英国学者在报道中称，儿童羞怯的个性与短版5-羟色胺转运蛋白基因变异关联颇多。同年，另一个研究小组发现这个变异与自杀相关。同时，压力也通常被认为是抑郁症的触发因素。如果我没记错的话，肯尼斯·肯德勒及其团队在20世纪90年代就首先表示，人们对于抑郁症带来的影响表现各不相同。这就意味着，每个人对抑郁症的敏感程度都有所差别。

“请注意。”肯德勒语调平淡地说道，“我也相信卡斯皮所描述的普遍现象确实存在。从统计学角度来看，从单个基因与成长等环境因素的内在联系确实无法找出足够的影响条件。不过这也说明精神病学还是一门不成熟的学科。人们对接连不断的新想法报以极大的热情，但这只不过是种单纯的迷恋而已。精神病学常受流行趋势的影响，目前的风向是用达尼丁研究法研究个体基因与环境之间的关系。我只是希望人们能冷静下来，更客观地看待这些数据。”

我对肯德勒说，我个人之所以会对抑郁症感兴趣，主要是因为我有家族病史，所以我很想知道基因及成长经历在其中起到的作用。

“噢，这也难怪了。”肯德勒语带同情，神似一个丧礼承办人。“我跟你说，我自己对精神病学的兴趣最早来自于精神分裂症。但精神分裂症研究逐渐转向了遗传学研究。我之所以致力于抑郁症研究，一个原因就是精神分裂症与遗传的关联**太大**了——遗传学决定了人们很难从外界影响的意义去研究许多值得关注的问题。就拿抑郁症来说，这其中存在许多环境变量。正如你自己所说，来自亲人去世或离婚等事件的压力会成为引发抑郁症的导火索。”

等一等，这位精神病学家兼遗传学家是在告诉我大家太过关注基因了吗？

“我确实觉得基因太受关注了。”

但这真的不好吗？

“我从来不相信我们**能**找到单个基因对于我们是否得精神疾病产生至关重要的影响。换句话说，我们也无法从载脂蛋白E中找到与抑郁症、焦虑及老年痴呆的直接关联。”

我觉得这真是太有趣了，尤其是与一个大型遗传学研究项目的带头人讨论这个问题。肯德勒同牛津大学及上海复旦大学的研究者合作，收集了6000名重复发作抑郁症的中国女性的数据，企图用基因芯片研究50万个遗传标记,这和普洛明对于智力遗传研究所定下的流程异曲同工。总之,肯德勒虽然不相信存在决定性的基因,但他还是在用传统的遗传学关联研究寻找新基因。

“说得对,我就是这么做的。不过要注意的是,我们不止研究这些女性的遗传,也十分严格地测评她们的生活环境带来的影响。”肯德勒深吸了一口气,眼神幽远地透过镜片。

“即使我们找到的基因并不存在决定性作用——甚至只能起到微乎其微的效果——它们也指向一些确切的生物学通路,给了我们一把钥匙,去打开一扇大门,让人们了解一些完全未知的疾病潜在机制。由于药物会对5-羟色胺产生抑制作用,因此我们认为5-羟色胺等神经递质与抑郁症相关。但事实上,我们离真相还十分遥远。”

5-羟色胺假说恐怕是人尽皆知了。“你有抑郁症?看来你是缺少5-羟色胺了吧。”“你的5-羟色胺含量不均衡。”——这些话都快让人耳朵听出老茧来了。多年前,亚利桑那州立大学的拉卡斯(Jeffrey Lacasse)及林肯纪念堂大学的利奥(Jonathan Leo)在期刊《公共科学文库·医学》(*PLOS Medicine*)上指出,目前的这些观点正是人们从医药行业那里听来的说法。两位专家还研究了5-羟色胺再摄取抑制剂(SSRI)的广告,发现制药方不断在其中灌输一种概念,声称一系列知名药品,如左洛复(Zoloft)、帕罗西汀(Paxil)、百忧解(Prozac)及依地普仑(Lexapro)等,能平衡大脑中5-羟色胺的含量。但拉卡斯和利奥强调,其实5-羟色胺并没有科学意义上的“平衡”一说。换句话说,没人知道大脑中需要多少5-羟色胺才能避免抑郁症发生。英国的精神病学医生希利(David Healy)是抑郁症疗法的专家,他也在某次访谈中指出:“5-羟色胺假说简直就跟手淫会导致精神错乱一样荒谬。”

接下来就说说环境因素产生的影响。

“我们目前只是着眼于人们的成长经历所带来的影响。”肯德勒说,“我可以打赌,这其中绝对有花头。这其中有一个前提,就是我们的基因是不变的——我们从父母那里继承而来,之后就一成不变了。

可事实并非如此。谁都知道基因组的可变性极高,某基因在人们7岁时能产生的作用,到了16岁时就不起效了。有一些遗传效应的重组则仅在青春期发生。”

性别差异是另一个影响因素。

“以抑郁症发生频率为例:在15岁之前,男女之间差别不大。但过了这个年纪,女性就独占鳌头了。成年女性患抑郁症的概率是男性的两倍。”

抑郁症是遗传性疾病,平均而言,遗传概率大约是40%。但如果光看遗传概率,女性受遗传影响的概率要比男性高。这就是说,女性更容易遗传到抑郁症。

“人们可能会问,是否有哪种基因对男女的效果都一样。我们只能说,对于抑郁症,两种性别受到基因的影响肯定不一样。”

一说到性别差异,激素就成了不可避免的话题。以经前综合征为例,在某些女性身上每个月都重复出现情绪低落的情况。那么,是不是雌激素造成了这种差别呢?

“激素只是其中一个影响因素。”肯德勒和蔼可亲地说道,但语意中又略带一丝放纵,“难道说,女性在成年后就应该受到社会的不同待遇吗?”

我有点摸不透肯德勒想说什么。

“对外貌体型的指指点点和自尊是否也在这些问题中占据了一定作用?”

我实在无可奉告。

“比如说,研究证明月经来潮早对在混合学校就读的女生十分不利。性早熟对于女生来说,很可能会导致她与年长的男生交往,过早地发生性行为,或者是发生药物滥用及终生精神疾病的概率显著提高。但如果这个女孩在女校就读,这些问题就不会发生。”肯德勒一字一顿、说得异常缓慢清晰,“她身边所处的环境比她生理上带来的影响要严重得多。对于一个13岁的女生来说,她还太年轻了,意志力十分薄弱,不懂得保护自己,年长一些的男生对她来说有致命的吸引力。"

我问肯德勒,这种问题是否也会遗传给男性,他略带厌倦地笑了:"我们忽略这个问题吧。"

肯德勒还有一个极具前途的研究方向,而他很是乐意讨论这个话题:基因与环境的内在联系。"我们要探求的问题是,当外部压力存在时,何种基因会提高精神疾病的发生概率。"肯德勒解释道,"其中一个难点被我称为环境因素下的基因控制。这在焦虑及抑郁症中尤为重要。"

肯德勒认为,基因对精神疾病起作用的途径之一,是依靠改变人们周围的环境。现实中这是怎么发生的呢?1997年,肯德勒在一个双胞胎实验中发现了社会关系网络的精神病学概念。这个概念具体说明,人际关系及维持与某人之间的联系不光是社会决定的,也同遗传学高度相关。这个发现促使他猜想,包括性格在内的部分遗传性状,能引导人们建立他们的社会关系。

"人们经营自己的人生时,都会用各自的方式组建自己的人际关系网络。而人际关系的质量反过来又影响了人们的精神状态。总存在着循环——基因能使人陷入抑郁症中,也能给人带来婚姻或事业上的不利。"

当人们说到"环境因素",大多数人都认为周遭之事是偶然发生的,人生就是由一系列意外的小插曲组成的。

"人生不如意事十之八九,人们总是这么说。当然,机遇与噩运总是相伴而行,但如果仔细思考一下,许多悲情世事往往同人际关系相关——尤其是与夫妻关系相关。我们不仅是其中的受害者,也是始作俑者。我们经过对神经质的长期研究才得以阐释我的观点。经过对某一人群的多年追踪调查,我们发现,如果能测评某人的神经质程度——此人容易紧张、敏感的程度,那此人未来在人际关系中是否能获得尊重,以及他在社会关系中的能力都是可以**预测**的。"

越是神经质就越没好果子吃，这只会让人陷入狭小的交际圈，引发抑郁症及焦虑的概率也更高。

“我们公开这一结论时，遭到了不少精神病学同行的抵制。他们认为根本不可能！但是，十分滑稽的是，这是个完全符合进化论过程的想法。在自然界中，基因依靠外在环境发挥作用。不同的织巢鸟建造不同的巢，来吸引不同遗传类型的雌鸟。感冒病毒中的特定基因会刺激人们鼻腔中的黏膜细胞，导致打喷嚏的行为，因此传播病毒基因。”

这让我想起了《纽约时报》网站上的一个专栏，题名为“我们被基因抢劫了？”作者很可能受到了佛罗里达州立大学的犯罪学家，比弗(Kevin Beaver)的鼓动撰写了此文。这位犯罪学家有一个论调，认为会成为街头暴力抢劫的受害者也与遗传部分相关。这也太扯了吧？难道被抢劫不就是流年不利吗？但在仔细分析了20世纪90年代出生的大量美国双胞胎的数据后，比弗认为有近一半的变异与人们是否被抢劫有关，这就足以说明这其中确实存在遗传因素。

经过深思熟虑，这个结论听上去也不再荒谬了。比弗的论点是，遗传因素的作用是间接的。它们通过塑造行为，增加了人们在路上遇到劫匪的可能性——很可能是因为此人就喜欢去劫匪爱逛荡的地方。

“这个效应也许能解释为什么精神性状的遗传会随着年龄增长而提高。”肯德勒说，“在童年期过后，我们有更多自由去自己想去的地方，遗传因素则在其中决定了我们的偏好。”

这是不是很像蛇自咬其尾呢？如果基因也能帮助我们决定外在环境，那还有多少空间留给人们的自我意愿呢？

肯德勒朝后轻靠椅背，淘气地咯咯直笑。

“我曾考虑过各种自我意愿，我认为你陷入了一个传统的怪圈中。”肯德勒回答道，“人们总认为遗传学是种决定论，而外在环境的影响不是。但你想一想：如果蛋白质占据了你出生后头三年的食谱，因此影响了你的大脑，决定了你的智力潜能及个性，这不也同样剥夺了人的自我意愿吗？”

肯德勒的问题当然是一系列反问句。

“如果我们接受人类的行为来自于大脑,而大脑是一个具有前因后果的生物系统,那就可以说,我们需要忧虑的仅是我们的大脑。无论患抑郁症的概率是60%还是90%来自遗传,人类的行为仍是来自于大脑。这其中有生物学上的局限,基因及外在环境能产生的影响程度其实都是微不足道的。”

这段对话实在有点令人沮丧,关于自我意愿的话题根本不能振奋人心,因为没得出什么实质性的结果。纯粹从主观角度来讲,谁都认为自己具有自我意愿。最起码人们都有在酒桌上说“不”的权利,正如人们都会将车速控制在高速公路限速范围之内一样。这都是人们自主作出的选择,不是吗?

不过,这种想法似乎就是自欺欺人。显然没人能做到完全地脱离传统意识,在任何状况下都能自由选择自己想要的东西。这样的自由根本是子虚乌有。人人都生活在牢笼中,被自己的身份、过去及经验所束缚着。但重点在于,人们是否有办法扩展这个牢笼。人们是否能利用各种遗传学知识来改变对自己的认知?当人们知晓了自身的生物学局限后,是否能多掌控一些自我意愿呢?

“这真是个非常有意思的问题。”肯德勒说完这句话就陷入沉思之中。我无法从他的语调中分辨出其中是否有一丝讽刺的意味,所幸的是,他又开始用很清晰严肃的语调说了下去。

“这也和人们心目中的自我形象及西方文化中的特色有关,因为人们都会有将生物学与责任感相联系的意愿。但是否能将生物学因果与自我意愿相联系根本不是一个科学问题,而是一个哲学问题。一旦生物学陷入争论之中,它就与人类那无所不在的‘我们能塑造自身’的想法息息相关。例如,我们能依靠坐禅使一个心理防线濒于崩溃、难以适应新环境的人完全冷静下来,或者通过一些正能量引导疗法让一个目光如豆、含蓄内敛的人变得外向阳光。”

肯德勒轻轻摇了摇头。

“但是人们的敏感程度是大相径庭的。人类的经历是微妙又难以捉摸的,每个人来到世上时,都携带了某些天性,比如智力和个性。对于天性,我们只能在一定程度上稍加塑造。”

肯德勒再次陷入了沉默,不过很快又容光焕发起来。

“我给你举个非常明显的例子:有个孩子患了中度注意缺陷多动障碍(ADHD),还有一些行为障碍。你也知道,这样的孩子会有冲动行为、没法坐得住之类的表现。”

我开始想象这个虚构的孩子。我模糊地想起童年的一个小伙伴尼尔斯(Niels)的面貌来。他就是个精力过剩的小男孩,总是在踢咬小朋友,或是冲大家扔剪刀,最后他被幼儿园劝退了。这就是个典型的注意缺陷多动障碍病例。之后,我听说他成为了一名经验丰富的精神病学家。

“有些父母能用积极的方式调和孩子先天带来的习性。这些父母事实上减轻了遗传带来的影响,而其他父母则会加重这些恶习。可是人们无法理解这些复杂微妙的问题。我注意到人们无法理解这些,是在我某次对公众演讲的时候——当时我真是很想往椅背上一靠,然后耍赖般地说:‘这不是我的问题,这都是基因造成的。’”

事实的真相在于,人们获知越多的遗传学知识,就越明白应该如何构造一个良好的外在环境,或者说对基因作用进行“干预”。这是种治疗术语,意思是将遗传背景推向一个理想积极的方向。

“这种说法只能算是部分正确。”肯德勒说道。

那么,假设有人有早期抑郁症的倾向,人们该怎么帮助他呢?

“我觉得恐怕还真没什么办法,不过我对干预疗法的文献知之甚少。”

难道研究者也不知道何种环境或何种情况下更容易出现抑郁症患者吗?

“光靠间接的手段,能知道的东西确实很少。我们在双胞胎实验中将神经质与抑郁症相关联。神经质使人们难以获得社会支持,具有较差的人际关系，总会遇到一些负面事件。换句话说，这就意味着，提升抑郁症风险的基因会导致人们在处理人际关系时遇到障碍。"

不过，肯德勒又强调说，在基因测试中是看不出这些的。

"发现我们正处于这样一个阶段：发现了些许东西——这些发现十分有趣——但还不足以得出一个确切的结论。"

人们当然希望有个结论，我争辩道，我也为这个研究贡献了一点力量，我也在其中寄托了很多希望呢。难道肯德勒不认为，目前平易近人的遗传学会顺流而下，按照人们的需求去做一些预测工作吗？人们总希望为了优化自己的生活多做一点改变。人们也想要获得一些有效的指导意见，如此就能将自身的潜能开发至极限。难道肯德勒就非要说这些事根本无法确定，不会有确切的科学依据？

"我是说，"肯德勒缓缓地开口，"难以知晓。"

我最终还是没能撬开肯德勒的嘴。苏·肯德勒(Sue Kendler)在桌上摆出了自制的巧克力糕饼和一些水果，而我坐在肯德勒千金的自画像下，承受着壁炉边猫咪的怒视。我们漫无目的地闲聊，直到我看了一眼时间才想起我该叫车去火车站了，这样才能按时回到位于华盛顿的酒店房中。肯德勒夫妇对此很是震惊。

"火车？现在根本就没有火车了，已经将近 9 点了。"苏解释说，往返里士满的火车到下午 3 点左右截止。我出了一手冷汗。我根本就不知道这回事。华盛顿是国家首府，几乎每个小时都有一班车开往华盛顿，怎么可能刚过下午 3 点，我就无法离开这个小镇了呢？

"这儿可不是欧洲。"肯德勒话中带笑。但苏立刻邀请我在她家留宿。两个孩子目前都放假在家，家中已经没有客房了，但他们还是空出一张舒适的沙发给我过夜。

"好啦，你就在这儿等明天早上的火车吧。"

我脸皮薄，没好意思接受他们的盛情邀请。我嘟囔着要去找旅馆，最终肯德勒开车送我去了当地的一家假日旅店。这家旅店距离近且价格实在，不过条件实在令人不敢恭维。这是一家汽车旅馆，只有两层楼，每扇门都朝向一个混凝土阳台。屋内的摆设都是砖制或由鳄梨绿的木头打造而成，这让我想起了20世纪70年代的廉价大学宿舍。

我估计是唯一的住客，只好寂寥地坐在房中喝直饮水——水散发着一股氯气的味道——开始后悔为何不拉下脸来接受肯德勒一家的留宿邀请。我实在是脑子抽风了，才会选择独自一人困守在这忽明忽暗、品位低下的小旅店中，看看无聊电视节目打发时间。我应该做的是深入了解肯德勒一家人，那样说不定还能学到更多复杂的新知识，比如人类心智与DNA之间的关联。毕竟那才是我千里迢迢从欧洲赶赴美国的目的。

当前的状况估计就是肯德勒口中所说的神经质与抑郁症关联了。我确实会下意识地根据某类状况来给**自己**塑造一个外界氛围。我总是与世隔绝，把自己孤立起来——顾影自怜、自怨自艾。看来我是受抑郁症关照的幸运儿了。在充斥着氯气味水的冷清房间中，我反而像个行为遗传学家一样审视自我，这都是我长期以来形成的自我选择导致的结果。

即使在乳臭未干的时候，我都在人际交往上处处碰壁。比如说，我很喜欢去我两个表姐家里。她们住得相当远，而且都比我年长数岁，这对于我来说极富吸引力。但表姐们是被大人们要求着照看我的，这时我该怎么办呢？

我直截了当地告诉她们，我只是想跟她们下国际象棋。她们可对这种消遣没兴趣，结果就是，她们将我锁在客用卫生间里，直到她们愿意让我出来为止。除非我运气好，碰巧有哪个仁慈的长辈路过，我才能提早被放出来。

含蓄地说，虽然我从那时起就经常被流放到卫生间里，可我从没想过是否是我自己愿意置身其中。我的基因组是不是从中偷偷窃取了什么？我与肯德勒谈到的不可动摇的DNA与瞬息万变的人类信息，让我对自己有了全新而深入的认识。

我总算逃离了那噩梦般的小旅店,平安抵达华盛顿。我再度想起了发现“同性恋基因”的迪安·哈默。说得更详细些,我是想起了哈默多年前的一些言论,内容是关于行为遗传学与双胞胎研究之间的必需要素。

“遗传学家开始与脑部研究者合作,后者不断使用各类高精尖扫描仪分析大脑功能。”哈默说道,“我们并未想要在基因与行为之间的关系上一蹴而就,反而是想按部就班。从基因到生物化学,再到脑部活动,最后才是行为本身。”

温伯格(Daniel Weinberger)就对此作出了尝试,他任职于美国国立卫生研究院。根据各类实际目的的需要,他创立了基因影像学。顾名思义,温伯格是想通过研究,描绘出遗传学的真实影像。他将脑部扫描技术,即捕捉大脑在生活、思考、感悟时的具体活动的技术,与脑部基因变异知识结合起来。这种方式能使科学家将眼光立于行为之上,直接观察脑部活动的过程。

举例来说,我们可以针对5-羟色胺转运蛋白做一个影像研究。多年来,关于该基因对抑郁症及神经质的影响程度始终存在争议。温伯格于2002年将这个问题置于显微镜之下。他将研究对象定为携带两份长版5-羟色胺转运蛋白变异拷贝的人或携带两份短版变异拷贝的人,每个研究对象都要经过磁共振成像扫描仪扫描。这种仪器简直就是科学研究中的电影放映机。志愿者只要躺在那儿,观看一系列陌生的人脸,其中包含了滑稽、害怕、暴怒等各种表情,扫描就完成了。扫描影像会显示出杏仁核的轻微反应差异。杏仁核是一个极小的脑部区域,它会发送各类负面的情绪信号,如恐惧、厌恶等,这些信号会在被测者看到类似情绪的面孔时被激发出来。

敏感被测者——短版5-羟色胺转运蛋白变异携带者——在面对这些画面时,杏仁核反应程度大大高于常人。那变化之快就像魔术师神奇的戏法,弹指一挥间就完成了。比起用抽象的统计概念描述抑郁症与基因之间的关系，温伯格团队确定了一个由基因细微差异引起的具体生物学机制。这是在基因与行为之间的未知领域中跨出的一小步。

为了去见温伯格，我租了一辆车。当我到达马里兰郊外的国立卫生研究院门口时，我才意识到这是个愚蠢的行径。这里是个军事基地，而非单纯的研究机构。这里的安检之严秒杀了我在任何一个机场的经验。如果谁和我一样，倒霉地开着车去了，他就会即刻被驱逐出车，然后警犬——一只可爱的黄色拉布拉多——会对车进行地毯式搜索。当警犬尽职尽责地狂嗅我车中的垃圾时，我也被请到了访客区域，百无聊赖地坐在靠背椅上，接受一个玻璃箱式的仪器的扫描。当我的护照信息被录入数据库时，我向安检人员抱怨了起来，对方对着电脑冷淡地回答道："这是'9·11 事件'后制定的安检规则。"接着他上下打量了一番，加了句"夫人"，更是把我气得火冒三丈。

"请您冷静一些。"另外一位安检人员建议道。他们是一个与众不同的团队：大家都肤色黝黑，操着一口非裔英语，每人都配备了手枪——估计子弹都是上膛的。这下子，国立卫生研究院雇用的黑水公司非裔保安人员给我留下了极差的印象。我极力地控制自己不要让这种想法脱口而出，接着就有一位温和的绅士将我送往 10 号楼的方向，那是一个巨大的现代式迷宫建筑。

"温伯格？他是这里的病人么？"接待处一位阴沉妇人问我。我只好解释说，他是一位教授，是神经遗传学部门的主管。她皱了皱眉，看上去很是失望。

"那我可帮不了你了。"

我又问了 5 个人，他们给了我 5 个不同的方向——但全是错的。直到有一位女士同情我，亲自给我带路，我才勉强找到了一点方向。

"请你冷静一点。"从她的话中，我都能感觉到自己的行为像个耍脾气的小孩。"我花了一个月时间才能在不迷路的情况下找到自己的办公室。"

在她熟练的领路下，我总算找对了地方。温伯格的部门位于一个边缘的角落中，只开了一扇毫不起眼的门。门内是乱糟糟的白大褂们和不耐烦的病人们。一位秘书邀请我进去，并示意我坐下。在我对面，是温伯格团队参与过的会议照片。有趣的是，这些照片要么在极冷的滑雪胜地拍摄，要么就在炎热的海滩。其中一张照片看上去像在阿尔卑斯山，还有一些——充满了阳伞和饮料的照片——十有八九是在夏威夷。

每张照片里的温伯格都是露齿而笑。当他走过来招呼我时，他给人的感觉就像是根本不会错过任何一个派对一样。温伯格看上去有点憔悴，脸上挂着两个大大的眼袋，声音听上去就像个老烟枪，操着一口布鲁克林口音。温伯格属于亲和派，刚跟他认识的人都能跟他坐下来喝一杯。

"你想来杯苏打水吗？"温伯格问，"这可是减肥饮料哦。"

当温伯格去拿苏打水时，我环视了他的办公室：杂乱无章，四处摆放着他的家庭照片，窗台上两大排书挤在挡书板之间，感觉就像大脑的两个半球。我很疑惑，为什么科学家普遍对收拾东西有障碍。科学家的屋子里似乎都住着一群爱捣乱的小怪兽，那是在建筑师或投资银行家的办公室里找不到的。

"我能为你做些什么呢？"

温伯格的礼节与肯德勒的保守有所不同，但他们俩有个共同点——都是对精神分裂症感兴趣的精神病专家。在20世纪80年代，温伯格研究了一系列双胞胎，都是其中一个患精神病，另一个是健康的，他希望通过这种方式能深入探索这种疾病中的遗传特性。他特别关心在疾病本身及其症状背后，是否有着病患和健康人共有的思想和活动模式。这个研究一直顺利进行，直到半路杀出一个强有力的新模型。

"那真是令我终身难忘。"温伯格嗓音嘶哑地说，"那是1992年，我正在和瓦穆斯(Harold Varmus)进行会晤，他是那时的国立卫生研究院主管。‘大家好!’他对众人打了招呼后,盛气凌人地坐在我们之中。‘你们研究精神分裂症已有20年了,可仍旧没有重大突破。从现在起,你们大家就开始做遗传学吧。人类基因组的测绘计划正在如火如荼地展开,该计划旨在寻找与疾病相关的基因,并探索基因与各种人类行为之间的关联性。如果你们不在基因上动点脑筋,你们很快就会成为一群老古董了。’”

温伯格一脸质朴,笑容满面,追忆这些往事时已是一副全然释怀的样子。

“我当时就知道,这个人说的有道理。那时我正在研究精神分裂症的症状,但基因显然能解释其中的内在机制及因果关系。我那时候就下定决心,我要进入这个实验室,而后就在那儿呆了10年。那段时间,我们每个人都被重新洗脑,接受另一个全新的领域,学习遗传学的新知识。”

有时候采访还是很容易的,只要受访者十分能侃,完全把握了采访的节奏,对自己的故事大聊特聊就成了。而我的工作则是做个忠实的记录者,并且在适当的时候频频点头。

“奇怪的是,”温伯格忽然冒出这么一句话,“仅仅几十年前,人们都还不能想象基因这东西能决定人类的心理。大家都能接受基因塑造了人们的生理构造,但没人愿意承认大脑也是人体的一部分——即便是老派的遗传学家也花了不少时间才接受了这个事实。不过,让我们换个角度想,人与人之间的不同怎么会仅仅存在于生理结构上呢?”

温伯格耸了耸肩,又在自己的无框眼镜里滴溜溜地转了一下眼球。

“为什么大家对个人遗传差异有畏惧之情呢?因为这太容易动摇我们的价值观了。人们会说这种变异是好的,那种变异是不好的。区分好基因和坏基因——这听起来一点都不喜庆,对吧?”

话是这么说,可无法回避的是,变异确实在某种程度上分为好坏。就比方说,人们遇到不同个性的人,真的就能顺其自然地接受每个人吗?

"是的，这确实显而易见。而且某些变异在某类状况下确实比其他变异要好。当时我们花了大量时间研究一个特殊的基因……"温伯格用一副期待的眼神示意我说出他想要的内容。

"你是说儿茶酚-O-甲基转移酶(*COMT*)?"我问。

温伯格严肃地点点头，全然一副志得意满的教书匠面孔。

儿茶酚-O-甲基转移酶基因是温伯格最主要的研究对象，简直等同于温伯格的代名词，他的团队不断在发表关于儿茶酚-O-甲基转移酶基因作用于脑部、影响心智的文章。这种基因编码一种酶，能减少大脑额叶一些区域的多巴胺。这些区域属于认知中枢——控制计划性、推理性及自觉性的思维。

大脑额叶部分的多巴胺含量与儿茶酚-O-甲基转移酶直接相关。过多分泌该种酶会导致多巴胺含量减少。这种酶的多少主要取决于儿茶酚-O-甲基转移酶基因上的一小段序列，这段序列决定酶的数量。如果这个基因所编码的蛋白质肽链的第158号位置上有一个缬氨酸，它就会产生更多的酶，比起同一位置携带甲硫氨酸的基因要高出4倍。这个细微的差别引发了巨大的反响，甚至大家还为此争论人们该活得"勇往直前"(warriors)还是"杞人忧天"(worriers)。

"这是关于大脑皮层多巴胺含量的问题，也可以说这其中有三步设定。"温伯格解释道。在这个差别的一端，有人携带了两份缬氨酸变异的拷贝，于是他们只能分泌较少的多巴胺。这种情况产生的生理效应能直接在脑部扫描中显现出来。大体来说，这类人在认知上确实稍有障碍——他们在记忆力测试中表现较差。但他们面对情感压力时却很淡定。他们痛觉的阈值更高，能从直接激发多巴胺的活动中获得满足。这类人属于"勇往直前"型。他们需要更多的多巴胺来保持活力。温伯格对此解释说："这类人如果上战场，个个都是敢冒枪林弹雨直捣黄龙的人物，而且他们十分期待再来一场硬仗。"

而另一端，如果有人携带了两份甲硫氨酸变异拷贝，这种"双倍模式”的人在记忆力测试中表现突出，但他们面对情感就相当脆弱。这就属于“杞人忧天”式的人物。

“我就带有两份甲硫氨酸变异拷贝。”我提了提这件事，因为我在 Promethease 的报告中看到过这个特殊的 SNP 位点。“我**确实**一直活在忧心忡忡里。我从小到大都……”

“对，我知道。”温伯格虽然礼貌，但显然没兴趣听我啰嗦。他可没心情陪我闲聊。作为一个科学家，他得有更为宏观的视角——进化及人类状况本身。他一直在强调，两种儿茶酚-O-甲基转移酶变异并没有正邪之分。但在涉及具体的行为遗传学方面时，这个说法就站不住脚了，比如情感反应及认知能力这两方面。

“在进化过程中，认知能力和情感反应之间会产生一个遗传平衡。对于每个变异来说都有一个最适合的有效环境。在历史长河中，‘勇往直前’者更擅长狩猎猛犸象，‘杞人忧天’者则倾向于老实呆在山洞里生火做饭。”

远古时代的故事总是那么引人入胜，但我也知道，通过海量分析，并没发现哪种儿茶酚-O-甲基转移酶变异有多少作用。这显然是温伯格相当忌讳的话题，当我单刀直入说起时，他的脸瞬间扭曲了。

“**海量分析**，”温伯格的一脸生吞柠檬的表情，“他们犯的错误就是鱼龙混杂！关于儿茶酚-O-甲基转移酶所做的海量分析只是把认知力测试中的各种数据揉成一团，这些数据甚至来自于完全不同的测试。另外一个问题是，这种分析法很容易因为一颗老鼠屎而坏了一锅粥。他们根本就不考虑那些研究的质量。”

温伯格问我有没有听说过一项新的海量分析，那项结果显然驳倒了卡斯皮及莫菲特关于 5-羟色胺转运蛋白对抑郁症有影响的结论。“当然听说了。”我凭良心说了句实话。

“这是一个十分典型的例子。这个海量分析被一个英国研究给毁了，这个研究没做出卡斯皮的结果。他们有 8000 多个研究对象，但是数据来源十分浅薄，竟然是通过电话访问完成的。这两者根本不能相提并论，卡斯皮团队在这个问题上浸淫多年，对于研究对象都是多次面谈访问的。”

温伯格再次爽朗地笑起来。

“你知道吗？这就跟我团队里的一个同事所说的一样：要是大家研究一下近百年来的诺贝尔奖得主，就会发现根本没人用海量分析。”

说到这个，我也曾听闻过流行病学家与分子生物学家间的战斗，这是一场旷日持久的斗争，肯尼斯·肯德勒以前和我提过。一方学者主要考虑人口及比例问题——简而言之就是统计学——因为他们需要从群体中获得数据，所以群体越大越好。另一方则侧重于个人，尝试从显微镜级别的微观层面理解问题，这就和群体观察得出的结论相去甚远。对于分子生物学家来说，关键在于着眼点要小，他们的目标就是设计一个精良的实验以检验科学假说。

“如果真要弄明白基因与行为之间的关系，从大群体入手也不合适。”温伯格不屑一顾地说，“这是个很好的类比，你可以写进你的书里。”

我向温伯格称谢，不过他貌似——或是故意——没听见。

“你知道为什么大型关联研究长期以来难以发现基因与行为之间的关联吗？因为他们将一些复杂的行为特征当作一种有清晰界定的表型现象。将‘焦虑’看作一个单纯的现象，从生物学角度上来说，真的……很蠢。这就好比想研究美国的车祸，却只将事故原因与车本身相联系。这样所有能知晓的情况就只有车被损毁了。正确的方法是收集所有能掌握的信息：司机血液中的酒精含量，司机的年龄，他身边是否坐了一位女性，他驾龄多长，车胎状况如何，车龄多少等。”

温伯格喝掉了最后一点苏打水，满不在乎地将罐子准确无误地丢进了房间另一头的垃圾桶中。

“即使将全美的情况都调查个遍，但只要研究者是个流行病学家，而非生物学家，他就很有可能以偏概全。在佛罗里达州，司机的平均年龄是65岁，车祸的主要原因就是司机年纪大；在西雅图，则是因为天气糟糕;在南方地区,酒驾就成了主因;在东北地区,爱笑爱闹的女朋友坐在副驾驶座上总令司机们心猿意马;在西北地区,劣质轮胎加上糟糕的天气让情况更加糟糕;但同样的破轮胎在西南地区就没什么问题,因为那儿的天气十分湿热。一个地区的致命点很可能是另一个地区的有利因素。但如果你最终发现其中有500个不同的因素时,你会得出什么结论?"

我耸了耸肩,这我可真没法回答。

"在美国,车祸的主要原因是:驾照。驾照是所有车祸当中唯一的共同点,但这不是说驾照本身带有车祸的预言性。这就和基因与行为及精神性状的关联性是一个道理。糖尿病也是这么回事。那些研究者总是叫嚣自己获得了多少进展,其实根本没那么乐观。他们认为个人变异在遗传风险因素中仅占4%。4%他们也好意思说!"

温伯格就是想为他同行卡斯皮的抑郁症研究说几句公道话。但我还是很想知道他们在基因与行为之间还发现了什么关联。我们难道在讨论一件个案么?

"人类的大脑有无比强健的功能。而脑部系统则是产生行为的中枢。许多研究的结论指出,在大多数条件下,5-羟色胺转运蛋白能影响杏仁核的敏感程度。这是情感投入的基础。为了感知威胁或焦虑,人们必须激活杏仁体功能。这其中有一系列刺激因素——声音、陌生脸孔等,都能促使人类大脑作出相应的行为反应。基因就好比一个生物工具箱,它能作用于人的神经系统构造。基因通过影响分子、细胞直至整个大脑构造及脑部突触,决定了人们在某种环境下的感受。"

说起这些细节,温伯格总算脸放光彩,有种返老还童的感觉。他的声音变得温柔而有磁性。我知道他变化的原因,因为我们之间的谈话马上就要到达如何超越那些被他鄙视的遗传关联研究了。

"我们来说说**大脑**是如何运作的。"温伯格得意洋洋地说道。

大脑功能固然是一个引人入胜的话题。温伯格团队有一个即将完成的研究,他们针对100名普通志愿者的大脑进行检测,研究儿茶酚-O-甲基转移酶是否与大脑中的某种参数相关。研究发现,携带两份甲硫氨酸变异拷贝的志愿者大脑前部的神经细胞间有更多突触。温伯格认为,额外的突触能使人更具专注力,这也许是他们在记忆力测试中表现更好的原因。但这也有个代价:这样的人都比较固执。"他们需要更多的时间才能从所专注的事情上挪开注意力,并且比较倾向于固执己见——有时也会沉溺在自怜自伤的想法中。"温伯格解释道。

在加利福尼亚大学洛杉矶分校,由心理学家艾森伯格(Naomi Eisenberger)及利伯曼(Matthew Lieberman)主导的一项研究得出的结论是,一个小小的遗传特性也能在很大程度上影响大脑功能。这对学术伉俪正在研究社会关系中的神经学,他们提出了一种假说:携带两份低活性单胺氧化酶A变异拷贝的人更具有进攻性,这是因为世事不顺对他们造成的冲击更严重。

针对所有志愿者检测了单胺氧化酶A变异后,艾森伯格和利伯曼又让他们接受了脑部扫描,并给他们玩一种游戏,其中的情景是让志愿者感到自己是社会的弃儿。同时,科学家就在这个过程中监测大脑中某区域的活动,即大脑背侧前扣带皮层,这是一个主要用于评估社会环境与心理创伤的区域。携带了单胺氧化酶A"激进派"变异的人在被拒的情况下简直就是火冒三丈,他们的大脑背侧前扣带皮层可谓是燃起了熊熊大火。激进并未被证实是一种缺乏自我控制的结果。他们并不是一群缺乏理智、人面兽心的家伙。相反,他们超级敏感,之所以极富攻击性也是因为恼羞成怒。

"单胺氧化酶A真是个很有意思的基因。"温伯格窝在椅子中,懒洋洋地评价道,"当我们第一次研究激进行为时,也不过是发现了一些反应而已。但我们逐渐解开了单胺氧化酶A的面纱,它在社会敏感度中确实起到了一定的调节作用。"温伯格端坐起来另起一个话题,"我们也不能把脑源性神经营养因子(BDNF)抛之脑后。"

脑源性神经营养因子对我来说倒是个耳熟能详的老词汇。我博士阶段的课题就是研究脑源性神经营养因子如何作用于大脑。不过是在大鼠身上下功夫。

“大鼠和人身上的反应大同小异。”温伯格无所谓地挥了挥手。

无论是在大鼠中还是在人中,脑源性神经营养因子都是一种生长因子,这种蛋白质能使脑细胞分裂、长出新的突触。科学家们已经查明,脑源性神经营养因子存在两种版本,就和儿茶酚-O-甲基转移酶一样,其中的不同只来自于一个小小的氨基酸,即蛋白质肽链第66号位置上是缬氨酸还是甲硫氨酸。如果脑源性神经营养因子基因此处编码的是甲硫氨酸,该蛋白增殖细胞的速率就会下降,这就意味着大脑组织的生长因子较少。这其中**肯定**存在差别,但科学家们仍旧在寻找这些差别的道路上前进。

其中一条攻克路线是将受测者置于不同认知能力的环境之中。比如说,加利福尼亚大学欧文分校就在检测脑源性神经营养因子对驾驶能力的影响。一群已经过遗传测试的志愿者进入了驾驶模拟装置中。甲硫氨酸变异携带者不仅出错频繁,并且不善于反思悔改。其他研究认为这个变异与记忆力较差有关,尤其是情景性、自传式的记忆。温伯格团队发现,该变异携带者面对识词测试时表现较差——“这是很微妙的效应,但还是能检测出来。”温伯格这样评价这个结果。

脑源性神经营养因子还同5-羟色胺转运蛋白有相互作用。事实上,在2008年,温伯格团队就在《分子精神病学》(*Molecular Psychiatry*)上发表过一篇报告,其中称,携带甲硫氨酸变异的脑源性神经营养因子能对短版5-羟色胺转运蛋白变异起到防范作用。如果某人携带了两份短版5-羟色胺转运蛋白变异拷贝,他天生就容易被杏仁核发出的消极信号所影响。如果这种负面情绪持续扩大,就很有可能导致抑郁症。但如果此人同时也携带了有甲硫氨酸变异的脑源性神经营养因子,这种影响就会得到一定的抑制。换句话说,某个变异带来的风险能被另一个变异抵消掉。

“上、位、效、应。”温伯格一字一顿地说,好让每个人都能听清楚,

"相互作用就是彼此之间相互调控。我们正在讨论个体基因对吧？我们也因为传统研究方法的局限性，只能一次解析一个基因。但是，归根结底，所有事件都与相互作用有关。我知道肯尼斯·肯德勒不这么想，不过那是因为他根本不理解这些。他整天就知道埋头捣腾群体研究的数据，就是不肯支持上位效应，可这是不对的。"

温伯格的说法确实与单胺氧化酶 A 及睾酮都相关。在一个美国与瑞典的合作研究中，国立卫生研究院的舍贝里(Rikard Sjöberg)比较了芬兰 95 名有暴力犯罪记录的饮酒者与 45 名遵纪守法的非饮酒者。所有的参与者都接受了心理评估，完成了揭示他们攻击性水平的调查问卷，然后又接受了单胺氧化酶 A 及睾酮水平的测试。结果显示，如果某人睾酮含量较高，同时携带了至少一份低活性单胺氧化酶 A 变异拷贝，他更容易出现反社会倾向和暴力行为。不携带低活性单胺氧化酶 A 变异的人其睾酮水平不影响暴力行为。

除此之外，卡斯皮和莫菲特的实验室还做了一项令人惊奇的研究，主要针对注意缺陷多动障碍。虽然这种小毛小病确实有部分来自遗传，但它在不同人身上反映的症状也不一样。一些好动的孩子不仅难以集中注意力，还会伴随严重的反社会行为——他们打架斗殴，偷鸡摸狗，纵火焚屋。卡斯皮想知道这些反社会行为是否与儿茶酚-O-甲基转移酶有关。结论认为确实有关联。患有注意缺陷多动障碍的年轻人如果同时表现出"早期持续性的反社会行为"，他们绝大多数都带有两份"勇往直前"的缬氨酸变异拷贝。

"这其中很可能有关联。"卡斯皮在结论出炉时如是说，"儿茶酚-O-甲基转移酶在反社会行为中起到的作用，很可能是与注意缺陷多动障碍相关的某些基因或行为因子发生相互作用。"

当人们发现这些关联时会发生什么呢，又会衍生什么新生产物？在不久的将来，每个孩子都会在出生时有一份完整的遗传图谱，这些基因关联不再是模糊难解的科学期刊标题，而是存在于每个人的日常生活中。了解这些知识对于个人或社会来说是否有意义？如果某人从出生起就知道自己携带了两份甲硫氨酸儿茶酚-O-甲基转移酶变异拷贝,这种基因会使人倾向于杞人忧天,那此人会不会因而改变了对自己存在的看法呢?

温伯格望着桌面,扭动了一下自己的身体。

“啊。”他最终开了口,“谁也无法预测个人的未来,因为其中有许多细节可供调整。这些效果可不是单纯来自于某个基因的。”

当然,话是这么说没错。人们将来看到自己基因组时可能会说:“也许我只该考虑X,不用考虑Y。”但当大家面对自己的家族癌症或其他疾病的病史时,又有多少人能坦然以对呢?实话说,我觉得人们会选择回避这个问题。因此科学家们不希望从自己的研究中获利,尽管如此很可能受害。

“看看那些老派的优秀精神病专家。”温伯格嘲讽般地说道,“他们总会无休止地询问病人们各种各样关于他们母亲的问题,貌似能以此为基础作出正确的预测。因此,那些针对部分信息就对铁路股票作出预测及建议的人其实都是相当主观的。至少基因是客观的。但说句实话,我也不知道让人们知晓自己存在基因缺陷会不会带来更多危害。此种认知也能从具体的人生中获得。”

“你的意思是,这是一种会自我实现的预测?”

“我不知道你是否正确理解了那些信息。”温伯格说道,他的眼袋随之颤动了几下,“无论如何,我认为人们不该将行为变异视作疾病。”

当我走出巨大的停车场时,一位保安向我致意,而我无法抑制自己的热情,也冲着他挥了挥手。在和温伯格会面之后,我感到浑身舒坦。尤其是他最后的评论非常符合我的个人意愿。

我一直对这种观念很恼怒:大家总会根据行为和精神状况将人区分为患病者和健康者。这是一种病态的想法。正如温伯格所强调的,从生物学意义来看,人们探讨的是**变异**。基因并没有健康和不健康之分;变异只是进化过程中用来塑造多样性的模具。基因组中的变异能保证进化和适应的发生。在某种环境下无用武之地的变异也许在另一个地方就如鱼得水。

阿斯伯格综合征就是人类世界中的一个典型实例。阿斯伯格综合征患者会在体察他人情感时遇到阻碍和挫折。他们不会用常人易于接受的方式表达自己的情感。他们可能总是一副笨拙呆板、反复无常、荒诞怪异的样子。目前,阿斯伯格综合征患者诊断为自闭谱系障碍:他们有一些传统的自闭症特征,比如不正常的行为及性格特征,但属于高功能版本。阿斯伯格综合征患者无法跟上目前网络经济的脚步,网络经济看似是一种持续、省力的社会互动,但事实上是随时易变的。

从另一方面来说,其他行为也可能伴随阿斯伯格综合征发生。这包括了培养个人兴趣的强烈意愿,想要大量掌握细节知识的驱动力,或者能保持超长时间的专注力。这个特质将一部分阿斯伯格综合征患者造就成天才,他们能在某些需要持久专注力的事物上比旁人更胜一筹,尤其是他们如果能处于一个相对与世隔绝的环境中,那会对他们更有帮助。从这个意义上来说,被我们称为阿斯伯格综合征的行为变异其实根本不算一种"病"。

行为遗传学研究已经揭示了基因并非凭空存在的事物,而是会根据我们所处的环境或多或少地发生进化。这个观念能改变人们看待自我及他人的方式。比如说,我们经常听闻某种行为被冠以"有病"这个概念。只要人们去看看权威手册中有关精神病的解说,就会发现确实在每次修订过程中都会加入许多新症状。这可以说是临床医生的诊断欲。行为遗传学则完全站在这种做法的反面:我们该扩展"正常"的概念,而不是总把人推向异常,基因层面上的生物变异为行为及心理提供了一个广泛的调和场所。基因并不能控制行为,而是调整及塑造人类复杂多变的神经系统,科研先锋们将遗传学和脑部研究相结合,解释了外部影响和环境因素是如何使大脑产生不同结果——最终作用于人身上的。

"先天与后天的争论已经告一段落了。"美国精神病学家特克海默愉快地宣告道:“争论的最终结果是万事万物都与遗传有关,这个结论使争论各方都十分震惊。”

这个观点的逻辑思考不能仅限于个人基因层面。人们应该使用遗传学知识,将其作为一个跳板,从而更好地了解自我。人们是如何遗传到这些特质的?这些特质是一种疾病,或仅仅是一种行为模式?这些问题通过对个人基因、生理结构及特殊的环境条件之间的主观分析,都可以得出结论。通过选择合适的食谱及适当的运动方式,人们完全可以避免从基因中带来的心脏病及糖尿病风险。在未来,通过参加一些特殊关系群或者特殊灵修、社会活动,人们可以削减基因对神经系统的负面影响。

因此,我们最终面临了这样一个问题:当我们能完全理解自己的遗传信息时,我们能从中获得什么。温伯格也不确定在突变及改变问题上钻研过多是不是件好事,他看起来也很忧虑,大家似乎都被基因命运论给绑架了思路。当然,有一点温伯格说对了,人们其实都搞不清楚自己会如何应对自身所携带的特殊基因变异。

然而,在我首次尝试 SNP 检测后,我的好奇心似乎稍微治愈了我的“杞人忧天”病。我从基因解码公司及 Promethease 得到了我的原始数据,之后又检测了我的儿茶酚-O-甲基转移酶基因变异,但我还意犹未尽。还有什么基因会与行为及心理相关呢?如果我锲而不舍地坚持钻研下去,是否能对自我的个性及偏好取向有更深层次的了解呢?

我最终选择继续尝试。回到哥本哈根的家中,我暗下决心要造访一连串的研究者,他们都在尝试探索基因及童年经历是如何相互作用,从而塑造个性的。

第六章

人格由四个碱基组成

人终其一生都在自我构造。完美知己者难存于世。

——加缪(Albert Camus)

"我们要检测 12 个基因。所以我们得填满那堆试管。还需要一些额外的样本作为对照。"

年轻的医生将一排试管放在桌上,起身去找来一根合适的针管刺入我的胳膊中。我们之前就见过,但她这次没再扎着那雄赳赳、气昂昂的马尾辫了,不过她还是审问我家庭成员状况——以及我家人在酒精滥用及精神疾病方面的问题——的那个人。那是为了参与一个关于人格、抑郁症及基因关联的研究项目。这次,我们在哥本哈根大学附属医院的地下室中重聚了,还是为了遗传方面的事情。这个地方正在进行大范围的修缮工作,因此我们只好挤在门厅中一张矮小的咖啡桌旁,满耳是施工的喧嚣。

"你的血管还是很好找的。"她边说边从我左臂上找到几条微凸的蓝色血管。后者显然已经准备好向针刺屈服了。尽管如此,女医生用针头刺入血管后还是只有少量的血渗入针管中。她试图以轻触针管的方式增大出血量,但徒劳无功——事实上,针头已经把我弄伤了。

"我们换条手臂试试。"女医生瞬间又扎进了我的右臂,可还是没有多少血。"好歹也是受训7年的老手了,"我暗自腹诽,"他们到底在医学院里学了点啥?"我控制着自己不要吐露心声。最终,我也只好说服自己,是我自愿成为试验品的,有什么好抱怨的呢。与分子脑成像集成中心的研究者打交道倒是很直接:他们会提供一张完整的调查问卷,并且从我身上抽取一定量的血液。作为回报,我则有权和中心咨询师商讨我的基因测试结果,这次的咨询师是克努森(Gitte Moos Knudsen)。我无比欢欣鼓舞,因为这位咨询师跟我所见略同,正如她所说:我们都"狂热地想要追究到底是什么造成个人在行为和人格上的差异"。

但人格究竟是什么呢?

关于这个问题,我们得暂且放下分子,来说说心理学,这是针对人格研究的传统重镇。分子及神经递质都属于实质性的物质,主要由原子及化学物质组成,而人格则看上去是虚无缥缈,捉摸不定之物。人们只能从直觉上感知人格的存在,但谁也说不出一个直接明了的定义。人们可以说自己的某个朋友乐于助人、耐心良好,并且略显内向,或者将自己描述为阳光外向、慷慨大方、善于交际等。但想要对人格下一个确切的定义基本上是竹篮打水一场空。我们根本没有一个所谓的衡量标准。

还有另一个让人摸不着头脑的问题是:难以定义的人格究竟从哪儿来呢?人格是现成存在的,还是由生活经历塑造而成的?如果是后者,那是后天中的什么因素产生的作用呢——是父母的言传身教?还是生活中无数的随机事件?

如果某人询问自己的父母,他们应该都会说自己的孩子天生就是某种人格,"小劳拉(Laura)从小都是个热心肠",或"哈利(Harry)一直都是个安静乖巧的孩子"。换句话说,父母们都很了解自己的孩子是什么人格,从某种意义上来说,大家都是在坐观一种一成不变的人格。

对此根本就没有什么好纠结的。

然而,自从弗洛伊德(Sigmund Freud)将童年视为揭秘人生的金钥匙后,心理学上就对个人的早年经历和影响搜寻探查,以解释几乎所有事——就像我们在过着日复一日、一成不变的生活。人们愉快地谈及多年前的事件、心情、感受,用于解释目前所作出的种种反应。人们还会从与父母及同辈们一起度过的童年中寻找自己思想及行为的痕迹:某人如果同他早已过世的母亲关系不佳,很可能会导致他变成一个内向阴郁的中年人;而在乡下与一大群兄弟姐妹一同成长的人则会在成年后聒噪吵嚷且刚愎自用。

但这真的合乎情理吗?

我以前经常和我父亲争论这个问题——虽然我们俩都没多少理论依据。在他过世前的几年中,他总是良心不安,因为他认为自己在养育子女的过程中犯下了不可饶恕的错。他认为,女儿身上出现的问题都根源于其成长经历。也许我长期以来的自我不满及扩张无度的野心就来自于他不切实际的高要求?我不能肯定是那么回事。父亲总是斩钉截铁地反驳我,说当时让2岁的我开始学习字母表实在太揠苗助长了,我那时都还不会自己上厕所呢。好吧,其实我根本不记得这回事了。但在一张泛黄的老照片中,我坐在痰盂上,四周散落着许多字母积木,看我当时的年纪,应该是连"猫"这个单词都不会拼的。我看了也没感到不快。确实,有些事还是逼迫得有点儿厉害,例如我得在上幼儿园前就能阅读,或者在我们早上骑车上学的路上大声说出下棋的路数,有来有往——这叫"下盲棋"。

母亲认为这种做法过于疯狂了,简直算得上虐待儿童。父母尽管经常因为教育理念不同而在我睡着后发生争执,但白天我都归父亲管,他主导了我的成长过程。这种教育模式需要奖励才能奏效:每次我能大声朗读出《迪克和简》(*Dick and Jane*)中的一个完整句子,我就能得到一颗美味的葡萄干;如果我能读完一整页,我能得到一块糖果。当然,父亲也会对我大加赞赏一番。像众所周知的巴甫洛夫的狗一样,我被训练得有条件反射了，总把阅读和糖果一类的东西联系在一起。每当我看见书本，我就会垂涎欲滴。

当然，我还是坚称这些没伤害到我幼小的心灵。真的不像父亲说的那么严重。我从来没觉得自己被强迫做过什么不情愿之事。面对着无比内疚的老父，我曾经指出，当我夹着《迪克和简》步伐蹒跚地走进幼儿园时，我发现跟我同龄的3岁小儿连自己的名字都读不来。因此我立刻停止了所有的阅读训练。无论是葡萄干还是太妃糖都不能诱惑我了。最终，我还是未能成为老爹所期望的神童。

当我现在业已成人时，我还是很愿意为童年进行辩解的，人生中的种种不顺并不应该归咎于童年。人生顺利也不应归功于童年。作为子女，我们总在父母掌控之中，按照他们的教育方式成长，这两者其实都是尝试的过程。但在某一时刻，我们拿回了自己的主动权。在那之后，生活完全就是我们自己的责任了。

父亲很想接受我的说法，但他从未打从心底接受我的解释。这可能是因为他无法从自己的父母或童年经历中解脱出来，他总认为自己的人格就是在童年时期塑造成的，特别是那些令人难以忍受的方面。

到底谁是对的？人格究竟是如何造就的呢？谁又能解释自己人格的来源及生物学机制呢？

这些就是人格研究中最核心的问题，其中也经历过一次文艺复兴式的变迁。往好的方面说，这种复兴是基于科学家找到了关于人格的有利模型，并能用遗传学解释其中缘由。研究者们不再埋头钻研意识形态式的理论，无论是经典的弗洛伊德学说，还是精神力学，或是社会心理学。目前，基因组技术能投入科研之中，人格研究也应跟上科技发展的步伐。

研究中需要攻克的难关是**五因素模型**。顾名思义，这种模型将人格特质分为5大类：神经质，外倾性，开放性，尽责性，随和性。这5大类说明了每种人格的行为倾向性。神经质指容易陷入负面情绪的人群。而外倾性则喜欢群体社交，且更为自信。开放性敢于尝试新鲜的不同事物。尽责性则充满计划，守本分，克己复礼，但缺乏主动。随和性取其词义即可。

5 大类的每一项又由 6 个小方面组成，后者是经由统计结果得出的与这些大类相关的特性。温暖热情、团结合群、追求刺激是外倾性的特点。自我约束、遵纪守法则是尽责性的特色。常怀敌意、抑郁寡欢、焦虑不安常见于神经质中。

这些分类虽然看似整齐划一，但并未建立在对人格进行滴水不漏、符合言行的定义之上。相反，许多心理学家声称他们正在对基础的"性情"(disposition)进行描述，性情就是描述人类思考、感受、行为及如何应对周遭的大致轮廓。更深奥的理解，比如说，英国纽卡斯特大学的心理学家内特尔(Daniel Nettle)就将人格特质表述为："针对特定情况下不同个体的不同心理反应机制。"

你必须如是想象：基础感官反应对于每个人来说都是标配，它们很自然地作用于我们身上，并且强有力地发展变化。神经质人群比较容易为负面情感所左右，那会使他们大起大落，而外倾性人群则较为积极向上。

与许多人格测试不同，五因素模型并非源自人格镀铬理论。它以数据为基础，将实验和生活中测量、观察所得的结果相结合而成。神奇的是，与行为遗传学一样，它的历史竟然可以追溯至高尔顿，就是达尔文那位才高八斗、壮志凌云的表弟。高尔顿不顾一切地想要衡量"性格"(character)，并且提出一个绝妙的理论，认为人格的特征主要体现在语言中，那就是人与人之间的交谈方式。因此，高尔顿从字典中找出 1000 个英文单词，用于描述个性或人格(personality)的各个方面和细微差别。在将这些代名词分门别类细化之后，高尔顿将它们归类为少数几个独特的人格特质。1884 年，他发表了一篇文章，名为《性格测量》。

现代重启人格研究使用的是与词典编纂相同的方法。1936 年，奥尔波特(Gordon Allport)和奥德伯特(H. S. Odbert)领衔的英国团队借助现代英语词典列出了4500个形容词,他们认为这些词汇能够完整描述所有可能存在的人格特质。但研究真正获得进展则是在20世纪50年代至60年代之间,那时才开始测量真人,研究者让受测者自我评价,同时也评价他人。评价时,受测者会对许多描述性词汇给出一个分数。

在这个突破的基础上,从纷繁复杂的表象结果中,能瞥见一些规律。结论逐渐清晰:某些人格特质会共同出现。利用数学工具中的因子分析,将大量数据归纳分类,列出条理,研究者们就能取其精华,去其糟粕了。

第一个吃螃蟹的人是卡特尔(Raymond Cattell),他是伊利诺伊大学人格和能力测试研究所的创办人之一。他用统计学方法在他建立的人格测试中发现了16个完全不同且相互独立的因素。这项成果为以后的人格研究数据奠定了基础。1961年,美国空军人员实验室的图普斯(Ernest Tupes)和克里斯特尔(Raymond Cristal)将因子分析用于8个不同的大型研究,新分析出5个因子。这些因子的定义仅在两年后就被他们的同行,密歇根大学的诺曼(Warren Norman)所证实。在这个10年余下的几年里,研究者中的主流想法是,人格特质可被区分和测量;人体内部的构造中存在某种有形物质,能用于预测行为。

时至跌宕起伏的20世纪70年代,一阵强有力的意识形态风潮席卷而来,冲击了人格研究。目前,社会心理学家大行其道,他们认为所谓的"恒定的人格"是不存在的。这个领域的领军人物,如美国心理学家米舍尔(Walter Mischel)就认为,人格取决于我们所处的环境,与我们应对特定环境所作出的行为和态度密切相关。还有些人更加极端,认为人格不过是人们对他人印象的一种投射而已——这只是为了制造一种世界永恒存在的幻觉罢了。

在社会心理学家异军突起后,早期人格研究先锋——奥尔波特和奥德伯特、图普斯和克里斯特尔——几乎被遗忘了,但他们的科研成果再度回归公众视野。这一次,杰出的心理学家戈德堡(Lewis Goldberg)

同时利用词典编纂法和因子分析，将人格分为5大类，并命名为“五因素模型”。在20世纪80年代，这个概念被心理学界广泛接受，这个名称最终成了人们讨论心理学时的常用词汇。

大家都达成一个共识：人格在这个协同系统下分为5个维度，每个维度对应一个大类，人不可能单纯属于外倾性、随和性或神经质中的一类——每个人都会或多或少地占据每个大类中的一些特质，但肯定会比较倾向于其中一个大类。每个人都会在5个大类中各有评分，这可以算是个人心理的全覆盖图，类似于一系列生理指标测试结果，如胸围、腰围、臀围、身高、体重、脂肪含量等。

美国研究者科斯塔（Paul Costa Jr.）和麦克雷（Robert McCrue）在他们的大作《成年人格》（*Personality in Adulthood*）中归纳解析了五因素模型。该书出版于1990年，目前仍然是人格分析方面的权威之作。两位作者还于1992年打造了一款已逐渐成为“金标准”的人格测试，全名为NEO人格量表（修订版），或称大五人格量表。其中包含了240个问题——或者说是陈述内容——评分标准为1—5分，根据受测者认为自己与陈述内容的相符程度评分。陈述内容都是十分简洁优美的陈述，比如说：

我妙招百出。

我不善于抽象思维。

我喜欢夜夜笙歌。

我不愿意引人关注。

我对人尖酸刻薄。

我难以集中注意力。

我随时准备好迎接挑战。

我心软善良。

我很情绪化。

我可能不算特别心软(那就给个3分)。我喜欢夜夜笙歌(虽然我也不知道为什么我的笑话总能冷走一群人)。难道我那样说话是损了别人吗? 不管了,总之这个问题我也只能给个4分了。

五因素模型也不是人人称赞的。有些人觉得它太过简略,他们认为光是5个大类根本不足以估量出有意义的结果;还有些人怀疑这5个因素是否真的相互独立,因为有些研究显示它们之间可能相互有关联。如果五因素并不相互独立,这个模型很可能应该缩减为四因素或三因素模型,这样就会导致模型范围过窄,调查程度有限,不足以解释人格多样性。

但在那时,五因素模型还是大行其道。多个研究都显示这些因素相当稳定,即用五因素模型进行测评时,受测者的人格不会像股市曲线或平均降雨量曲线那样上下起伏。例如,科斯塔和麦克雷经过6年的追踪,与一群人定期单独面谈,内容就是大五人格量表。研究者发现,测试结果随时间推移而产生的浮动极小,间隔6年的两次测试与间隔6周的两次测试,结果没有明显差异。之后的分析与海量分析都是同一个结果——只是五因素人格还有一个普遍存在的长期模式:经过人生阅历的洗礼,神经质、外倾性、开放性的程度会下降,而随和性、尽责性则会微弱上升。换句话说,这个结论证实了一句老话:"人都会随着衣带渐宽的节奏逐渐成熟。"

另一个迹象是,这种模型能体现不同的人格紊乱。美国研究者索尔斯曼(Lisa Saulsman)和安德鲁·佩奇(Andrew Page)。他们给10类临床上被诊断为人格紊乱的病患做大五人格量表测试。对结果进行分析时,他们发现,只要根据病患的诊断结果就能准确预测测试打分结果。

说到这里,一切都看似很圆满。但这个理论性模型测试是否有效还要看它能否预测实际行为和生活现状。显而易见的是,大五人格量表从统计学上看还是能反映现实生活的。

外倾性就十分具有代表性。如果人们在这一方面得分较高,他们确实会比较外向,乐于社交,易于产生积极向上的正面情绪,喜欢做同人打交道的工作。他们通常会选择成为销售人员,并且争取管理岗位。外倾性的人性伴侣通常也比一般人多,他们一生也会结好几次婚。

接下来,从配偶在人格测试中所得的分数也可以看出婚姻状况。从统计学上来说,如果夫妻中有一人在神经质方面得分较高,那离婚率也大大增高。男性在尽责性方面得分高则婚姻稳定,奇怪的是,女性在这个方面得分高却不会对婚姻状况产生显著影响。有人可能会认为,出现这种结果是因为这些研究都是多年前所做的,受测者都是一些丈夫提供经济来源的老夫老妻。

人的尽责性往往是其在学校表现的一个重要指标——而且同性别无关。有人可能认为学习上的表现更多地取决于智商程度,但根据2006年康涅狄格大学的心理学家科纳尔(Maureen Conard)所说:"光有天资是不够的。"科纳尔调查了美国大学生中的人格测试分数,发现尽责性得分比入学时的能力倾向测试更能预测学生未来的成绩。

尽责性也能预测逍遥自在的学生阶段过后人们未来的走向。1991年,美国研究者巴里克(Murray Barrick)和芒特(Michael Mount)做了一个海量分析,将23 000多个人的人格测试结果与该人的职业、职位一起进行通盘考虑,在人的尽责性与工作表现之间建立了一个直接明晰的联系。无论对工作表现的要求如何,尽责性得分高的人总是比得分低的人要做得好——这是在不考虑其他条件的情况下得出的结论。

虽然美国人接受过各种人格分析,但五因素模型还是占据主导地位。它的概念和问卷被翻译成多种语言,结论也通行于全球。它也是一种跨文化的测试,各族人民在性别上的差异都相差无几。世界各地的男性在外倾性和尽责性上的平均得分都要高于女性,女性则在神经质及随和性上更胜一筹。而且女性在随和性的分数上以大比分获胜:男性的平均成绩低于70%的女性。

"不要想太多,凭第一感觉答题就行。"这是我在做完整版大五人格量表前得到的指示。我根据指示,顺着每个问题往下看。我知道自己完成测试后会由心理学家亨里克·汉森(Henrik Skovdahl Hansen)亲自批卷,他是人格解析方面的专家。

作为丹麦心理学出版社的主管,汉森翻译了大五人格量表,并且培训了一代代心理学家。他曾在他的博士论文中撰写了人格测试的使用方法。我只在电话中和汉森短暂通过话,但当我在他的办公室中见到他本人时,他的样貌出乎我意料。他一点也不像个职业心理学专家:没有蓬乱的头发或印第安围巾。他穿着一身考究的深海军蓝西装,留着一头运动型短发,戴着一副窄边钢框眼镜。另一方面,汉森对于握手的迟疑程度比我想象中更甚。

"你还是单身?"汉森问道,借着他办公室中的明亮光线游移不定地看着我。一位麻利的秘书很快在我们面前摆上了咖啡和巧克力。我立刻伸手抓了个能一口吞掉的士力架。汉森面对美食巍然不动,只是将双手置于台子上,侃侃而谈自己对五因素模型的信念及该模型的"科学范式"。

通过5个测试因素及子问题,科学家最终建立了一个人格模型,使其超越了纯粹的心理学。这个模型能研究人格特质、脑部生化过程及内在的遗传学作用之间的关系。"当然,生物学目前确实不是我的专长,但以后会是的。"汉森预言道。

在我们开始讨论测试结果前,汉森又知会了我另一件事:"这个模型的基础,即五大特质本身并不有趣,因为大多数人并没有特别显著的倾向。只有极少数人是典型的神经质或过度的外倾性,但通过每个分类下的子问题,确实更能说明一个人的人格特征。"

我也不知道自己在子问题测试中表现如何,因此我只得报以一个稳妥的微笑。汉森又强调,虽然人格特质是经过严密统计分析的,但它毕竟是用于说明群体状况的,因此个人之间的差异可能会非常巨大。专家都知道,如果有人不断重复接受测试,其中的一些结果会发生颠覆性的改变。一个人在经历了人生的大起大落后,往往会给出远离正态分布的结果。

“我可以再解释得更详细些。”汉森说,“一个内向的人不会突然变得外向,但有时确实会发生重大转变。”

“这在经历过人生大事后会时常发生吗?”我脑海里旋转着意外事故、重大疾病及死亡等事件,“还是说这只是当事人自发地想要作出一些改变?”

“你可能经常听说精神疗法能改变人格。从另一方面来说,大多数情况下,人生经历是不会影响人格的。反而是事件以带有你人格色彩的方式影响你。比如说,人格就能决定一个人在失去亲朋至爱时的悲痛程度。”

我感觉这种说法都开始迷惑我的人生方向了,于是我要求看看自己的测试结果。言归正传,汉森拿出一份绿色的测试原理图,上面密密麻麻都是箱式图和数字,期间还穿插了一帧 Z 形图。

“这个图表是根据你 240 题的成绩及与正态分布的比较综合得出的。分数本身是 10 或 20 都不重要;你应该同一群人的成绩相比,从中找出自己在每个大类中所处的位置。在你的例子中,我们将你的成绩置于女商人群体之中,这个群体是丹麦各阶层的职业女性。”

汉森从箱式图中指出五因素下的 6 个子方面。“看,解析度升高了。你应该能看出大多数人在外倾性上的得分,但这个中间值很可能反应了集群性、热情度两方面的高分及追求刺激度的低分。”

我能理解汉森的话,不过我更想知道我的结果代表了我是怎么样的人。

“好的,好的。”汉森回答道,貌似他已经对自己将要说出的答案考虑良多了。我询问他一条急剧下滑的直线代表什么含义,这条线远离了图纸中央标示正态分布的横向绿色带。

“看来我在随和性方面得分较低呢。”

“是的。”汉森温和地说,“确实如此,而且你的分数已经低至警戒线了。"

这话一出口，谈话的气氛一下子冷到冰点。

汉森总算承认了他看过我的数据分析后就不期待与我会面了。"不过，还是让我们来看看结果吧。你是抑郁症实验的一部分，但我可以告诉你，你的人格中其实不包含任何抑郁成分。你看，将实际情况与人格特质区分开来是十分重要的。如果某人在神经质方面得分很高，他才算是有抑郁症倾向……"

我感觉我有必要插话了。也许我的神经质程度在丹麦职业女性中不算高，但我确实3次被诊断为抑郁症，就是那种**需要治疗**的临床抑郁症。

"是的，你告诉过我。"汉森很严肃地回答道："但是你在神经质方面的得分的确很平常，不会有人认为你存在患抑郁症的特别倾向。"

我看了看那张图表，神经质曲线确实才刚触到正常区域的上边界。这是我始料未及的结果。接着，汉森将图纸拿到自己面前，指着带有"抑郁"标签的神经质的一个子问题。

"看这儿，你也只是达到中等水平。这就说明，其他答题者对于事物的阴暗想法程度和你差不多。如果你深入追究其中的原因，你可能会发现，当你产生悲观消极的情绪时，这往往和你所处的外界环境相关。反之，如果你在抑郁方面得分较高，你的人生只会充满悲伤的事件。"

对我来说，汉森像是在教我辨别忧郁和抑郁的区别，前者是一种源自内在的精神病，后者则是受到外界环境的影响才会出现的症状。同时，我觉得他在试图改变我对自己的看法。实话说，我确实认为自己是个不可救药的忧郁症患者，遭遇这些疾病是命中注定的不可抗力，除了云淡风轻地忍受病痛之外别无他法。可是，难道他说的不是一种自欺欺人的想法吗？难道我真的只不过是有颗无法承受人生波折的玻璃心？

"好吧。"汉森将我的话头拉回正轨，"如果你是这么看待神经质特性的话,你根本没必要太过担心。另一方面……”

汉森接连清了两下喉咙。

“……你的愤怒点……比别人要低,你很容易发火,而且难以息怒。”

不好意思,请饶了我吧。这位仁兄难道不知道人在愤怒的时候智商都很低吗?

“当我们说到与抑郁症相关的方面时,你与之最为相关的方面可能就是易怒了。”汉森透过他的窄框眼镜审视着我。

“你认为这在测试结果中很关键?”

“对。而且我认为你认识的大多数人也会告诉你同样的结论。”

也许是这样吧,人们总是急于下结论。但我意识到谈话完全陷入某一个话题当中,于是我试着将内容转向其他方面。应该还有其他话题能引人关注的。

“我觉得我在外倾性上得分低有点奇怪,竟然低于平均水准了。这是怎么回事?”

当我阅读有关人格方面的文献时,我对性格外向者还颇有好感。他们看上去很乐天派,虽然私生活混乱,频繁更换伴侣,却很会吸金。

“我还是不能理解。我本人还挺喜欢在大众面前演讲的。这应该算是性格外向的一种表现吧?”

汉森轻声一笑。

“你还是没抓住人格特征中变幻莫测的一面。我再跟你解释一遍——我们不能盲目地只看其中一个方面。你所表现出的另一个特质是没有社交恐惧症。这就是你说的,在公众面前演讲毫无障碍。”

“我是真不怕,甚至我还非常喜欢呢。”

“这是你的社交稳固性使然,这是种非常好的特性。但从负面角度上看,你可能不太知道自己是如何影响他人的。”

我忽然间有醍醐灌顶之感。

“你在社交中的强势程度还是跟别人有的一拼的,这可以从你的开放性方面看出，或者我们可以称它为情感深度。可以看到你的得分高于平均水准，这就说明你很坦诚地面对自己的情感，其他一些指标也显示你富于同情心。这是你身上存在的一些冲突。"汉森颇有兴致地说道，"这些自相矛盾的特质是如何和谐相处的呢？你很容易勃然大怒，甚至口出恶言，完全屏蔽了别人向你发出的信号。"

我该怎么和汉森解释这个问题呢？我经常情绪爆发，同他人发生争执；我总喜欢说一些令人扫兴的话，而且无法使自己停下来；我总会还击一些冒犯我的邮件，虽然事后我会后悔这么做，但在当时我无法说服自己不这么做。"当我回顾自己的成长经历时，"我把话题换了个方向，"我从小就不担心别人对我的看法。我父亲教导我，永远不要怀疑自己的正确性，勇敢地跨入这个世界就好，任何时候都要认为自己是最好的。"事实上，为自己的所作所为感到骄傲是至关重要的。

"这和你在测试中的表现高度吻合：你所说的都在试卷中体现出来了。"汉森评论道，"你的随和性低到极点，你内心的顺从意愿更是跌至谷底——这就说明了你争强好胜的本性。你在利他性和同情心上的得分也很低。这虽然不能说明你这人不善良，但你常会提出一些不得人心的意见。"汉森的话让我感觉自己应该去从事管理行业。

"你会对科学兴趣盎然也在情理之中。同情心得分低的人通常都这样。如果你处于社会上层，你估计早就做了不少利国利民的事了。"汉森略微迟疑，"这么说吧，你这人比较女汉子。"

怎么老是有人自以为是地来提醒我这件事呢？

"我说的都是实话，你肯定经常和大家争得面红耳赤。"

我还真是走到哪儿都能听到这些话。

"这种状况与你的人格相辅相成，你必须不断发愤图强，保持进步。"汉森分析道，"但如果你想知道自己需要**完善**的地方，你恐怕得对此稍加关注了，因为你同时又存在承受力差、脆弱敏感的情况。扛不住压力、情感丰富都是你的软肋。你其实不是个冷血无情的人，但……"

"我又好斗？"

“我只能说你简直是女人中的战斗机。如果你想从你的人格中寻找一些正能量，那就是这些因素能帮助你远离一些尴尬的境地，以免你戳了别人的痛处还不自知。”

“就是说，如果我能很好地对抗压力，情感又比较淡漠，我简直就是个人见人厌的家伙了？”

“你也可以这么理解。”

我们的谈话又冷场了一会儿，我再度从碗里拿了一颗糖吃。接着，我又将注意力拉回到汉森刚才所说的完善人格上，毕竟我此行的目的是为了和他面谈。我想知道人格与遗传之间究竟有多少关联，我们能在这其中作自主选择的成分又有多少。

“我之前说过，人格相对来说还是比较稳定的。这也是五因素模型从本质上想表达的观点，人们应该同自己的人格和平相处。先接受它，然后稍作修正。”汉森又开始说教了，“我不认为有谁能与自己的人格站在对立面上，但我们确实可以对它稍加修饰，把我们认为确实不太好的地方进行调整，最终这个缺点就能被掩盖掉。”

汉森给我举了一个类比的例子，将人格与一个体育团队相比较。如果在某个位置上的队员不够强，也不可能简单地让这方面的顶尖高手直接顶替他——即使是最高水准的俱乐部也得考虑预算问题。但是，通过调换成员位置或采取新的战术，同样能弥补这个缺陷，这个理论同样适用于完善人格。

当我起身告辞时，汉森把那张花花绿绿的检测图表当作纪念品送给了我，同时还给了我一份电子版人格分析报告。其中包含了大量的表格，还有一些建设性的建议。我特别关注了最后一页的结论，把它用黄色高亮字体标出，准备拿给我男朋友：

你比常人更为脆弱敏感，难以承受压力。一个能提供强有力支持的伴侣对你来说至关重要。

脆弱敏感却不太友善。这还真是个不讨喜的奇葩组合——无论是对亲近的人还是外人来说都找不出好来。但这种人格是如何形成的?

根据科学理论,我可以把大部分责任推给父母遗传给我的基因。如果人们尝试追寻其中的证据,就会发现遗传因素在人格中所占的比重不小。总体而言,大五人格测试的结论显示,约有50%的人格来自于遗传。根据一项大型的双胞胎海量分析显示,遗传因素确实会导致个人在不同方面的人格差异,随和性的差异有42%,而开放性的差异达到57%。这基本可以说明基因与环境所产生的影响各占50%吧。

但环境并不能尽如人意。“行为遗传学研究为环境影响的重要性提供了最佳证据,但同时也显示,环境通过一种出人意料的方式在起作用。”普洛明在关于这个问题的综述中写道。人们总认为自己的孩提时代及双亲的抚养方式给自己带来了不可磨灭的影响,但“环境”却真不是指双亲给予的生活条件或教育方式。

最初,这个结论颇受非议。其实,普洛明和他的同事丹尼尔斯(Denise Daniels)在1987年发表的文章“为什么同一家庭的子女大不相同?”就已经震惊了整个心理学界。通过分析之前所做的双胞胎研究及领养子女研究,普洛明和丹尼尔斯认为,无论是人格还是心理状况,兄弟姐妹之间共有的成长环境都没有造成太大影响。至少,当这些人的成长经历中不包括受虐和被忽视时,结论是如此。这个观点在婴儿时期即被收养的孩子身上尤为明显。如果成长经历严重影响人格形成,同一家庭出身的孩子应该比大街上随机选取的两个陌生人要相似得多。但事实并非如此。普洛明和丹尼尔斯辩称道,所谓环境影响的有效部分是指兄弟姐妹之间的**非共享环境**。

要定义非共享环境并非易事。美国研究者哈里斯(Judith Rich Harris)提出了另一个更有价值的想法,她在其1998年出版的著作《培育设想》(*The Nurture Assumption*)中提出,孩子主要受**同龄人群**的影响。这本著作在当时颇具开创性,并且引起广泛争议。作者在书中提到,父母其实对于人格形成的影响很小,反而是孩子的同龄人占据主导作用,因为孩子总想融入同龄人的群体中。

哈里斯的观点受到纽卡斯尔大学心理学家内特尔的支持。在其2007年的著作《人格——是什么造就了我们》(*Personality*: *What Makes You the Way You Are*)中,他针对同龄人研究提出了一个新想法,声称环境对人格的影响主要体现在周围人对我们的评价。我们的外貌和智商影响了人们的评价,而后者又反向作用于我们的人格形成。这种往来帮助调节了个人人格五因素分布。例如,内特尔指出,高个男性比正常男性在随和性上得分低,而在外倾性上得分高是因为他们不需要去刻意迎合他人。对大多数人来说,高个男性更易获得他们的青睐。

不过,这也不是说父母在人格塑造方面全无贡献——他们建设家庭的模式能给孩子带来持续性的伤害。父母的影响能轻易控制孩子一生对家庭的看法。但正如内特尔所说:"重点在于,这并没有扩展至与幼年其他经历一起影响了成年人格。"

那我在社交方面的强势——或是不讨人喜欢的特性——又该如何解释呢?根据亨里克·汉森所说的步骤,这和我的成长经历相符,因此根源就在这里。但这也可能来自于我的遗传因素。可能我就是从父亲那儿遗传到了这种对周遭评价漠不关心的基因。或者说得更复杂一些,我的人格是在遗传因素及成长经历的共同作用下形成的?

"我们恐怕只能聊5分钟,不过请进来脱下您的外套吧。"

克努森想要在10分钟内上交3个大基金项目申请,赶上申请截止期,不过她还是一副镇定自若的样子坐在电脑前。在哥本哈根大学附属医院的办公室里,墙上挂满了抽象画作,房中家具则是雅各布森(Arne Jacobsen)设计的浅灰色皮革款,看上去整洁精致。唯一露出疲态的只有这位年轻教授的眼睛,经过一整天的忙碌,她眼中已略布血丝。

"他们还要求每份申请表都要有一打拷贝,这真是雪上加霜。"克努森平和喜乐地笑道。我偶然得知她能骑完13千米的自行车上下班,即使天寒地冻，连车齿轮都冻结了，她也照骑不误。于是，当她问我是否需要在咖啡中加点热牛奶时，我感觉自己根本就是人类中的劣等公民。

她到底看到过什么呢？当我端起杯子时，我暗自揣测。作为分子脑成像集成中心的研究主管，克努森掌握了一大堆关于我的数据：大脑扫描图，一箩筐关于我认知能力和人情世故能力的测试，全天候的压力激素皮质醇测试，还有从睡眠习惯到各类私人问题的问卷调查。我已经知道了自己的认知能力——记忆力、语言能力等——其中并没有什么问题。我还意外得知，自己的人情世故得分几近测试范围的最高值。这个下午，我是准备来取我的遗传分析报告的。这还真是件令人头疼不已的事。

为了自我鼓舞，我回想起英国心理学家约翰逊（Wendy Johnson）的话："人格特质的遗传机制是行为科学中最为神秘的一面。"

克努森点点头，将她的椅子转向圆形的会议桌。

"我们对行为和个性都十分好奇，因为它们是精神病的诱发因子。"她开始侃侃而谈，"我们正在寻找容易引发疾病的人格特质。其中一个最佳写照就是高度神经质与抑郁症、焦虑倾向之间的关系。在低随和性人群中，心血管疾病的发病率较高。"她仔细想了想，又补充了一句："这种人寿命也比较短暂。"

我瞬间有些口干舌燥，我可知道自己在人格测试中随和性得分有点超低呢。

"我知道。"克努森波澜不惊地说，"简而言之，基因与外在环境共同作用后决定了人之所以为人。基因和环境位于一端，行为和人格位于另一端，我们希望能找到这两端之间的中间站。"

克努森团队研究的其中一个中间站就是大脑结构，尤其是神经递质之间错综复杂的化学通信，这会使细胞之间产生快速的脉冲；受体能够抓取及传递信号；激素则能不断循环并自我提供微妙的信号。汪洋大海般的重叠机制牵涉其中，但该团队还是致力于5-羟色胺的作用。

“5-羟色胺的作用简直千变万化。”克努森给这个神经递质戴了顶高帽子。

事实也确实如此。这个小小的分子不光是调控寝食的基础要素，也能控制一些更为复杂的过程，包括诙谐幽默、侵略挑衅、性行为，以及人们承受失败挫折的能力等。这些因素都为人格形成添砖加瓦。我低下头看着一张基因列表，这是克努森好心为我测序的。这些基因都隶属于5-羟色胺系统，它们编码的蛋白质或者将5-羟色胺传递至组织，或者是一些各异的受体，在各自的通路中通过相同的神经递质传递信号。

其中一种受体名为5-HT_{1A}受体。这是一种体积庞大、结构复杂的蛋白质，它安坐在大脑结构中每一个细胞的细胞表面，并同人类的各种认知能力广泛相关。它也是分布最为广泛的5-羟色胺受体。科学家从实验中得知，5-HT_{1A}受体在长时记忆及注意力方面起到很大作用。遗传学研究发现，该受体有多种版本，每种变体的功能都有些许变化。

“目前研究最多的变异是名为rs6295的SNP位点。”克努森边翻阅手中的资料边告诉我。该变异就是5-HT_{1A}受体基因的特定位置上携带了胞嘧啶或鸟嘌呤。这个特殊的碱基能影响受体如何对大脑中游离的5-羟色胺作出反应。到目前为止，科学家发现携带鸟嘌呤的受体发射信号的能力较弱。

“人们认为这个精确的基因变异对各种精神疾病都有重要影响，但研究结果中尚未有定论。”克努森嘟囔了一句。接着，她总算在资料中找到了自己想要的部分：“在这儿！你的基因检测报告。你携带了两份胞嘧啶变异拷贝。”

这真是个令人欢呼雀跃的结果。我能颤颤巍巍地代表两份胞嘧啶变异拷贝的携带者参与遗传学研究，证明这类变异的人严谨性、顺从性较差，不如携带两份鸟嘌呤变异拷贝或一份胞嘧啶加一份鸟嘌呤变异拷贝的人。令人惊奇的是，这个结果也再度强调了基因变异影响行为的方式取决于孩子从小成长的文化环境。一位韩裔研究者金（Heejung Kim）设计了这个非比寻常的研究，她是加利福尼亚大学圣巴巴拉分校的心理学家。她致力于人格遗传学的研究，并被期刊《种子》(*Seed*)誉为“真正具有革命思想”的人才。

金的主要工作是解析认知灵活性与5-HT_{1A}受体之间的关系。心理学家知道这种受体能调节我们对外界环境产生反应时的思维模式。金假设人们携带的不同变异会导致行为上的不同。鸟嘌呤变异导致信号传递效果差，就会提供较低的灵活性，因此在调整认知模式时比胞嘧啶变异差。如果这个说法是正确的，那么携带鸟嘌呤变异的人无论是生活在传统文化中还是主流文化中，都应该有类似的思维模式。金利用韩国人及美国人的差异来说明这一问题。

我们从人类学及心理学研究中能看出，东西方人在思维及自我形象上大有不同。东方文化中强调群体意识，而西方文化更注重个人意识。比如说，韩国人、中国人及日本人同时描述一张图片，他们会着重强调图片的背景和整体效果；西方人则注重描述画面中最显眼的部分，并死扣细节。研究者还探讨了盛行于东方的整体思维及西方主流的分析思维。

金将一份标准化试卷发放给一群韩国人和一群种族各异的美国人，希望以这种方式考察这些人属于集体主义者还是个人主义者。接着，她检测了每个人5-HT_{1A}受体基因。当结果出炉时，金的假设得到了证实。在两种文化中，带有两份鸟嘌呤变异拷贝的人最带有“文化烙印”：他们都是些最为集体主义的韩国人，及最为个人主义的美国人。相比而言，带有两份胞嘧啶变异拷贝的人文化烙印则比较浅薄。两种变异各携带一份拷贝的人则处于中间状态。

“这真是太有趣了。”当我们一同分享这项研究成果时，克努森忍不住感叹道，“从中我们可以看出不同的文化特征也能直接影响相同基因所导致的行为，对吧？总体而言，我认为文化与基因之间的内在联系会成为未来研究的主旋律。这真是个引人入胜的话题。”

就个人而言，我对于自己携带了高效能的5-HT_{1A}受体很是自豪，我开始对克努森打趣说，我确实感觉到自己的心理灵活度较高。然而，克努森还在继续巡视她的列表。她暂停了一下，接着宣布道："你还携带了脑源性神经营养因子变异。"脑源性神经营养因子能使脑细胞不断分裂并产生新联系，因此它是大脑对周围环境的协调因子。

有两种变异，一种携带缬氨酸，另一种携带甲硫氨酸。甲硫氨酸变异会产生负面效应，导致大脑所能吸收的脑源性神经营养因子含量下降。甲硫氨酸变异非常稀有，大多数人都携带了两个缬氨酸。克努森告诉我，我各携带了其中一种。

"我早就知道了。"我忍不住冲口而出，克努森看上去有点吃惊。我从包里拿出了一篇刊载于《心理神经免疫学》(*Psychoneuroimmunology*)的文章。在文章中，耶路撒冷希伯来大学的研究团队认为，在脑源性神经营养因子上携带至少一个甲硫氨酸变异的女性比携带两个缬氨酸变异的女性更难应对压力。

研究团队要求100名研究对象表演他们在参加工作面试，同时用摄像头和聚光灯对准他们的脸。在这次残酷的考验中，研究对象不得不解决一大堆数学难题。整个过程中，研究对象将接受皮质醇(应对压力时产生的物质)含量的测试。在男性中，产生皮质醇最多——同时也是抗压力的程度最高——的是携带两份缬氨酸变异拷贝的人。相对而言，女性当中对压力应对最好的是两种变异各携带一份拷贝的人。

"神奇的是这其中还有性别差异。"克努森挥舞着文章说道，"我很想知道这其中的机制是什么?"

以色列团队没有给出可靠的结论，于是我们将话题转向另一个存在性别差异的基因上：编码单胺氧化酶A的基因。正如前文所说，单胺氧化酶A会破坏神经递质5-羟色胺，低活性单胺氧化酶A变异所导致的酶产量降低，会增加人对社交痛苦的敏感性，被排挤、隔离等类似体验会在这类人身上引起更多负面的反应。

"大家都叫它'勇往直前'版变异，因为携带它的人们特别具有侵略性。"克努森看到了这句话，"但它对男女的作用并不相同。男性是对外表现出侵略行为，而女性则是对内反应剧烈。"

抑郁啊，你的名字是女人。我在询问自己的结果前敏锐地感觉到了这一点。这结果看来不怎么样呢——我携带了两份低活性变异拷贝，从父母双方各遗传了一份。

在我仔细深究我的遗传信息后，我们又将话题转回老相识5-羟色胺转运蛋白基因。它恐怕是心理学上研究最多的基因了。

"该短版基因变异所产生的弱点目前尚在争论之中。"克努森起了个话头，"我认为目前的主流想法是：即使携带了两份短版变异拷贝，人们仍然能在不得抑郁症的情况下活得滋润自在。但这个变异的倒霉之处在于，如果携带者生活在差劲的环境中，它就会发挥自己的负面效应。"

当克努森研究她的报告时，我没开口打扰她。

"你确实携带了两份短版变异拷贝。"即使我将笔重重地丢在桌上也没能撼动克努森的语气。

当然了，我**早就知道**这回事。我呆坐在那儿，郁闷自己遗传了这种倒霉货：两份短版变异拷贝，简直是两个猪一样的队友抱团联盟。所以说，我那反复发作的抑郁症就是因为这个。我嘟囔起来，回想起我在和亨里克·汉森会面时看到的神经质索引。如果这能解释抑郁症发病的原理，我的家人，包括父母双方在内总共发生过三次自杀事件也就不足为奇了。当我喋喋不休地抱怨自己被这种"野蛮"基因所蒙蔽时，克努森一脸嘲讽地笑了。

"你最好问问自己，这些敏感变异的优势何在？"克努森问道。

"优势？"我有点跟不上她的思路。

"以5-羟色胺转运蛋白为例。如果该基因只有负面效应，为什么它能在进化长河中经久不衰？为什么它出现的频率如此之高？几乎有20%的高加索人跟你一样，携带了两份短版变异拷贝。你没想过这种变异可能会存在什么正面效应吗？"

我想破了脑袋也只得出了一个思路。不过我还是有话直说了，这个模糊的想法大致是说，内心脆弱者在某些容易出错的场合下比那些脸如城墙的人更为谨慎。我只能想到，像我这类人天生就对世间的恶意有种直觉，因此能更好地应对世事。克努森缓缓点头，问我是不是在开放性上得分较低。我不得不承认这一点，接着她就飞快地塞给我一篇文章。

在文中，克努森及其团队认为开放性与认知灵活性及抑郁症风险相关。他们认为，短版5-羟色胺转运蛋白变异会导致携带者敏感度提高，也会使携带者拥有一颗柔软的内心。事实上，科学家们也在追踪5-羟色胺转运蛋白基因与年龄之间的内在关系。虽然有无携带短版变异的研究对象都能在开放性上获得同样高的分数，但短版变异携带者更容易在开放性上经久不衰，而其他人则会随时间推移，在这一维度分数下滑。

“另一方面，高开放性人群能更好地应对心理创伤，因此他们在心理疾病中的存活率也比常人高。”克努森加了一句。我决心在下次人生低谷时亲身验证一下这个说法的真实性，还有，在我不幸遭遇到随和性得分太低而心血管疾病发作时。

“但这其中还有更多奥秘。在过去的几十年中，美国心理学家阿伦(Elaine Aron)对某种人格所作的定义颇受重视：有一类人对感觉十分敏锐，可以被称为高敏感人群。这种状况十分明显，这类人的反应程度和深刻度都要比常人高，这在某些状况下是种优势。虽然这种想法尚未被证实，但确实值得深究。”

根据阿伦的说法，高敏感人群几乎存在于五因素模型的各个角落中。有些人是高外倾性，另一些人则是深度神经质。但这些人都能根据他们应对外界环境的态度被归为一类：他们需要较长的时间处理信息，但分辨细微差别的本事十分高明；他们对事物的感觉极其敏锐，比如对嘈杂的声音和令人不快的气味等都很敏感；他们对压力和不雅环境的忍耐度也相当低。阿伦和她的同僚相信，这类高敏感人在大众中的比例占到了1/5。

克努森解释说，她和一群人正准备开始研究高敏感人群的早期生活经历，包括他们与父母的关系，这样就能更好地理解人格类型是如何发挥作用的。“有一些研究结果显示，如果成长环境良好，高敏感人群不仅能很好地避免人生难题，甚至在各方面都会比他人优秀。”克努森的话刺痛了我的耳膜。

“他们通常能成为举世瞩目的艺术家，或在各个领域崭露头角。”

克努森别有深意地看着我。

“你还能再填几份问卷吗？是关于敏感度与亲子关系的问卷。你是第一位参与该计划的研究对象。”

好啊——大家都把话摊开来说好了。

这份问卷包含了 50 个问题，答案分为 7 个维度，这根本花不了我多少时间。一停笔，我的问卷就被利希特(Cecilie Löe Licht)拿走了，她是负责这项研究的青年博士。她走进隔壁的一个房间中，并保证会立刻为我分析结果。

为了打发等待的时光，我继续同克努森闲聊：人格遗传学随着时间的推移究竟会走向何方呢。目前，行为遗传学仍然像个小型马戏团，只能自吹自擂自己的几匹小马，一次又一次被鼻子上套着的环引导，表演着各种杂耍。科学家所研究的这一小批基因也只是基于极少量的研究成果，并且只有单纯的数据分析结果。但是，克努森及其团队是否有一天也会使用基因表达谱来建议个人在人生中的走向呢？他们是否也能说，某个孩子应该避免在某种环境下成长，他们更适合另一种氛围？

起初，克努森似乎有些难言之隐，她有些不安地扭动着身体。

“多年前，我对这个想法信心满满。基因表达谱中涵盖的变异比我们这样单个研究要多得多，而变异之间的相互组合显然也是相当重要的。把这些变异梳理出来需要数量庞大的研究。”

但这种方法也确实投入应用当中了，我回击道。比如说，在欧洲，IMAGEN 项目在欧洲大陆上广泛召集研究人员，追踪 2000 名青少年长达 4 年。这些青少年定期接受脑部扫描，心理测试，还有针对他们的生活及所作所为的调查问卷。同时，研究人员还针对他们测试大量的基因，希望能从中找到一些模式，能预测心理和行为问题，从而能通过生物治疗手段处理这些问题。“我们想通过这个研究更深入地了解年轻人在想些什么。”这个大型研究联盟如是宣称。

克努森双手交握，靠在桌上。“从最低限度来看，基因表达能告知人们天生对哪些特定情况有反应。”她承认道，“在精神病学上，人们总是致全力以预防。如果大家能找到一些东西，作为精神方面问题的风险指标，就像生理疾病风险指标那样，那就太好了。真的很好。”

克努森忽然沉默了一会儿，接着十分突兀地向桌子前靠去，将两手撑住太阳穴。

“我一直都觉得很奇怪，每次我在公众面前演说遗传学与人格之间的关系时，总有一群人义愤填膺。‘我可不想跟我父母一个样子。’他们总是这么说。只要人们听到类似于‘继承’或‘遗传’之类的词汇，就会自动理解为‘不可改变’的意思，但这根本不是我要表达的意思。人格是基因与环境相互作用的结果，即使我们无法选择自己的父母，我们还能选择自己如何生活。终其一生都可以选择。”

这时传来一声试探的咳嗽声，利希特挥舞着分析完的问卷走了过来。她含糊不清地询问我是否确信自己是高敏感人群中的一员。

在我造访了隐藏在哥本哈根大学附属医院钢筋水泥巨森中的那座灰色别墅后，我在自己家中慢慢咀嚼我所得到的信息。一眼看上去，那简直就是一张倒霉基因的列表。要不是我把它们看全了，我还真会这么认为呢。

我都能用手指数出那些变异了。其中有儿茶酚-O-甲基转移酶基因，我有两个所谓的“杞人忧天”变异，这会让我的大脑难以控制情绪；还有脑源性神经营养因子变异，这会让我压力爆棚。这两者的组合真是让人忧心忡忡。在列表最上方，我还有两个低活性单胺氧化酶 A 变异，这会让人做出激进冲动的行为——在女性中则表现为抑郁。最后，我还不得不背上两个短版5-羟色胺转运蛋白变异,这个声名狼藉的家伙简直就是抑郁症来袭的标志。综上所述,这简直就是一份精神病人的菜单。或者正如我男朋友所说:"你没被关在病房里聊度余生或被迫提前退休真是个奇迹啊。"

大家都知道,遗传测试只能给出一个健康概率,最多就是再提供一份依据现实的统计数据。这个测试并不能将研究结论应用于受测者身上。无论如何,这个测试就是直接明了,说明了我在遗传乐透大奖中是个彻底的失败者,命运的弃儿,包裹着高敏感度和高风险的生物体。

不过,事情似乎也没那么糟糕。根据克努森所说,科学家正在寻找新的方法以解析遗传敏感度的现象。

在早期的行为遗传学中,大家对于一些弱点都报以偏见,研究者们总是对那些带有不幸基因又有悲惨童年的人施予特别的关注,因此这些研究对象不可避免的都是一些长期心理疾病患者。但是伦敦大学伯克贝克学院的儿童心理学家贝尔斯基(Jay Belsky)指出,这种方式根本不能抓住大局。

贝尔斯基辩驳称,我们不应该仅仅关注那些弱点,而应该重视**易感性**——或者说得更详细些,就是**可塑性**。短版5-羟色胺转运蛋白变异和低活性单胺氧化酶A变异以往总是被认为会使人"内心脆弱"或"陷入风险",其实这两种变异是会让人(及其神经系统)对周围环境更为敏感和更具有灵活调和性。敏感度会使人更容易情感波动,但这不是一种单纯的负面影响,它也同时具有积极效应——这种遗传倾向会使人更具有可塑性。

弱点及风险的构架到目前为止仍然占据主导地位,因此一些优秀的研究者在研究过程中忽略了可塑性。贝尔斯基及其团队煞费苦心地树立了各项知名研究中的数据,包括卡斯皮和莫菲特的达尼丁研究,从中揭示了一些有价值的结论:虽然短版5-羟色胺转运蛋白变异和低活性单胺氧化酶A变异确实会使人"软弱不堪",尤其是当孩子遭受忽视和暴力时,他们成年后会更容易患上抑郁症和出现行为障碍,但反之,只要孩子有一个健康正常的童年,携带这些变异反而会使这两种倾向**下降**,比携带其他更为“强健”的变异还要低。这样的孩子更容易从压力中释放出来,并且茁壮成长。心理学家埃利斯(Bruce Ellis)和小儿科医师托马斯·博伊斯(Thomas Boyce)近乎诗意地描述了这个理论所提出的差异,他们认为这就好比“蒲公英”与“兰花”之间的不同。前者是人群当中的强者,社会的精英,这些人即便在十分不利的条件下依然能占据领导地位。后者在极端环境下容易枯萎,但只要精心照料就会繁花似锦。

因此,问题始终存在于这个方面:备受青睐、少年得志的孩童又是由什么因素造就的呢?根据哥本哈根大学附属医院的研究者所说,亲子之间的亲密联结会在这个问题中起到决定性作用。当人们调查科研依据时就会发现,有一些最初表象就能证明这个观点。

举例来说,2009 年,纽约哥伦比亚大学及匹兹堡大学的一个联合团队发现,父母的抚育质量能够直接抵消弱点影响——就是说,这个方法可以预防低活性单胺氧化酶 A 变异的影响。这个研究十分具有可读性。研究者们访问了 159 位成年女性,她们全都被诊断为患有抑郁症或双相型障碍,接着研究者衡量了她们父母的抚育质量。同时,这些女性还须提供早期的创伤经历,比如离婚、亲人去世、肢体暴力或性虐待等。她们也将接受激进暴力倾向的心理测试。最终,她们还要测试单胺氧化酶 A 基因的变异模式。

在这项研究中,研究者们发现携带低活性单胺氧化酶 A 变异的女性对于幼年时代的压力性事件最为敏感。孩童时代的内心创伤使这些女性在成年后变得更加激进冲动,较之那些天生就遗传了强健基因的女性更甚。但她们也是对父母养育反应最剧烈的一组。对某些女性来说,她们身上的攻击性和激进行为因为父母的关照而降低了。相反,天生强健的女性,也就是携带了高活性单胺氧化酶 A 变异的群体,对于父母的悉心照料没有特别获益。对她们来说,压力事件会导致攻击性和激进行为上的高得分,而且与父母对待她们的方式无关。

当我查阅文献时，利希特鼓励我邀请更多我认识的人加入高敏感人群的研究计划中。这位青年研究员解释说，她想要研究一系列基因是如何影响我们的人格维度的，还有它们如何与早期亲子关系相互作用。我想起了普洛明和他那颇具争议的模型，他认为童年的生活环境对于人格生成无关紧要。但利希特提到了一些有价值的新思想，包括一个贝尔斯基提出的观点，认为普洛明的说法只适用于天生强健的人群，而天生敏感的人是会受父母营造的环境所影响的。

那么科学家要如何评估双亲营造的环境呢，尤其是在多年之后？亲子关系是极其复杂的，光靠50个问题的问卷是不可能彻底调查这种状况的。然而，利希特及其团队主要针对人格维度中，他们假定最重要的两个因素：孩子被照顾还是被拒绝照顾；孩子是有自主权还是总受到限制或受保护过度。正如利希特所构想的："我们可以构造一个范围，一端是被严加管教的孩子，另一端是被自由放任的孩子。"

我情不自禁地想起了我爸爸。我们是如何将阅读与葡萄干关联为奖励机制的，又是如何像两个成年人一样侃侃而谈的。毫无疑问，我的童年确实充斥着一堆压力事件，但我也始终和我爸爸关系亲密。我也能回想起那种无微不至的关怀爱护，但"自由放任"确实是一个能精确描述这种状态的词汇。

"我该如何让你放下这些条条框框呢，你简直比我还要理性。"爸爸有一次这么对我说。那时我才9岁，父母没有给我下任何禁令。没有固定的睡觉时间，没有门禁，没有电视禁令。爸爸认为以他女儿的聪明才智，根本不需要别人来告诉她该怎么做。如果我太过自作主张，我也会因为撞了南墙而自己回头修正的。

在我11岁时，我和小伙伴们因为在小商店中偷窃被抓，我们被扭送至店主面前，后者一定要叫家长来处理。自然而然地，他们打了电话给我爸爸，他也现身来向女店主说情，安抚了她的怒气，解救了我们大家。当我的小伙伴涕泪交加地说她那火爆脾气的母亲一定会把她生吞活剥的时候，爸爸开车送她回家，并且再度出面安抚了她母亲。一路上，他展开了充满个人特色的教育法:“姑娘们,我希望你们意识到偷窃糖果和橡皮擦是多么愚蠢的一件事。要是你们能偷一台铂傲牌的电视机或音响,那还算有点本事,可你们干的事真的只是些丢人的小偷小摸。”

我那位哭鼻子的朋友坐在后排,听得直发愣,她再一次把我爸爸当作这世界上最伟大的人。现在,我也只能揣测他的这种教育方式是否将我从遗传得来的敏感基因中解救出来了。也许敏感变异并不像它们表面看上去那样是伤人的遗传子弹,反而在我这个例子中是一个有利工具。这时,利希特说出了我内心的想法:“你带有敏感变异估计比带有强健基因还更好呢。”

确实有这个可能性,但没人能挺直了腰板说这是板上钉钉的事。行为遗传学是可以提供一些吸引人眼球的标志物,但这些研究仍然流于人格表层。如果不继续深入,这些信息对于我们来说又有何意义呢?

“个人基因组还要经历一段长时间的发展才能成为自我剖析的利器。”心理学家平克说。他的话是对的,从这个意义上来看,分子生物学所回答的问题如果不能和未知的人格特质相结合,根本就不能撼动人们的内心。

我已经独身超过40年了,早就不会因为自己性格的弱点而盲目慌乱。以压力为例,在我接受人格测试和遗传测试之前,我就已经知道自己应对压力的方式丝毫不值得炫耀。作为一名入行超过10年的专业记者,我面对截稿日的迫近时依然表现糟糕。当我的同事们都镇定自若地搞定这些工作量时,我总会在时限压力突然暴增的情况下呆掉,然后瞬间从一个淡定老练的大人变成一个歇斯底里的疯子。

那么,听说5-羟色胺系统受系统之外的基因变异作用,会有什么不同呢?在这一点上,我不太认同平克的观点,我认为即使在目前存在很多不确定因素及知识匮乏的情况下,个人基因组信息也会使自我剖析变得不同;它提供了生物认知的方式,从而影响人们的自我印象。

我翻出一份旧的《纽约时报》的剪辑,其中的内容让我温故知新。那是关于一对美国姐妹花蒂雪儿(Tichelle)和拉坦尼娅(La'Tanya)的故事,她们俩的人生截然不同。她们投胎的技术其实并不好,她们的母亲是个酒鬼,生父早逝,继父成天窝在家里,从小就对两个姑娘实施性虐待。可以说,两个姑娘的童年异常凄惨。

当姐妹花初长成时,蒂雪儿已经从阴暗往事中走了出来。她成绩优异,成为了一名电脑工程师,作为母亲,她也尽职尽责,心细如发。但她姐姐拉坦尼娅仍然陷在泥沼之中。虽然她也是一位母亲,同时从事助理护士的职业,但她总是时不时地遭受抑郁症的困扰。她还经历着焦虑的折磨,无法专心工作,几乎不能承受生活中的任何挑战。

有一次,这对姐妹花接受创业记者的邀请,接受了基因测试。强悍的蒂雪儿带有两份长版5-羟色胺转运蛋白变异拷贝,而脆弱的拉坦尼娅同时携带了一长一短两个版本的变异。"当我知道基因也在我的痛苦人生中起到了一定作用时,我感觉没那么难受了。"拉坦尼娅在得知结果后如是说道,"而且我也知道在携带了这样的基因和曾有过那些经历的情况下,我该如何面对自己和孩子们了,这真的很好,太好了。"

没有哪位行为遗传学家能保证这个小小的变异能在这位年轻女性的人生中起到决定性作用。但这确实是谜团当中的一个解题步骤,拉坦尼娅能用这个认知放下自责,解放自我,这就是最大的收获。她依靠分子生物学的知识支撑起了自己一度垮塌的人生。

我所关注的问题则是,这类知识是否在某些情况下也会使人心倒退呢?换句话说,人们真的能利用遗传洞察作为一套评估体系,用于完善自我吗?从统计学上看,人格是一种相当稳定的属性,但也如亨里克·汉森所说,如果某些人致力于改变人格,这个属性也确实会发生巨变。这就意味着统计学得出的数据很可能只是将两种人群综合起来了而已:一种人认为改变人格根本不值得尝试,他们认为"原生的就是最好的";另一种人则没试着彻底地改造自我。

话说回来,如果我们能更好地了解人格形成的先决条件,那么改善人格的机会就越多。大量的先决条件则潜藏于遗传因素当中。如果我知道自己的遗传因素中存在某些变异会使我对压力的反应激增,我就能让这些认知派上用场。比如说,我能像拉坦尼娅那样正视自己的不足之处,用清醒的思维降低自己的压力:我没有错。但是,很有可能我根本不需要回避压力过大的环境。或许是,我完全可以找到一种适合自己的方式去应对压力。当我被事情压得喘不过气时,我可以告诉自己,这世间没什么事情是难以转圜的,只是我脑中的遗传因素迫使我将这世界看得困难重重。

从这点上看,我总算领会了沙尔特(Dina Schardt)及其团队最新研究成果的深刻含义,他们是波恩大学的研究者,主张“遗传性的易感神经处理过程很有可能受主观行动抵消”。他们的研究显示,人们可以通过控制认知来安抚超敏感情绪化的大脑。早期研究发现,短版的“敏感”5-羟色胺转运蛋白变异会导致杏仁核在遭遇恐怖事物时更加活跃,该团队基于这个成果之上,聚集了37位携带该变异的女性,对她们输出一系列表示中立情感或恐惧爆发的标准图像,同时进行磁共振扫描。结果显示,正如温伯格及其他人员所发现的那样,带有短版变异的人遭遇恐惧刺激时比其他人反应剧烈。但到了下一个扫描阶段,受测者们就不能光是盯着图片看了,她们得用自己的意志力对抗眼前所看到的景象——这是一种她们在受测前就接受过培训的能力。此时,当她们面对引起恐惧的图片时,天生敏感及天生强健的女性都能够抑制杏仁核的活动。事实上,两个组的差异难以分辨。敏感人群能更有效率地压制自己的恐慌情绪,也就是说,即使某些人先天就有比较强烈的情感波动,只要他们愿意,他们就能努力通过清醒的认知将这类情绪调控好。

所以,从严格意义上来说,我该告诉自己,我的基因并未直接作用于我的行为,而是影响了我的神经系统机制。虽然我的遗传因素在大脑运作中起到了一定作用,但大脑是一个不确定的可塑的器官,它的化学结构总是受到用脑方法和程度的影响。只要思路正确,我就可以组建一道精神高墙,保护自己不受高敏感生理特性的伤害。

第七章

解析生物学

DNA 好比千里马,没有伯乐难出众。

——特纳(Bryan Turner)

“你说这些是用来做什么的?”

我的全科医生狐疑地看着我带来的两大根针管。说明书中写道,要将这两根针管分 10 次注满鲜血,然后将其迅速送至灵北公司的实验室进行分析,该公司是丹麦的一家跨国制药公司,坐落于哥本哈根郊外。

“他们想通过血液测试来诊断精神疾病?”医生边问边将针头戳进我的静脉。是的,不过这个方法尚在测试阶段,是为了摒弃传统精神病医生诊断疾病的方法。传统方法都是通过对一些多多少少有点轻描淡写的症状进行主观评估来诊断病情,医生对病人的把握基于一系列模糊不清的问卷,其中的问题包括情感状态、睡眠模式、精神运动功能等方面,最后得出一个总体评估,比如说,抑郁症、社交恐惧症、边缘型人格障碍等。

取而代之的是,灵北公司的临床医生迫切地想要发现一些生物标记,可以客观评估疾病水平。这种生物标记好比用血糖诊断糖尿病,或是利用电极测试心脏功能是否正常。生物标记几乎是圣杯般的存在。灵北公司打算测试特定基因的活性,以诊断创伤后应激障碍、边缘型人格障碍,特别是抑郁症等疾病。当得知这一消息时,我再次欢呼雀跃地成为了参与研究的志愿者。

"可你最近没陷入抑郁症之中吧?"医生问道,她在用眼神威胁我,"你该懂点规矩,最好马上告诉我实话。"

我摇头否认,因为我最近确实感觉良好。我没出现下列任何症状:一觉醒来感觉人生无望;整个白天都像是在干苦力活;别人都是人生赢家,只有我过得惨兮兮。我近来情绪一直处于稳定范畴之内,绝对属于过得去的状态了。我离病发还差了十万八千里远呢,要是真发作起来,我又得问医生要 150 毫克的抗抑郁药才能保持平静生活了。

医生听完这话,立刻精神抖擞地开始给我做详细的检测,这次跟之前的任何一次遗传检测都不一样。与克努森及其脑研究团队相比,灵北公司对我身上特定不变的基因毫无兴趣,他们主要关注我的机体如何解析这些基因。为了获取这项信息,他们分离出白细胞,计算其中的 RNA 分子数量,这些分子是由一系列特定基因转录而来的,它们决定了相应蛋白质形成的量。

这可不是传统意义上的遗传学了,这是**表观遗传学**(epigenetics)。

"表观遗传学的时代业已到来。"就在我造访医生的几天之前,《时代》杂志如是庄严宣告。秉承着同样的精神,一个在哈佛实验室工作的熟人也认为,这一领域十分"高端大气上档次"。奥地利科学院的巴洛(Denise Barlow)则诗情画意地说:"表观遗传学包含了遗传学无法解释的各种千奇百怪。"

人们会这么说一点也不奇怪,因为表观遗传学很可能就是遗传与环境之间的那把金钥匙。经过数十年发展,确定遗传学倾向与环境影响相互作用所获得的表型早已不是难事。但两者之间的相互作用由何组成,何时何地会起效,都是悬而未决的问题。

Epi,这个优雅的希腊语前缀暗示,我们正在研究遗传学的"上层"或"超越"学科。这个概念最早发端于1942年,由英国生物学家沃丁顿(Conrad Waddington)提出,用于描述机体在不同环境下遗传物质作用发生改变的情况。当时,遗传密码尚未破译,这个概念还只是空中楼阁。现在,表观遗传学已经成为基因**表达**研究的代表,即是说,在何种细胞中、什么时间、产生了多少蛋白质。这是基因在未发生突变的情况下产生的变化。

不过,近来不少科学家认为,表观遗传学与成年人并不相关,而是一个很大程度上受限于胚胎的现象:胚胎中基因组可以被重新编程,用以控制机体以后的走向。毕竟,发育的目的是从一个单细胞发展成为一个完整的机体,实际上,其中不同类型的细胞都有着相同的基因组,尽管它们分别使用基因组的不同部分。根据哪些基因允许被激活,每个细胞获得相应的身份及功能,细胞的身份和功能都由产生蛋白质的细胞基因所决定。这就好比一个管弦乐队中,每位音乐家都有相同的总谱,但小提琴手、定音鼓、三角铁和各类乐手都在演奏不同的部分。

以肝脏细胞和大脑细胞为例。肝脏利用一系列酶分解人们吃喝时产生的毒素,并将其带离血液。强壮的肝脏细胞没有理由去产生一系列复杂的受体,用于神经系统中精密细胞之间的沟通交流。因此,掌管这类受体的基因在肝脏中就较不活跃。而在头颅深处,大脑细胞则不用承担收废品的工作,因此掌管分解酒精或脂肪的基因在大脑中就毫无地位。

人体的表观遗传方案规划了这种分工,具体做法就是不断地将特定基因开启或关闭。在本质上,就是允许或不允许一个基因进入一套完整的细胞加工"设备",在这套"设备"中,DNA拷贝转录为游离的RNA,RNA再用于产生蛋白质。有一种令基因失效的方法是,在基因进入"设备"的道路上放置一个分子作为障碍物。现实情况是这样:额外的化学关联——甲基基团,与DNA长链中特定碱基相连,阻止了相关基因转录。然而,障碍的有效性还与DNA分子的形态相关。人类基因组中的46条染色体可不是随意伸展在细胞之中的(如果伸展开来,它们可有2米长呢),而是紧紧缠绕在特定蛋白质周围,让人不由得想起卷发器。这些蛋白质——组蛋白,可以被化学修饰,以调节它们的松紧程度,及缠绕其上的DNA长链上是否易于被转录。

结果显示,有一系列特殊酶能对DNA或组蛋白进行修饰,另一些酶则是削减此类特殊更改。这些酶存在于细胞中,终生起作用。因此,科学家发现表观遗传编程在生命的全过程中周而复始、遍布于全身各处,这根本不是什么怪事。

在遗传学研究中,同卵双胞胎往往是寻找研究证据的最佳场所。虽然此类双胞胎生而具有同样的基因组,但他们从来不会是两个相同的复制品,无论是外表或内心都是如此。导致这种状况的其中一个原因是突变,但还有一部分原因很可能是表观遗传编程的结果。2005年,西班牙国家癌症研究中心的弗拉加(Mario Fraga)领衔研究团队,在40对3—74岁的双胞胎中测试了该假说。研究者探究了血液、肌肉组织、皮肤等方面的表观遗传修饰情况,比较每对双胞胎之间及不同年龄层次的双胞胎之间修饰有何不同。他们发现,进行性发育导致更多差异。在童年时期,双胞胎的差异并不显著,但他们在人生旋涡中沉浮越久,差异就会越大,这些差异甚至会遍布整个基因组。因此,表观遗传学可以解释,为何双胞胎的其中一方比另一方更容易长皱纹、更容易衰老,为什么双胞胎中一个比另一个胖?为什么一个患了动脉硬化或精神分裂症,另一个却安然无恙?从数据来看,这些差异来自于不同的生活方式,婴儿时期的双胞胎比长大后的要相似得多。

热心的表观遗传学家指出,如果从进化角度来看,发生此类不断演进的适应调节是理所应当的。据推测,我们的身体已经掌握了表观遗传编程这项技术,以为自身提供更多生存的机会。这种适应机制能帮助个人更好地应对环境改变。这种精妙的基因开—关机制也被视作进化中个体特有的能力。

当然，这些变化也可能向不利因素发展，导致病态。比如说，各类癌症就可能是表观遗传编程导致细胞不加节制地分裂而最终生成的。基于这个原因，研究者将表观遗传学视作癌症研究的开路先锋。最近，探索精神疾病在脑部根源的研究者，也开始加入表观遗传学的研究行列中。

考虑到精神疾病的特性，他们还将性格遗传纳入考虑范围，结果显示，这还需要加入环境效应所作的贡献，但没人能担保这些效应是什么。精神疾病及相关综合征还有一些共同的特征：它们伴随着长期的行为变化；通常是渐进性的；当疾病治愈后，症状也需要较长时间才能消退。这是慢性疾病的典型特征，而不是一种单纯的化学物质不平衡，能在很快的情况下修复并恢复原貌。最后，一些能够稳定抑郁症及双相型障碍患者心情的药物还会影响到一些进程，如 DNA 甲基化——表观遗传编程的核心组成部分。这些信息都可以证明，表观遗传学功效显著。

但是，转瞬即逝的世事——对于人们的成长及互动有着难以捉摸的影响——真的能提升或降低基因的活性吗？研究者发现此类影响是确实存在的，给他们启发的则是一群不健康的母鼠。

2004 年，任职于蒙特利尔麦吉尔大学的西夫（Moshe Szyf）在实验室的几代大鼠身上发现了一些有趣的行为。他发现，大鼠如果是被不负责任的母鼠带大的——母鼠很少舔舐幼鼠，也不打理幼鼠的外表，那它们应对压力的方式就会改变。西夫明显发现这些幼鼠比受到妥善照顾的幼鼠表现出更多恐惧。当恐惧的母幼鼠成长为母亲时，它们也会沿袭上一代的作风，继续忽视自己的孩子。相反，幼时受到善待的母鼠长大后是优秀体贴的母亲。这种行为并非遗传使然，而是养育经历造成的直接结果，因为如果给新生幼鼠互换母亲，幼鼠长大后则会与它的养母相似。这就是环境效应的直接证据。

当西夫及其团队取出成年大鼠的大脑，细微深入地研究它们后，环境产生的效应大白于天下。结果显示，残酷的童年经历会在糖皮质激素受体基因的区域留下持续性的痕迹。糖皮质激素受体是人及大鼠身上至关重要的一种蛋白,主要调控压力反应,因为它能够在受到胁迫的情况下抑制应激激素形成。西夫发现,在幼年时被错误对待的大鼠中,这个基因完全被附加的甲基基团覆盖遮挡。双亲的忽视关闭了大鼠大脑细胞中的特定基因功能,即使大鼠带有的是强健基因也同样如此。

最终,西夫团队想要探究的是同样的事情是否会发生在人类身上。众所周知,儿童受忽视、遭虐待或暴力会使他们在长大成人后对压力有不正常的强烈反应。这些孩子也更有可能患抑郁症,并有自杀倾向等问题。这其中就有机会找到一个直接的解释,说明精神疾病的敏感性从何而来。唯一的难点在于:要获得一些大脑组织。

于是,西夫来到了当地的大脑银行——魁北克自杀脑库,询问他们是否有童年受虐的成年自杀者的大脑。他获得了肯定答复。起初,西夫及其团队获得了12名自杀者的大脑,他们在童年都遭遇过性虐待、长期暴力或忽视。研究者将这些人的大脑与同龄但死于事故的人相比较。两者的海马区有明显差异。受虐者的糖皮质激素受体基因被甲基基因关闭——这同在大鼠身上的发现一致。还有,糖皮质激素基因RNA量很少,这表示该基因活性不高。

问题就在于,这种遗传变异是否直接与早期虐待相关,还是只与足以导致人们自杀的抑郁状态有关。西夫又申请了另外12名自杀者的大脑组织,他们没有受过虐待,但都患有抑郁症。结果显示,这一组与对照组并无明显差异。在海马中,糖皮质激素受体经过特殊表观遗传修饰,总会显示出受虐的痕迹,这就好像受虐者大脑中独一无二的指纹。

抑郁症也会留下类似的痕迹——你母亲的抑郁症那儿遗传而来的痕迹。众所周知,抑郁症母亲带大的孩子有更高的抑郁风险,长期以来,精神病医生将其归因于模仿抑郁症行为。但这种敏感症状似乎还能追溯得更早:在胚胎中就有端倪。

不列颠哥伦比亚大学的奥伯兰德(Tim Oberlander)研究称,如果一名女性在妊娠后期患抑郁症,就会对孩子的糖皮质激素受体产生表观遗传效应。这些孩子身上也有类似于西夫在自杀者大脑中发现的痕迹,但这一次研究者检测的是脐带中的血细胞。当奥伯兰德及其团队之后再检测这些长到三个月大的小婴儿时,发现他们在压力反应下比未患抑郁症的母亲的子女产生更多的皮质醇。研究者还发现,无论母亲是否接受过抗抑郁治疗,表观遗传效应都是相同的。

表观遗传学业已成为21世纪遗传学中最具前景的领域,这是因为该领域能解释一些长久以来的疑惑,即环境是如何调控基因的。此外,希望还存在于其他方面:原则上,所有的表观遗传变异都是**可逆**的,因此我们就能做点什么去逆转改变。这和我们从前认为突变不可变的认知是相冲突的。表观遗传学标记是否预示着未来世界的美好愿景呢?我们是否能用药物对基因进行干预,将基因扭转回来,或阻止基因活性疯狂增高呢?

"虽然我们遭遇了一些技术问题,但实验报告仍旧新鲜出炉了,您的测试结果已从实验室中输出。如果您对此感兴趣,请电话联系我。"

这封邮件来自索佳德(Birgitte Søgaard),她是灵北公司转化医学部门的主管。该部门的主要职能是,将实验室的研究成果转化为大众可以理解使用的信息,为现实中的患者提供服务。我之前从未与索佳德打过交道,我只是将自己的血样寄给一位实验室的研究人员,再由他将样本寄给新泽西的研究团队而已。但我立刻拨通了电话。我当然对自己的检测结果兴趣盎然。

"您好。"索佳德语调轻快地接起电话,听上去她的心情很不错。接着她就开门见山地告诉我,检测结果显示我在抑郁症的范畴之内。

"不会吧?"我有点糊涂了。我在抽血的时候可没有犯病,现在也没有。我看他们的检测结果不太靠谱。

"你真的没有任何症状?"

在某些突发状况下,我是会感到愤愤不平,情绪低落,可这都属于正常反应。

"好吧。我得声明这个测试尚处于发展早期,但你的检测结果也不见得就是错的。应该说根本不可能出错。不过,也许你应该听取一些更详细的解释。"

我立刻答应了。不过这项工作不会由索佳德担纲,因为她马上要启程去新泽西工作了。经过一系列协商,她的同事詹妮弗·拉森(Jennifer Larsen)决定下午接待我,她是这项大型研究项目中的生物学家。我只要按时出席就行了。

几个小时后,我跨进了这间制药公司的门槛。这个地方简直是极尽奢华,没有一处不昭显出它的华贵气息,完全没有学术机构或高校的那种穷酸气。这根本就是一座黄金屋。

穿过了瓦尔比的黄色大楼,我进入一间巨大的全玻璃幕墙前厅,它连接着一幢雄伟如火车站的大厅。厅中空旷寂寥,只有两位前台接待人员坐在护栏隔出的小角落中,感觉像是两个被遗弃的乐高小玩具。我拿上访客通行证后,穿过接待大厅,来到了一间陈设豪华的等候区,里面摆放了高档座椅,还有顶级铂傲平板电视在不断播放当天的时事要闻。地面铺着丝绒黑的大理石,旁边点缀着与人齐高的大花瓶,处处富于安全感和装饰性。即便是花岗岩的大脑雕塑也让人觉得生动精致——价值不菲。

"我能说英语吗?"我背后有一个声音响起。

拉森是加拿大人,虽然她已经在丹麦生活了5年,本地话也说得挺溜,但她还是不愿意面对自己偶尔犯下的语法错误。那她听着我说她的母语是什么感觉呢?我没好意思问。取而代之的是我向她说起对于灵北公司测试结果的疑惑,并要求她作进一步的解释。为什么我的基因活动显示我处于抑郁状态之中呢,而事实上那时我并没有发病。这个测试究竟做了什么呢?

"我能先说说这个测试的背景吗?"

当我们穿过宽大的门厅,走过整齐划一、色调一致的办公室时,拉森向我透露了这间制药公司的大难题。公司主管认为,他们不能仅靠把老药物进行些许修饰改造——“梳妆打扮”一番,再作为新产品卖出去。更何况世面上还有各类疑难杂症需要对付。但为了发明新药、好药,公司的科学家们必须先发现疾病的机制。在精神病学领域,疾病机制是相当难以把握的。

“最普遍的问题就在于诊断方式太过主观。”拉森交握着双手说道。以抑郁症为例,该病确实有广大的市场,而人们也逐渐达成共识:事实上,相关的诊断结论,如精神病手册中所定义的重度抑郁障碍(MDD),其中包含不止一种疾病。这个想法困扰了相关专家许多年,特别是他们发现有1/3的重度抑郁障碍患者对选择性5-羟色胺再摄取抑制剂等抗抑郁药物没有反应。目前还没有一个确切的标准预先将病人分为几个大类。

“我们不得不承认其中存在各种不同的生物学机制。病人的睡眠状况大不相同,有的嗜睡,有的早醒,这就是因为他们的应激激素有高低之分。如果我们能依照生物基础来划分不同组群,我们也能够按照不同的方式治疗他们。抑郁症绝不仅仅是单一一种病。”拉森轻叹一声,“所以我们需要一些生物标记来分辨它们。”

拉森的话代表了整个制药行业。“大型制药公司”中,人人都在寻找生物标记。会议从头到尾都在探讨这个话题,市场也急需这项事物。最近普华永道对制药行业的预测称,到2020年,如果不配备相应诊断测试技术,以判定病患个人精确的用药方式,售药将会变得十分困难。

“但这在精神病学领域还是有障碍。癌症研究者可以轻易从肿瘤中获得生物标记,但我们不可能从大脑中获得活体组织用于检测,对吧?”

我对此深有体会。另一方面,我也不太清楚他们对于从白细胞中提取抑郁症及人格障碍的相关生物标记抱有多大指望,白细胞可是免疫系统中的敢死队呢。

拉森倒是很乐意为我说明这个问题:“抑郁症患者的免疫系统中会发生一系列变化,也有许多人认为抑郁症与炎症相关。我们无法对血液有全面的认知，但我们也许能从中发现一些与检测相关的事物。"

这听上去根本就像是事前试探，而非科学假说。我在心里嘟囔了一句。

"我跟你说，近 50 年来我们已经在动物身上做了实验，并试着由动物及人，但这对于大脑疾病而言难度过大，因为谁也没法知道大鼠是否哀伤忧虑，或幻想重重。我们显然得从病人入手，但又不能从活人身上提取脑组织。另一方面，我们从大型临床实验的病人中提取了血样。我们的想法是，从病人的血液入手比靠大鼠的大脑研究要靠谱得多。"

我被她的说辞打动了。但我还是不依不饶地想知道他们能从血液中提取出何种基因用于测试疾病。毕竟人体中有超过 2 万个基因，谁知道其中哪个与疾病相关联呢？

"我们有这方面的专家人才。"拉森把自己撇得一干二净，"我只知道现在尚处于文献调查阶段。"

美国方面的研究专家花费了 6 个月时间查阅了各类研究文献，其中有许多假说，认为抑郁症与某些基因相关联。接着，他们将范围缩小至 29 个可能性较高的基因。有趣的是，这些基因都与大脑信号通路无关。我们耳熟能详的受体及转运蛋白占据了它们的位置。

"这是一个复杂的集合。"拉森承认道，"有一些基因能调控细胞核的活性，还有一些与免疫系统的功能相关。但我只能说到这里了，因为我们还没制作出成品。"

从她的话听来，在公司的初期实验阶段，研究者们从数百名精心挑选的临床实验对象身上抽取血样，并从中检测了这 29 种基因的活性。这些实验对象分别来自丹麦、美国及塞尔维亚，其中一部分是健康人群，作为对照样本，另一部分则是未经治疗的抑郁症患者，并且发病超过 3 个月。最终，他们又加入了患有边缘型人格障碍或创伤后应激障碍的病人样本。为什么要这么做呢？边缘型人格障碍患者难以调控自身情绪，因此也会表现出一系列与抑郁症类似的症状。而创伤后应激障碍则与这两种病症完全不同，可以作为对照样本来看到底研究者们偶然发现的血液的效应是不是一种标准反应,是不是免疫系统发现某处出问题的信号。

基因活性——或是所谓的基因表达——是由相关基因转录的 RNA 数量所决定的。这种测量将来会由电脑来完成,完整的测试样本将通过精密的运算法则找到其中的特征和规律。这些流程都由机器完成。

“整个计划到此就戛然而止了。”拉森语音颤抖,“我们面对的迷茫混乱令人无所适从。你可以想象一下那种情况。”

但不是还有一系列特征模式存在吗?这些模式能将人们划分为数个明确的类别,从健康人群,到边缘型人格障碍、创伤后应激障碍,再到抑郁症。在这三种疾病中,有些基因确实或多或少地显示出活性,起到了调控作用,但还需要一种方法来辨别它们之间的不同。比如说,在抑郁症患者身上,29 个基因中某些活性较弱。深层次分析中更揭示了抑郁症所存在的内在关联:患者的基因表达彼此更为相似。但这些生物标记是能用于治疗或只是一些描述性模式,还不得而知。

“我们根本不知道该做哪些测试。”拉森说道,“我们是有可能找到一个与疾病高度相关的基因,并且可以用它来识别病人。但我们首先得确定病人被治好后,基因活性是否处于正常范畴。大型实验目前已在进展之中,我们给患者使用了两种不同的抗抑郁药物,测试他们在用药前、中、后三期 29 个基因的活性。但这需要花费大量的时间。这其中可有成千上万的样本。”

与此同时,研究者还发现了另一种可能,即是说,血液模式不仅存在急性反应,还有表观遗传变异。这个说法看似与我的人格测试结果很相符:我目前虽然**没有**发病,但**从前**发病遗留下的影响一直持续到现在。

“还有一种可能性就是,我们捕捉到的表观遗传变异是很久之前产生的,并遗留至今。这个模式很有可能就是我们通常所说的对抑郁症‘敏感’的模式。如果确实如此,这也不一定是件坏事。”拉森咧嘴一笑,“这可以作为一根杠杆,用于寻找解决疾病的方法,还能解析敏感程度——前提是把血液中的基因活性标准化。”

“我不太清楚测试中的具体细节,但从你所说的看来,我们应该是在讨论稳定的变化。”西夫在蒙特利尔的办公室中与我通话,“这就是说,这其中不仅存在急性变化,还有表观遗传学上的东西。而且,总体而言,我得承认,当大脑中发生表观遗传变异时,全身系统都会受到影响。免疫系统能直接与神经系统沟通。因此,脑部的改变很有可能会反映在白细胞中。”

西夫说到这里停顿了一会儿。

“你不是受别人要求才来问我这些的吧?”

当然不是了。我花了整整5分钟等候一通国际长途,只为了听一听表观遗传学界大牛的看法——他可是大脑方面的专家。我也知道解读我在灵北公司所做的测试不是他的当务之急。

“好的,**现在**我们开始切入正题。”西夫说道,“我们当中确实有人花了30年研究基因组表观遗传修饰,但以前大家都对这事不太上心。”

但现在这个领域变成热门话题了,我小心翼翼地提醒他。

“是的,因为表观遗传学显然能为我们解释很多长期以来的困惑。”

西夫本人已经将表观遗传学的理论引入了许多问题中。他坚信能在贫富人群的表观遗传效应中找到形成健康鸿沟的答案。个人的社会经济地位也会在基因组中留下烙印,西夫以西方富裕社会为例,论证人类健康在财富差距的影响下显示出的差异。作为初步证据,西夫指出,下层人群不仅寿命短,还容易因生活方式形成疾病。即便是经济条件较好的人患了同样的疾病,下层人群也会在病程进展及预后方面处于劣势。“这种差异当然不能直接归因于贫富阶层之间的基因不同。这显然存在着表观遗传学上的作用,但目前还没有人关注这一点。”西夫说道。

为了测试这个理论,西夫及其团队最近挖掘到一个研究宝库:一群数量大且具有代表性的加拿大人,他们自出生起到50岁都受到医疗检测追踪。到目前为止,医生们已经检测了他们的白细胞,研究其中有哪些基因由于甲基基团的表现遗传修饰而失活。西夫正在调查,是否有可观察到的差异与受测者的早年社会经济地位相关。

“看上去两者还确有关联。”西夫虽然没把话说死,但已经透露了研究的最终结果。我趁机询问,他们团队是否在个人基因中找到了与表观遗传变异相关的信息。在我看来,通常认为的社会健康差异都表现在癌症、糖尿病及心血管疾病上。西夫轻叹一声。

“当然找到了。我们发现了对这些疾病至关重要的基因。这是不言自明的结果。”

原来如此,那么是否有哪些基因在穷人或富人身上功能失效或异常活跃?

“这种模式要在全基因组中寻找,我猜有不少基因与之相关。我们可没有捡了芝麻,丢了西瓜。”

我为自己的失言向他道歉。

“业内的狂热还涉及一个事实,即无论发现哪些表观遗传变异,我们都能想办法用于控制疾病,对吧?”西夫语气稍微缓和地补充道。

西夫说得很对。控制的方式仅仅是限制一个生化过程。细胞中有形形色色的酶,可以通过连接甲基基团来降低基因活性,也能通过操控组蛋白来打开或关闭获取DNA信息的通道。大体而言,这些优秀的酶都受精挑细选的化合物调控。

西夫从受虐大鼠幼崽身上发现了这些机制。当大鼠成年后,它们也会神经质地恶劣对待子女,因为它们十分容易神经反应过度。但解决这个问题也只需要一种化合物——制滴菌素A(TSA)。直接向大鼠大脑中注射制滴菌素A之后,该化合物会擦除它们从小形成的表观遗传标记。处于崩溃边缘的大鼠会迅速放松下来,之后对压力的反应也会完全正常化。

“我们已经知道了一小批针对表观遗传变异的公认药物。”西夫说道。他提到了丙戊酸钠，这是一种与制滴菌素A类似的药物，能抑制组蛋白脱乙酰酶，并可用于治疗抑郁症。“还有许多临床实验针对治疗精神病的相关药物。目前，我们总算看到了曙光，有许多投资进入这个领域，一大批新药会在未来数年中问世。”

但是西夫怎么能知道这种治疗方法真的能对病人起效呢？毕竟，医生又不能往受虐儿童的大脑中打针。唯一需要改变表观遗传化学修饰的部位，可能就只有血细胞，或者仅在大脑中。如果药物影响了机体其他部位细胞的表观遗传模式，人体的健康基因的活性很可能受损，因而会产生一些意想不到的不良反应。药物有时并不会作用于正确的细胞上。

“大家都认为这个过程无比艰辛。”西夫语带反击地说道，“我们得找出各种酶所对应起效的不同组织，再设计药物针对酶。”

但是化学真的有这么重要么？为什么科学家不能想出一个更为自然的方式，比如改变行为？如果悲惨的成长经历及人们对待子女的方式能影响基因组，为什么不能反过来，从积极的一方面施加影响呢？我再度想起了敏感心理那层坚硬的外壳。

“你说的有道理。”西夫表现出了意外的兴奋，“我甚至认为行为及心理干预终将胜过药物。因为它们直接作用于我们固有的生物学机制。但我不是行为学家，所以不要问我这方面的例子了。”

我闭口不言。

“但我们已经为这种方法铺了路。如果我们已知表观遗传标记，比如针对受虐儿童，我们就能设计行为疗法、谈话疗法，然后研究它们是否起效果，能否把有问题的标记消除掉。目前，心理学家正在逐步尝试此类疗法，但疗效未知，而我们能用测试临床药物效果的方法测试它们的效果。我们还可以开发量身定制的疗法，以针对不同疾病。”

不过，“老前辈”遗传学也不能就此被遗忘在角落之中。毕竟，我们知道某些特定的基因变异也在其中起到了效果，无论从生理或心理两方面都是。科学家难道不该遗传学及表观遗传学双管齐下，找出其中的相互作用吗？我引用了约翰霍普金斯大学的范伯格（Andrew Feinberg）的观点，他认为研究应该针对那些帮助或阻碍表观遗传变异的基因变异。

“这是个自然而然的想法。”西夫又一次激动起来，“目前的研究主要针对同卵双胞胎的精神疾病，对比他们各自的基因变异及表观遗传模式。但这个领域开创未久，我们尚处于万事开头的阶段，甚至于我们只知道这其中的冰山一角，但不知道冰山有多大。”

我对西夫说，实际上，问题的关键在于要确定基因组动荡的程度。这让我想起自1989年来时常被引用的一句话，那是詹姆斯·沃森用其一贯的独断腔调对《时代》杂志所说的：“我们从前总认为人类命运受天地星辰所掌控。现在我们知道了，人类的命运总体还是把握在基因中。”大约20年过后，这句话听上去鲁莽肤浅。当前我们所知的是，基因不能掌控命运，应该是说DNA序列决定了我们会过上什么样的生活。

“当然，我们的命运还是**有部分**受到基因控制的，因为它们决定了潜在发生的因素，”西夫说道，“但至少我们能影响命运的程度与能影响基因的程度大致相当。通过同所处的环境互动，我们能显著影响自身所遗传的基因。至于能影响到何种程度，那还要通过研究才知道。”

西夫接下来还有一堆预约来电，我能深刻体会到在电话另一头漫长等待的痛苦，这些倒霉蛋都在苦等我挂电话呢。

“我们目前正在努力的方向——取决于投资有多少——将会颠覆人们对生物遗传的固有看法。我们正在转换思路，从原本认为生命的基础是恒定静态的，变为现在认为它是动态可塑的。这将是一个能遍及各类文明的认知。到底它会如何影响人们的观念，又会如何影响未来遗传信息的使用，都是十分值得思考的问题。”

第八章

寻找新的生物人

寻找“特别人士”不能光靠试管——这是一个过程……目前的科学知识只能引导我们到此——剩下的全看后人的作为。

——ScientificMatch. com

我的内衣柜里有两条白色棉质内裤，但我从未穿过，也不想穿。这不光是因为它们尺寸过大，还由于内裤边缘有一条字母环带——模糊地写着 A、G、C、T。那清晰度实在太过糟糕，看上去简直像是一张湿报纸。

好在那只是种艺术手法。这两条内裤是戴维斯(Joe Davis)送给我的，他任职于麻省理工学院，主要从事将艺术与生物材料相结合，比如用培养转基因细菌的培养皿大做文章。戴维斯在他家的厨房中手绘了这两条内裤，他所绘制的序列来自于他本人的基因。这个基因之前很少听到，叫作人类白细胞抗原基因，简称 HLA 基因，它位于第 6 号染色体上。人体中有一大群 HLA 基因，它们编码矗立于白细胞表面的蛋白质，起到促进免疫系统对抗感染的关键作用。

“你可以将这条内裤视作对整个遗传计划和未来的注解。”戴维斯边解释边递给我一条中号内裤。好吧。可为什么非得用内裤作为表现形式,上面为什么又写着 HLA 序列呢?

戴维斯所说的计划可追溯到 1995 年的一个著名实验:有一群女性会受被携带某些 HLA 基因的男性的体味所吸引。操作该实验的是一位年轻的博士研究生韦德金德(Claus Wedekind),他是一位动物学家,通晓世间各类动物。他发现许多物种——包括小鼠——更愿意寻找有特殊遗传特质的伴侣:它们利用嗅觉,寻找 HLA 基因与自己大不相同的个体。这似乎与寻找理想的小鼠伴侣——即一年四季都发情的超级小鼠——没什么关系,但是从事实层面上看,对每只特定的小鼠来说,伴侣身上的某些物质比其他小鼠更能带来优良互补。

当韦德金德继续探索这个想法时,他意识到,动物在潜意识中就会为优化后代质量考虑。伴侣之间在 HLA 上具有较大差异,会使携带有双亲遗传因子的后代在 HLA 上有更大可能的变异。如此一来,可以让下一代在免疫反应上具有更多可塑性。

如果小鼠在择偶时都能如此"理性",韦德金德推论道,人类怎么会做不到呢?

韦德金德劝服了 49 名女性用嗅觉感受一堆男性穿过的 T 袖——男女双方互不相识,这些男性穿着 T 袖睡了两晚,没有使用任何除臭剂或人工清洁行为。换句话说,这些 T 袖上沾染的都是最原始纯粹的体味。44 名男性参与到这个实验中来,他们的 T 袖被随机分发,每位女性可以在 6 件衣服中作选择。女性需要描述对这些气味的喜好程度,按照她们个人的标准进行排序。

男女双方都在事前检测了 3 种 HLA 特定基因,每种类型中都存在一定数量的变异。结果显示,女同胞们的喜好虽然不一,但总是比较喜欢和自己带有不同 HLA 类型的男性。研究人员还发现,男女双方 HLA 差异越大,喜好程度越高。同时,女性所喜爱的味道都与她们的现任或前任伴侣相似。韦德金德明确总结道:"我们的发现认为,一些遗传决定的气味成分在择偶时相当重要。"

研究还发现，避孕药会影响以气味选择对象。如果女性正在服用避孕药，她在生理上就类似于怀孕状态，她们的喜好就会完全颠倒。她们会选择和自己在 HLA 方面相近的男性。

嗅 T 袖实验的新闻广为流传，不光占据了头条，还引发了无数争议。人类在经过文明高度发展、生活方式日新月异的情况下，真的还保持着如此原始的本能吗？我们根本不会再去探求对方的气味——我们对自己的伴侣有许多社会要求，如外貌、受教育程度、职场地位及政治观点等。

然而，基因研究领域中的一个小产业就此诞生了。韦德金德等人在后续实验中证实，对气味的喜好同时存在于男女双方。实地研究表明这类喜好确实存在于现实当中。在美国，芝加哥大学的奥伯（Carole Ober）访问了一群哈特派信徒，这个再洗礼信徒派别原则上是不使用避孕药的，他们同意已婚信徒夫妻进行基因检测。奥伯针对 HLA 基因的研究发现，在一定程度上，哈特派已婚信徒与小鼠所显示的规律一致——夫妻间 HLA 基因的差异，比随机选择的配对组合的差异要大。之后，一个法—英—中联合团队也在"常规"美国白人之中发现了相同的结果，这就能支持"HLA 基因能影响某些人群的择偶意向的假说"。

现在，人们可以订购 HLA 基因相关的约会服务了。最先开辟这个市场的人是赫尔茨勒（Eric Holzle），他是波士顿的一名失业工程师，他建立了一个婚姻介绍系统 ScientificMatch. com。他的经营理念是，用户购买一系列针对 HLA 基因的测试，赫尔茨勒根据测试结果在遗传方面相符的人相互推荐。最近，赫尔茨勒的准竞争对手，瑞士的基因伴侣公司也开始进入市场，但他们并没有直接将人们拉郎配，而是只针对相互感兴趣的双方进行测试。通常情况下，这十分简单——公司会提供棉签，让受测者及其约会对象刮取口腔内膜组织，然后寄回公司。之后，受测者会收到公司所给出的保密账户，其中可以随意浏览自己与对象在遗传学上的契合度。

"这听上去真像动物求偶。"我的同事J听了基因伴侣的做法后如是说,不过他也认为这个想法极富吸引力,他甚至认为我们两个也该去做这个测试。这个想法也不是毫无根据的。几年前,他曾热情高涨地想要跟我生个孩子。但我们不需要共同生活,也不需要任何传统意义上的交集——我们都有各自的伴侣,只是因为他的女朋友不能生育,他就认为这样的安排很有意义。特别是从基因角度上来看。

"我们都长得不错,对吧?"J这话主要是指他自己。当我耸肩表示不置可否时,他开始进一步强调我们非常合适:"你是个有才华的理性派,而我是个优秀的感性文艺派。"潜台词就是说我和他简直是天作之合。当我表示坚决不会听从他时,他又开始从生理优势方面游说我。

"我祖母活了100多岁,她直到临终前还非常健康。"接着他又大吹法螺,"我的肝脏和胰脏都是顶级健康的呢!"这倒是毋庸置疑,J确实身姿矫健,酒量惊人。现在他又开始用科学论据对我展开最后的攻势:"我们可以做个HLA测试,这样就可以在我过了生育年限之前决定我们是不是要个孩子了。"

我原则上同意这个说法,但还是将J逐出了我的办公室,这样我才能给韦德金德打电话。他现在可不是个学生族,而是洛桑大学的一名教授了。听闻我的来意,他长叹了一口气。

"我想我是难以摆脱旧的研究成果了。"他解释说自己早已不从事以人类为模型的研究了,他现在的兴趣点在鱼类身上。但每个星期都会有至少两名记者给他打国际长途,询问他对嗅T袖及吸引力的看法。这个谦恭有礼、态度温和的男人承认他对此有点厌烦:"我拒绝上电视节目,这只会浪费过多的时间。但我很愿意在电话里回答问题。"

我想知道韦德金德对自己开创的研究领域有何看法——在它尚有局限性时被商业化及市场化。目前是否有足够的数据支持此类产品上市?他再次叹了口气。

"我相信人们对体味的喜好确实与HLA基因相关。我也相信这种喜好与人类择偶有关。这从我个人的研究中都能推导出来,并且在其他人群中的类似实验中也有相同结果。”

也就是说，确实有关于美国白人的相关研究。但在 2008 年发表的结果中，尼日利亚的约鲁巴人夫妻身上并未发现 HLA 的相关偏好性。在 2000 年的另外两个研究中，针对 300 对日本夫妻进行 HLA 基因测试，结果显示其差异与一般人群相同。

“部分研究结果不符并不能代表某个假说不成立。”韦德金德强调道。他倾向于这一假说：利用 HLA 偏好择偶逐渐发展成为阻止智人小群体内近亲交配的方法。

“我们还不知道这种假说的重要程度，也不知道相对于其他因素，HLA 基因对人类来说意义多大。这事简单来说可能是这样：它很可能对某些男性或女性很有意义，对另一些人则不那么有意义——其中存在变异。但如果它能为人们约会提供便利，我倒是很自豪作出了一点贡献。但是真的存在这种便利吗？你可以打电话给利物浦大学的罗伯茨（Craig Roberts），他是目前这个领域的研究先锋。”

“这些结论存在很多自相矛盾之处。”罗伯茨说道，他是个人类学家。他在电话中对我讲述他在综述中得到的结论，该文章是他回顾关于择偶及生物学的实验、观察后写成的。

“这是个大忽悠。”他对于用基因作为对象匹配度测试有着这样的看法，“我们根本还没到达能用 HLA 差异反映重大意义的阶段。但是出卖色相在科学界同样适用。人们在这方面总是特别容易上当，许多人在这里面花了大价钱。”

罗伯茨脱口而出，但忽然又换了一副伤感的语调：“也许我只是对此感到嫉妒吧。”他补充说道，承认自己也曾尝试下海经商。许多年前，他也想在约会服务上捣腾点事业，甚至还找到一个合作伙伴来实现这个计划。“但是，最后我没能成功，因为我发现这其中没有足够的数据支撑。我还是太想凭良心做事了。”

没错，每个人的心中都有一份罪恶感。

"想想那些业余的说法吧。基因伴侣网站宣传社会及生物学方面的匹配度，但是在生物学方面，他们根本没有考虑人们对相貌的偏好，及该偏好与 HLA 基因间的关系。"

他确实说到了点子上。确实有一系列与相貌吸引力相关的研究，当人们成为基因测试的对象时，其中常反映出人们更倾向于与自己 HLA 基因相近的相貌。罗伯茨本人也做过这项测试，认为这两种偏好会使人们的取向不偏不倚。如果人们同时对 HLA 相近的人脸及 HLA 相异的气味有好感，大家通常会选取折中的方案——避免走向任何一个极端。

"我并不知道择偶偏好的亮点在哪儿。"罗伯茨有些沮丧，"关于嗅 T 袖的研究已经做了许多，但我们还是不太清楚这个理论在现实中功效几何。"

我问他对于 2006 年亚利桑那大学轰动一时的研究有什么看法。这个研究团队发现，HLA 相异的夫妻无论是日常关系或性生活都比 HLA 相近的夫妻要更和谐，特别是女性更容易获得性高潮，这些女性也较少对自己的丈夫撒谎。

"没错！"罗伯茨不由自主地应和道，"那真是个完美无缺的研究，我还想找机会用另一群人来重复这个实验，并且扩大实验设计。我认为人们应该跳出对性满意度及两性关系的关注，看看 HLA 相异的夫妻留下的后代们是否更加健康或更能抵御疾病。这个方向才对进化理论有更为直接的作用。"

不过，罗伯茨也同时在申请经费，以调查人们对基因与择偶的真实看法，还有大家如何使用如基因伴侣这类约会服务系统中的信息。

我觉得这些想法听上去都太不流行了。于是我问罗伯茨，他是否认为新的遗传学范式会改变人们的择偶观，毕竟繁育"优质"后代在两性关系中也是至关重要的因素。

"我的直觉告诉我，没什么可改变的。"罗伯茨开头说了这么一句，接着态度又发生了一点转折。

"你在'早安美国'中看到两个约会对象参与基因伴侣的测试吗？这两个人对遗传学几乎一无所知，但他们在遗传学上仍然是十分般配的伴侣。"

我答应会去看看这个节目，而罗伯茨的道别声听上去就像在为韦德金德作注解："我相信，与两性吸引力相关的遗传物质迟早会被发现。我们只是暂时没抓住重点而已。"

这就是基因伴侣公司想要寻找的答案，该公司总部位于苏黎世附近的一个工业区，在一幢盒状的办公楼内。公司总人力以两位女性为代表：主管阿普特尔(Joelle Apter)，科研带头人布朗(Tamara Brown)。布朗热心地将我申请的HLA匹配测试率先完成，其中包括了我和我男朋友，还有我那雄心勃勃的同事J的基因。布朗完全颠覆了我对基因业界的印象，我还以为她也会是尖刻犀利、处处充满怀疑论调的样子。可她却长了一张白皙精巧、妆容精致的脸庞，看上去就像是文艺复兴时期的圣母像。不过她的穿着有点奇怪，一条松垮的牛仔裤和一件过大的灰汗衫，而且她还有喜欢东拉西扯的癖好。

"我20来岁的时候还没有男朋友，那时候我就在心中暗自嘀咕了。如果我不能在30岁前结婚，我就要用人工授精的方式生一个孩子。那时候我还在想，要不选一个黑人男性的精子来配对，混血儿都长得可漂亮了，不是吗？"

不过这个想法恐怕再也没有实现的一天了。在布朗的桌子上摆放了好几张一个金发男人的相片——他长得很帅气。在经过网恋认识了这位男性后，布朗就开始同阿普特尔商讨韦德金德实验室的研究成果，她们认为这个成果可以改变这个污浊恶世。"我们并不知道这种方法效果如何，因为它与气味相关。但我们想调查它是否对现实中的伴侣有一定作用。"

首先，她们在2003年成立了一家公司——瑞士行为遗传学研究所，并公开招募结婚5—6年且愿意加入研究项目的夫妻。布朗承认，她们花了很长时间才凑齐了研究对象，但她没有透露具体人数。“总之，这人数足以获得站得住脚的统计数据。”她隐晦地说道。

研究对象们都接受了 HLA 测试，并完成了一份冗长的调查问卷，这是为了评估伴侣之间的关系及双方的满意度。夫妻双方是一见钟情还是日久生情？他们如何描述自己的性生活状态？他们有多少子女？孩子们之间相隔几岁？

“我们确实发现了相异 HLA 的偏好规则，同时还发现了一些具有特征模式的变异组合。这看上去是与双方带有哪些差异相关。某些 HLA 变异的组合在我们调查的夫妻中发生频率较高，高出其他人群中存在的比例。”

当我引述文献中关于现实生活中 HLA 偏好的矛盾之处时，布朗鸡啄米似的点头称是。可我问起基因伴侣的研究成果在何处发表，却被告知尚未公开。

“虽然这是可行的，但我们并不想这么做。”布朗强调道，“因为如果我们把研究成果公之于众，我们就无法保护自身的商业机密了。”

所谓的商业机密就是一套运算法则。照布朗所说，根据她们研究志愿者所得出的结论，能得出一个特定的 HLA 变异组合有多少契合度，即伴侣双方互相之间的吸引力有多少，这种吸引力是否能长久维持。

“作为一个训练有素的生物学家及前科研工作者，我对造成某些组合优于其他组合的缘由有着莫大的兴趣。但我们到目前为止都还没探出个究竟。”

为了探究这个问题，她们至少测试了 1000 对夫妻，其中大多数人都生活在美国，欧洲则主要由瑞士人参与该项目。当然，其中一些客户才刚在一起不久，但基因伴侣也为这些新生的关系检测基因，通常是因为这些伴侣也听闻过韦德金德的最初实验，知道使用避孕药会对择偶产生影响。当这些伴侣开始相处时，女性就开始服用避孕药，但当她停止用药后，这段关系就开始不顺了。

"我们并不知道他们在接受测试之后关系进展得如何,但这也能说明人们对遗传因素的信任程度。"布朗强调这是她经由数据分析得出的结论,"其实我们也正在尝试与一些个体婚介人合作,因为他们撮合了一对之后还能在约会之后获得私人反馈。根据这些数据,我们就可以证明 HLA 测试对择偶成功率的影响。"第一个合作项目已在酝酿当中,准备命名为"DNA 灵魂伴侣"。

布朗在等待数据的同时也得进行商业运作。公司业已开发出一项新产品——针对同性恋伴侣的 HLA 运算法则。美国相亲网站克里克开始对同性恋用户投放这一服务,基因伴侣也在测试同性恋是不是也能使用基因来寻找自己的伴侣。

"我们的目标是在几年内使 HLA 测试标准规范化。这样人们就能从社会及生物学两方面考虑伴侣的合适程度。我认为,当人们都意识到社会层面是筛选条件的重要一环时,遗传因素将是择偶时的最终王牌。人们得在择偶时了解教育背景、兴趣爱好、人生目标及一切相关因素。"

但是为什么将希望寄托在 HLA 基因上?也许人类体内还存在着其他潜在因素可以操控择偶倾向呢?我立刻想起了一个引发骚乱的成果,瑞典的一个研究团队声称他们找到了一种基因,这被媒体迅速命名为"不忠基因"。这项成果只有一篇短小精悍的论文,发表在知名期刊《美国科学院院报》(*PNAS*)上,其中指出男性和他伴侣之间的关系与他某个遗传变异相关。卡罗琳斯卡医学院的利克滕斯泰因(Paul Lichtenstein)起初并未将这个想法公之于众。他调查了存在于哺乳动物大脑中的加压素受体基因,该基因被认为能决定沙鼠是忠于配偶还是混乱杂交。

这个基因通常叫作 *APVR1A*,在人体中存在 3 种变异。利克滕斯泰因及其团队对 552 对双胞胎及其伴侣进行基因鉴定,且对他们之间的关系进行问卷调查。比如说,他们得评估双方之间关联度强弱,用数值范围来表示。人们可能还不知道第 334 号变异会造成沙鼠滥交,这也证实与男性同伴侣关系惨淡相关。如果某位女性的丈夫携带了两份第334号变异拷贝，她对夫妻关系的满意度往往会低于其他女性。同时，不携带该变异的男性仅有15%对婚姻不忠，携带两份变异拷贝的男性不忠概率则提升至34%。后者的结婚率也比其他男性低一半。当然，作者在文中强调了，不能将这个结果用于推测个人行为，但媒体报道时忽略了这一评价。

桌子对面的布朗显然对这项成果痴迷不已。我没告诉她我在亚利桑那州的一个小实验室中——创世纪生物实验室——看到过他们操作该实验。

我其实是想讨论一些高于性与不忠的话题。最近，加利福尼亚大学旧金山分校的里施（Neil Risch）及伯查德（Esteban González Burchard）发现，两个拉丁人群会倾向于选择和自己拥有相同混血种族的人作为伴侣。研究者鉴定了旧金山及墨西哥的墨西哥人夫妻，及纽约和波多黎各的波多黎各人夫妻，比对了夫妻双方基因组中的成百上千个标记。从这些研究中发现，墨西哥夫妻双方都有印第安人和欧洲人血统。波多黎各夫妻也有类似的结果——他们都带非洲人和欧洲人血统。人们可能会认为这只是"门当户对"所致，但当研究者们钻研夫妻双方的社会经济地位时，结论似乎并不相符。"人们看似对伴侣百般挑剔，但其实都是潜意识作出的选择。"伯查德对《新科学家》如是说。

布朗说她也能从广泛测试标记当中"看到类似的可能性"。"从某些角度上看，我认为我们应该拓宽服务及产品的范围，但我们也不知道出路在何方。但如果你问我相亲网站在10年内会发展成什么样，我可以告诉你，肯定会发展出一系列遗传学服务。我都能想象，在未来23与我或其他公司提供的健康风险检测结果会人手一份。将来人们也会通过行为遗传学上的某些基因来评判他人的状况。"

我很担心自己是否会因为儿茶酚-O-甲基转移酶变异而被拒之门外。或者是我的敏感性5-羟色胺转运蛋白变异会不会引起麻烦。或者我没法找到一个理想的伴侣？布朗轻拍双手，打断了我对两性关系基因的幻想，建议我转向电脑："我们来看看你的数据吧。"

首先，她将我和我男朋友的编码输入系统。屏幕上出现了一个刻度盘，指针指向了70%。我有点疑惑该如何解释这个数字，不过我看到了伴随出现的解释说明：

这个遗传模式显示了高生物学匹配度。大多数夫妻呈现出相应状态。这为一份强烈、长期稳定的两性关系奠定了基础。带有此类遗传模式的夫妻互相之间具有较高的生理吸引及激情。然而，请注意，社会及生物学两方面的匹配度都对长期稳定和谐的关系有至关重要的作用。

"你们还真是般配呢。"布朗总结道，"研究中的夫妻大多处于60%—80%之间。你也可以认为他对你有70%的吸引力。此外，这也是针对HLA类型测出的结果。如果你们基因大不相同，那你们之间总是能存在浪漫情怀，互相吸引；但即使你们基因相似度很高，你们仍然能成为天造地设的一对。在你们的例子中，结果显示你们互相之间都能给对方安全感，你应该知道这是什么意思。而且我们看到的夫妻中仅有少数是HLA相异极大，我认为原因在于，这种吸引力只存在于最初不考虑社会地位差异及兴趣爱好不同时的盲目阶段，一旦人们恢复理智，光靠吸引力维持的关系就会崩塌。"

听上去我真是找到了自己的另一半了。

"没错，他很对你的路子。"布朗有点心不在焉地说道。她又开始检测我的同事J了，我曾跟她提过这人有点花花公子的腔调。

"哇哦，他跟你简直是天作之合啊。"布朗指向屏幕，指针停在将近80%的地方。

这种遗传模式在两性关系上非常合拍，并且在生理吸引上也相当高。这意味着双方都认为对方非常有魅力。这是重中之重，因为这说明亲密关系并不会随着时间而消退。你们之间总是充满激情,关系也十分好。然而,请注意,社会及生物学两方面的匹配度都对于长期稳定和谐的关系有至关重要的作用。

"你们看上去简直就是一对璧人。你难道真的没对他动过心吗?"

也许我有吧——一点点——只是在某些小层面上算是有,但我的想法只是跟他生个孩子并共享监护权而已。

"那也行啊,你们会生出优秀的后代的。或者,最起码你们之间还是很容易怀上孩子的。你得考虑试试看。"

"测试结果怎么样?"J在当天晚些时候从哥本哈根给我打来电话。他说他正在咖啡厅里和"一个靓妹"约会,但还有余力为繁育子孙的事情操心。

"你难道不知道结果?"

看来我没法再打马虎眼了,我只能告诉他我们真是什么锅配什么盖。

"我就知道!"

又过了几个小时,他发了一条短信给我,其中又是对借腹生子一事的新游说:

你能意识到一个孩子对于你的大作意味着什么吗?我们简直该考虑一下对文学史的贡献了。

子女,后代,孩子。说到遗传信息时,谁也无法回避这一现实——遗传信息重组之后的延续。遗传学永远都围绕着孩子展开,人们也无法在知识科技大爆炸的时代不去猜测这大爆炸对孩子的未来有何影响。当然,这一切也关系到了人类的未来。

既然我还得在苏黎世这个干净整洁的城市里待上一阵,我就在酒店房间里做些研究好了。当我在网络中徜徉漫步时，我无意间看到了一句对当天活动的精彩评论。帕克（Randall Parker）在“未来大师”博客中写道：“在未来的10—20年内，我希望线上相亲服务能帮助人们回避携带不良基因的对象。寻找另一半应该着重于是否能和对方产下优质的后代。”

这听上去不大靠谱。这让我回想起多年前和一位老友的对话，他也恰好是一位遗传学家。勒鲁瓦（Armand Leroi）在伦敦帝国理工学院研究小鼠，但他对人类遗传学也很感兴趣。在他的大作《突变体——遗传多样性和人体》（*Mutants*：*On Genetic Variety and the Human Body*）中，他声称，人类的基因要是不改变，就会有不妙的事情发生。之后，在《纽约时报》的争议评论版中，他又主张遗传差异特征使得人类中存在种族差异。我们上次见面时，他又开始讲述如何计算个人遗传商（GQ）。

这段对话发生在伦敦骑士桥的一家时尚、嘈杂的餐厅中。在吃过一块半生不熟的牛排后，勒鲁瓦开始解释他的理念，他认为应该对一个人在健康及性格方面的遗传因素打一个总体分数。这有点类似于智商测试，就是对人的智力水平做一个总体评估。

为了让勒鲁瓦跟我远程通话，我趁他正好在家时抓住了他，他刚从红海度完一个潜水假期回来。我们通过Skype对话，当我们通过迷你网络摄像头相见时，我发现他还是那副老样子，清瘦，晒痕，还有那引人注目的秃顶。我撇了一眼他的办公室，装修精良，品味非凡。地上铺着一块波斯或阿富汗风格的地毯，四处摆放着异域情调的木头小雕刻。他身后拥挤的书架顶天立地，但看上去仍然井然有序。

“没错，就是遗传商。”勒鲁瓦回应道，他显然才刚回过神来。他点燃了一支香烟，弄得屏幕里烟雾弥漫。

“你想引用我说的这些话？”

我就是这么想的。

“好吧，虽然我从事这项研究有一段时间了，但在某些方面看来还得重头来过。”

勒鲁瓦解释说，多年前，他在看关于奇异突变体——有的人体毛遍覆全身，有的人脑袋奇小，还有人喜欢四肢着地——的电视节目时忽然灵感浮现。“我当时想，这些突变虽然十分稀有，但你只要问问身边的人，就会发现他们家族中或多或少都会有成员有遗传疾病。每个家庭都携带了大量突变，即使真正发病的人很少，他们合计起来也是社会的一大负担。这远超乎你的想象。”

他埋下头去喝咖啡，同时用左手打了一行字：“你有看到我在2006年作的评论吗？”

我承认我疏忽了这件事，但我立刻就收到了一份拷贝。当我看到那标题时，我简直无法遏制自己的惊讶：《未来新优生学》。

“开门见山地说吧。”勒鲁瓦冷静地说道，“当代社会实行优生学已经有一段时间了。优生学看似广泛实行，但相信我，肯定还能覆盖更广的面。”

我这位朋友口中所说的优生学——最准确地来说——就是我们通常说的“因医学原因而堕胎”。如果胎儿经过遗传检测或超声扫描后，发现在遗传学或生理学上有异常，就会打掉胎儿。2002年，G8成员国的女性打掉了1/5的这类胎儿，也就是一年将近40 000次的堕胎。结果就是遗传疾病数量减少，一些由于单个基因发生突变而导致的遗传疾病消失了。在美国，泰-萨克斯神经综合征的患儿变得十分稀少，在加拿大、澳大利亚及欧洲，囊性纤维化患者的数量也急剧下降。

“换句话说，优生学对于降低疾病概率及儿童死亡率有十分积极的作用。我的评论是想引出一个问题：什么时候能对所有胎儿进行已知突变的筛查呢？”

这个问题基于十分简单的运算成果。勒鲁瓦针对已知的几千种疾病突变进行了频率检测——疾病源于胎儿从父母那里继承了一份突变拷贝，结果表明，在随机的胎儿中发现单基因遗传疾病的概率是0.4%，也就是256人中就有1人，这是2006年的数据。

“我认为这个数字相当之高。”勒鲁瓦说，“而且我觉得这个概率足以开展更广泛的筛查项目了。256 人中就有 1 个已经很高了，筛查子宫颈癌及乳腺癌的数字也不过如此。随着已知的突变越来越多，只要反复进行计算，这个数字就还会上升。”

筛查数以万计突变的阻力来自于成本，勒鲁瓦也承认了这一点，但正如他所回忆的：“成本一直在大幅度下滑。”

我也想强调一下生理上的个人成本。如果人们想要对胎儿进行全基因组测序，或至少进行基因芯片检测，就要经受羊膜腔穿刺术，这是有流产风险的。但勒鲁瓦想到了一些更高级的层面。他认为，未来人们应该在受精卵植入子宫之前就对其进行筛查及挑选。这个过程叫作**胚胎植入前诊断**，即在一对夫妻利用试管产生出的众多受精卵中挑取细胞，然后逐个研究其基因组。

“工业化社会中，所有孩子都会从试管中诞生，这种想法是不是很不切实际？”勒鲁瓦盯着网络摄像头问我。我耸了耸肩，不置可否。

“就全球而言，胚胎植入前诊断的使用频率在大幅度提升。”他自问自答起来。接着他的眼光从电脑上移开，猛地吸了一口烟。

“我们并不是在讨论完美主义。如果人们得到了 8 个受精卵，每个都会带有大量突变的，但我们可以控制突变的数量，即将最坏的剔除。正如我所说的那样，‘每个人’身上都有突变，只是谁多谁少罢了。”

从这个观点来看，人们也可以接受帕克提出的方法，对准父母们做基因鉴定。如果准父母双方都带有可能导致疾病的突变，那么胎儿就会继承到双倍风险，此时，人们只要在试管中进行胚胎植入前诊断，淘汰掉不好的受精卵即可。

这个模型受到了美国康西尔（Counsyl）公司的倡导。该公司由几个斯坦福大学的学生组建，于 2010 年大张旗鼓地开门营业，兜售他们的“全方位基因检测”。利用一块基因芯片，他们可以检测 100 多种疾病突变，价格是单人 350 美元或双人 685 美元。如果这让人想起了点什么,那就是正直的一代(Dor Yeshorim)计划。这项计划发端于20世纪80年代,在纽约布鲁克林区,这项世界性计划将对10类隐性遗传疾病进行基因鉴定,这些疾病在德系犹太教正统派中十分常见。这项计划的创始人倡议,对学龄儿童匿名检测,家人只有在获得一个个人身份号码后才能获知结果。在那些包办婚姻家庭中,人们可以通过个人身份号码在数据库中检索可能的伴侣,正直的一代计划会告知他们这两人是否带有相同的劣质突变。如果有,这两人就不必安排相亲了,并且也不会有人知道其中的缘由。

对于康西尔公司来说,他们的目标是要将基因鉴定普及成像家中孕检那样稀松平常,公司主管拉姆吉·斯里尼瓦桑(Ramji Srinivasan)如是说。他弟弟巴拉吉(Balaji)也曾经说过,他们想要成为“肩负使命的社会企业家”。与他们联盟的还有一群引人注目的顾问,包括心理学家平克,他给该公司网站提供了一份支持声明:“全方位基因检测可大幅度减少遗传疾病的发病率,甚至可以将其中某些疾病消灭干净。”另外一位来自哈佛的杰出人物,康西尔公司的“社区顾问”小亨利·盖茨则向人们保证,他认为这个测试是“……对少数民族人群健康状况的真正突破”。

“没错。”勒鲁瓦说,“康西尔公司在传媒界收到了非常正面的反响,这就证实了他们的路子行得通。而且他们所筛查的百来种疾病是一个良好的开端。”他暂且停了一下话头,轻轻地吸了一口气,“但这条路还能走得更远。”

对于勒鲁瓦来说,更远的路就是他所提出的遗传商——如果无法保证检测准确度,那就要将全基因组上所有的突变纳入考虑范围之中。遗传商也包括不致病但提升患病风险的SNP位点。勒鲁瓦甚至想将作用不明的突变都考虑进去。“其中的原理是检测每个人身上带有多少突变,并依此计算发病的可能性。”他的腔调简直像个数学家,“最终,人们就能对自己未来的人生有一个较为清晰的预测。”

纸上谈兵固然容易。人们只要在基因组中对约2万个基因做个测序，计算其中带有多少个突变——这些突变会使基因编码的蛋白质发生改变。蛋白质发生改变实在不是件好事。从遗传学家研究蛋白质的成果来看，人们能计算出每个可识别的突变能产生极不正常的蛋白质的概率。突变很可能有数千个，不光涉及蛋白质功能效率的细小微妙的变化，还与蛋白质或多或少被肢解破碎有关，这些突变因此都被认为是有害的。

"通盘考虑，计算总和，人们就可以得出某人的突变负荷，或者说遗传商。"勒鲁瓦靠向他的椅子，"你能理解吗？"

我想我明白了。有些研究者已经着手计算结果了。斯坦福大学的布斯塔门特（Carlos D. Bustamente）曾荣获名声在外的麦克阿瑟"天才奖"，他已经比对了一系列非洲人及欧洲人的全基因组，发现欧洲人带有更多突变。

"研究者并没有说非洲人的遗传因素更健康，但我相信事实就是如此。只是这其中的原因难以解释。"勒鲁瓦反复强调。

"不知道身体素质与突变负荷之间是否有关联呢？这问题挺有趣。"我有些小心翼翼地回应道。

"当然，它们之间当然有关联，不过这需要研究比对大量人群才能得出结论。但我坚信，突变负荷会对人体健康产生直接影响，这对于人体的其他性状也适用，比如说智力及体态。"

对于勒鲁瓦本人来说，他想通过计算机来模拟实验。他想用计算机将目前已经公之于众的基因组进行配对，模拟一些虚拟后代。"虚拟子女！"这是他在谈话中第一次露出笑容，"这能告诉人们有多少突变负荷发生了变化，如果人们选择不同的伴侣，这种方法能告诉人们各种选择的利弊。这对于男女双方都适用，甚至是人工授精的双方也可以。"

勒鲁瓦掐灭了他的烟头，呼出最后一口烟。

"我们在遗传学上获取的知识越多，我们知道将把什么遗传给孩子就变得越发重要。这将会成为人们的思维定势，因为每个人都想扩大、优化自己的选择面。在最开始,这个系统还需要付费,用户量会很有限。但随着医疗体系的介入,这个问题就会消失,因为这个系统有助于限制疾病发生。”

勒鲁瓦一口喝干了他的咖啡。他得去上课了,没有时间和我聊下去。

“学生们都是20来岁,我告诉他们,如果想要孩子,他们最好先把自己的基因组存在电脑中。当他们要从一堆试管受精卵中挑选时,就可以从中挑出一个有害突变最少的受精卵,即是说,遗传商最高的受精卵。但是,正如我所说的——我们的目标不是极好或极坏的,而是缺陷最少的。”

结束了这段高智商对话后,我感觉自己得喝杯咖啡提提神。如果我是个老烟枪,大概早就开始吞云吐雾了。新优生学的概念在午后听起来让人格外难以理解,而且其中的信息量还没有经过删减。

具有讽刺意味的是,对话之中只有那种颇有特色的表达用词能够引人入胜,勒鲁瓦总是用毋庸置疑的态度表示这个实验对大多数人来说都是必要的。要在孩子成形之前筛掉不健康的缺陷儿,还要经历长时间的标准化过程,并且人们也要依照自身意愿选择是否这么做。我也赞同勒鲁瓦的另外一种说法:未来的人们会很自然地使用遗传学方法来选定自己的后代。人们已经开始探讨如何用遗传信息让子孙成长顺利,经济实惠。即使是当代,孩子们都已经在物美价廉的信息技术下成长了。

我们也知道人们本来就有选择的意愿,康西尔公司能吸引大量客源只是一个证据。人们只要再看看老行当、低技术要求的精子银行生意多么兴隆,就更加确信这一点了。在美国,许多单身女性或夫妻都通过看照片或审查捐精者的详细资料来选择自己想遗传给孩子的性状。在英国,伦敦精子银行就针对这项强烈需求提供了全套服务,这在英国的同类服务中是规模最大的。精子银行网站声称,他们提供“捐精者目录”，帮助客户选择“最具吸引力的捐精者，并将所选择的捐精者‘放入购物车’，完成‘选购’过程”。但这并未世界通行。在丹麦，直到现在，选择捐精者仍然采取保密手段。这比冲动地购买东西还不靠谱，当人们选择捐精者时，他们对孩子的生父几乎没有了解，这比起在酒吧随便找一个人约会都还不如。根据国家法规，给予人们选择权仍不合法，但欧盟的制度似乎对此有所松动。欧洲精子银行位于哥本哈根，其主管鲍尔(Peter Bower)告诉我：“这就是该行业大幅成长的证据。”

但是，从签署捐赠精子的志愿者中选人是一回事，穿刺那些无助的胚胎来确保他们的遗传商达标又是一回事。智人 2.0 的出现肯定会受到争议和抵制。2010 年，人类基因组测绘完成 10 周年之际，《自然》杂志访问了一些知名研究者，请他们预测该领域未来 10 年的发展趋势。杜克大学的戈尔茨坦(David Goldstein)就点出了筛选胎儿一事：“对于疾病的重大风险因素识别将会同胚胎筛查及其他筛选项目相关联。”他写道：“社会已经普遍接受了一个概念，就是突变会不可避免地导致健康状况恶化。但我们真的会因为某个胚胎携带了提高未知精神疾病风险 20 倍的突变，就将这孩子扼杀在摇篮中吗？”

这真是个犀利的问题呀，戈尔茨坦博士。这个问题显然会备受争议，因为牵涉到操作界限及相关法律法规的制定，好让准父母们能按规矩办事。有哪些疾病可以允许堕胎？哪些因素可以忽略不计？是否有些性状超越了人们可考虑到的现实疾病？

平心而论，问题已经放在这里：生育权所涵盖的范畴有多大，个人与社会的平衡点在哪里。法律法规都是在试图控制人类生育。在特殊地区或特殊时期中，人们往往单刀直入地禁止堕胎及避孕，或者禁止某些特定人群生育。现在，我们能心领神会地猜到某对夫妻堕胎的原因：因为这个胎儿有先天缺陷，出生后很可能被巨大的痛苦所折磨，甚至可能会夭折。但是如果这些孩子罪不至死呢——我们该把这条界线定在何处？

目前,争议焦点还在晚期堕胎上。例如,2008 年,专门批复各类堕胎的丹麦堕胎委员会就不允许一位名叫朱莉·拉森(Julie Rask Larsen)的女性在怀孕 20 周时堕胎,这个胎儿在受检时被发现缺少左前臂。委员会认为这个缺陷不足以影响母子双方今后的生活。拉森不同意这一判决。于是她前往英国做了堕胎手术。

当人们开始考虑遗传学新方向可能带来的后果时,大家也都能想象到社会将越来越残酷苛刻,对人类的评估也会逐渐狭隘,到最后只剩下完美精英生存的空间——这就是现实版的《千钧一发》(*Gattac*)。说得更简单些,父母们会与子女产生"不正确的"关系,就像挑选商品那样,要求子女带着自己认可的优点,实现自己内心的要求。

在 2009 年,一瞥未来的时机来了,伦敦大学学院的医生声称,世界上首个剔除了乳腺癌抗原 1 基因突变的"定制"婴儿诞生了。孩子的父亲总是目睹自己的女性亲属被乳腺癌或宫颈癌击垮,就是因为她们携带了乳腺癌抗原 1 基因突变。于是夫妻俩要求采用试管婴儿技术,体外授精,并筛查受精卵。从这些受精卵中,医生挑选了一个不带有乳腺癌抗原 1 基因突变的受精卵。看!这样就能一劳永逸,孩子就再也不用经受每年的乳腺外科检查了。还有比这更强烈的驱动力让人们用遗传学筛选孩子吗?

但是批评之声也此起彼伏。反对者认为,只是因为胎儿可能有病就滥杀无辜是十分不道德的,这种事情本不该实行,或只能针对某些年老求子的人使用。特别是,有些疾病其实是可以医治的——可能通过长时间治疗就会痊愈。

反对派遭到了英国生物学家阿佩尔(Jacob Appel)的抵制,他呼吁对胎儿施行某些严重遗传缺陷的强制性筛查,包括筛查乳腺癌基因的致癌突变。"强制性筛查与优生学不同,这是一种智能科学。"这是他在关于这方面的文章中写下的对抗性标题。阿佩尔还对这种足智多谋的方法总结了执行概要:首先,不该出生的孩子必须是患了苦不堪言的疾病,治疗方法也令人难以忍受;其次,此举能避免支付昂贵的治疗费用,节省大量社会经费。阿佩尔补充道,如果人们从现实角度看待这个问题,那么情况就是:当科技允许我们避免出生缺陷儿时,选择产下这些孩子就与虐童毫无差别。

这就是阿佩尔大失人心的观点。这即使对于一个万般自在的哲人来说都太过残忍无情。

但是,正如阿佩尔所指出的,西方社会目前大多将儿童福利置于父母意愿之上。如果出身于耶和华见证会的父母禁止孩子进行必要的输血,法律不会允许;如果出身基督教科学派的父母执意要用祈祷来代替抗生素治疗危及生命的感染,这也是违法的。“儿童福利法都在防止母亲将女儿故意暴露于80%的致癌污染中。”阿佩尔注解道。那为什么母亲就可以将自身的乳腺癌基因突变遗传给女儿呢?

受阿佩尔极端理论启发,《新科学家》的编辑利佩奇(Michael Le Page)想要为这种理论寻找一些更稳妥的方法。他不认为基因鉴定应该强制执行,而是认为应该由社会来为准父母们的自我筛查买单,并让后者选择是否要应用这些筛查。在利佩奇看来,小夫妻们没必要为了获得遗传资源就把口袋里的钱都掏给康西尔这类商业公司。这应该是一项公益事业,费用应由全社会负担。筛查出带有相同突变的夫妻们可以选择是否使用试管婴儿技术来挑选一个健康的受精卵。

这两位男士的核心论据是人们难以想到的,那就是“不作为”的罪过。通常来说,生物伦理学都会禁止或限制新科技的应用,但人们很少会问,不使用新技术是否也是不道德的。人们有方法使未出生的胎儿免受痛苦却不加以利用,就跟袖手旁观他人被可治愈的疾病折磨致死一样。

事情到了这个地步,确实会引起《千钧一发》式的恐惧,将来全社会都会排斥患病儿及出生缺陷儿的诞生,也不允许人们刻意不参加筛查。可一旦如此,人类社会不就不可避免地走向虐待有缺陷者的地步了吗?

到目前为止,这梦魇一般的场景尚未发生。事实上,社会并未在羊膜腔穿刺术、基因鉴定及合法流产出现后歧视出生缺陷者。相反的是，大多数人都认为在对待缺陷人群的态度及具体措施上，全社会都比以往更加宽容。这对于坚持生下缺陷儿的准父母们来说是个利好消息，他们不会像烟鬼和胖子那样处处遭受社会敌视。不过，受人敌视也是人们生来就需要面对的问题——这就是道德水准在日常生活中的体现。真正的挑战来自于保证每个公民拥有平等的机会，不因为基因表达谱而被分为三六九等。

悬而未决的问题还有：如果从伦理道德上来看，流产能避免后续的痛苦，那么采用基因鉴定时，又如何界定"痛苦"呢？在 2010 年初，英国人类受精与胚胎管理局跨出了解决困境的第一步，制定出超过 100 多种可以在胎儿身上筛查的疾病。粗略浏览一下列表就会发现，其中的许多疾病都不会危及生命，比如先天性失明和失聪等。还有一些疾病是能表现出不同级别的严重程度的，比如地中海贫血，除了贫血它还会引发痛苦和极度不适，但一些地中海贫血并不会对正常生活产生太大影响，网球选手皮特·桑普拉斯（Pete Sampras）就是一个例子。

那么，人们如何避免罪不至死的胎儿被引产呢？或者说，如何避免因更无辜的"罪"，例如性别，被"判刑"呢？包括得克萨斯州的宫胎宝（Intelli Gender）及波士顿的聪慧基因生物实验室（Acu-Gen Biolab）在内的一些公司都在做家庭测试，在怀孕 10 周后开始检测胎儿性别。如果父母们从这个窗口得知胎儿的性别后由此作出堕胎的决定，要如何才能阻止他们作出这样的选择呢？最后，堕胎的"权利"也牵涉到政治立场。一旦国家认为堕胎合法，原则上就是让女性可以随意放弃自己不想要的胎儿。也许她因为工作及生活的重担而无法养育孩子；也许她受到伴侣的虐待，因此不想为他传宗接代。这些都属于合情合法的个人选择，因为堕胎是女性基于法律规定对自己身体作出的选择。考虑到这些问题，我们就知道，一旦社会业已承认堕胎权及基因鉴定权，制定规则禁止女性因为遗传因素而堕胎有多困难了。从伦理上来看，禁止毫无意义。

即便人们对这些问题都达成了协议,未来的道路也还十分漫长。当要确认子女的健康程度时,不可避免地引起人们对“定制”儿童的争议,这是指修正基因所得到的神童。许多人对这种做法不寒而栗,这很可能会制造出所谓的人间地狱。这种人间地狱已超越好莱坞恐怖片的境界,例如,美国知识分子福山(Francis Fukuyama)就以其“后人类”的远景描述而闻名:人类的进化将掌握在人类自己的手中,人类能改变自身的自然规律。往更坏的方面说——这也很好理解——自由民主主义到了这一步,就陷自身于危局中了。在他那骇人听闻的描述中,人类社会将永久分裂为贫穷的低等“自然人”及通过基因精挑细选的富裕的高等“人造人”。如果真有这种人间地狱存在,其中的人恐怕都是金发碧眼,天赋超群,一个个在白天都是脑外科医生或理论物理学家,到了夜晚又能变身为钢琴艺术家。当然,这种分级社会在超人类主义者看来根本就像乌托邦一样,处处充满了哲学家、技术人员,以及各类认为应想尽办法提升人类境界的爱好者。可惜的是,这种争议也不可能靠“各说各话”来解决。

人们不应该将注意力集中于这个话题上。根本没有什么神乎其神的基因片段能够用来瞬间提升受精卵质量,保证产下优质的后代。科学非常明确地告诉人们,这真是太傻太天真了。这种想法是基于一种过时的假设,即有某些特定的基因能操控高矮胖瘦,慧愚美丑。但事实上根本就不存在这样的基因。正如没有什么完美的基因或完美的生物学性状一样。勒鲁瓦对此的定义就十分精到,在现实中,“最小劣势”已经是最好的选择。

遗传信息对于已出生的人群又有怎样的影响,这是另外一个讨论的热点。如果大家的基因组都能通过公开渠道获得,人们会在毫不知情的状况下泄露自己的隐私,不只是身体残障,连心理问题都会暴露无遗。

这种预测激发了辛格(Ilina Singh)和尼古拉斯·罗斯(Nikolas Rose)的灵感,他们在《自然》上针对这些棘手的问题发表了一篇引发舆论关注的文章。"'风险'及'潜在因素'是否会操控人们对自我身份的认知?"他们发问道,"这些认知是否会在教育、法律及政策框架内制度化呢?"

一些在生物学上有所认识的社会学家——主要是来自伦敦政治经济学院的专家——担心,如果人们从出生起就背负着基因预测,那会对人生产生何种影响?新生儿的父母是否会因为获知风险和潜在因素而受到影响?他们是否会带着有色眼镜看待孩子,改变对待掌上明珠的方式呢?孩子们如果从一开始就被贴上诸如敏感、强健或健康之类的标签,他们又会怎么看待这个世界?

根据这些假设性问题,辛格和罗斯认为:纯统计数据可能会成为自我应验的预言。单从基因倾向来看,人们确实会做出与基因相符的表情和效果。你很容易想见那种糟糕的场景:超负荷的期望压垮或者迷失那些不设防的灵魂,而这种事情将来不仅仅会出现在中国的夏令营中。另一方面,人们也能想象,遗传警报会使脆弱的人建立起更强大的防御模式,因此对于敏感人群,大家都会伸出援手,因为遗传学告诉我们,这些人特别容易受积极效应的影响。

这些观点同人们的家族及特权都无关,完全就属于私人领域。既然此类遗传信息业已存在,政客们何时会将手伸向这一领域呢?有些人认为这是一件必然发生的事。

当我前往国立卫生研究院拜访温伯格时,他递给我一篇**文章**,说这是**我必须看的东西**。"这是我近年来看过的最好的研究。它拥有一种纯粹的美好。"他满嘴溢美之词,说要不是文章标题太富于争议,它就能发表在最核心的期刊上了。

回到家中,我才满负罪恶感地打开文章。果然,佐治亚大学的研究团队勇敢地踏入了无人敢入之境。他们在州内的闭塞之处进进出出,仔细研究了一个穷困的黑人社区。他们选择了641个家庭,每个家庭都有一个11岁大的孩子。处于青春期的孩子容易沾染酒精、毒品及性——这些都是专家口中的“危险行为”。研究者们想给孩子们做基因鉴定,然后直到他们满14岁前跟踪观察两件事:携带短版5-羟色胺转运蛋白变异的孩子是否更容易参与危险行为;如果身边的人阻止他们逆反,有基因差异的孩子是否也反应不同。

经过基因鉴定后,孩子们被分为两组。一组孩子放任自由,另一组全家参与“壮大非裔美国人家庭计划”(SAAF)。这个支持计划教家长们如何融入孩子们的生活,特别是如何合理地限制他们的行动。心理学家发现这个计划奏效了,根据统计结果显示,这个计划有效控制了孩子们的“危险行为”。

在接下来的数年内,携带了短版5-羟色胺转运蛋白变异又放养的孩子们开始学会抽烟、喝酒及滥交。而且他们比携带两份长版变异拷贝的孩子犯事频率高1倍。这些观察所得正好与研究者的推测相符:这些孩子确实天生就容易陷入危险行为中。

然而,接着还有一个更为轰动的发现,与参与SAAF的孩子们有关。这个计划对于“遗传弱势”的孩子特别有效,但对其他孩子的影响就微乎其微了。然而,两个参与SAAF的组群的孩子涉及危险行为的比例,与带有两份长版5-羟色胺转运蛋白变异拷贝但放养的孩子差不多。父母介入显然对遗传弱势(或说敏感)的孩子特别有效。

毋庸置疑,总会有人老在身上画着十字,心悸紧张,口中念念有词,抱怨着社会的偏见及不公。但是,这次的研究直接攻击了那些妖魔化行为遗传学的说法,这个研究方向再也不是光挑拣“坏基因”的凶手了,也不会是将人视作生物缺陷者的始作俑者了。研究显示,对那些最严重、最迫切的问题,社会应主动承担解决的重任。解决方式不是简单地让孩子们获得基因鉴定的机会,然后将他们打上“适合一定量帮助”的标签,而是将在新遗传研究中获得的知识用于重塑人们的观点,促使政策改变——当然是往好的方向改变。

一小群社会学家开始意识到这类可能性。其中一个雄心壮志的刑事学家兼作家拉夫特(Nicole Rafter)在2008年出版了一本书,名为《罪犯的大脑》(*The Criminal Brain*)。在书中,她叙述了充满争议的犯罪生物学发展史,包括其间发生的错误,及受人诟病的不科学背景。但是,峰回路转之后,拉夫特在现代背景下总结出生物学研究是非常优秀的——比如佐治亚大学的研究。"当代的犯罪生物学已与以往大不相同。"她强调道。行为遗传学将以往的基因决定论完全推翻了,这在大量的研究、治疗、政策及研究者间的关系中都能看出来。

拉夫特贴心地提出了一个新的"生物社会"思路,将社会学和生物学的理解结合在一起,就能解释人们为何在不同情况下反应不一了。生物学家应该颠覆对行为——包括犯罪行为——的早期医疗模式,不再将行为视为"健康"或"不健康","正常"或"不正常"。社会科学家都应开阔思路,将生物学知识纳入自己的理论体系中。如果能做到这一点,也许就有了最行之有效的办法,制定出一种计划,通过处理社会弊病来解决犯罪问题。正如拉夫特在书末所写的:"我想将现代遗传学纳入社会变革的进程中来。"

那么,遗传学真的能胜任这项使命吗?

也许可以。但得先对一些老旧观念进行彻底的清算。这就需要更多人对何谓基因及其用途有详实的了解。这可绝非易事,但已经有一些先锋在开辟道路了。

其中一个例子来自精神病学界,业内人士正在抛弃"风险基因"的概念,倾向于代之以"遗传敏感体质"。用"兰花"或"蒲公英"来比喻两类儿童也不光是种诗意的手法,这也表现了人的意识中发生了重要的改变:关注点从风险结果向潜在的好结果转化了。潜在结果并不仅由基因组本身决定,还与外部环境相关。这其中并不存在基因决定论。

另外一个必要的再调整重心在于"基因组是一个静态不变的事物"这个观念。许多人固执于这个观念,由于基因不可变,因此人们都被这层生物紧身衣套牢了。当人们认识到更多表观遗传学机制时,就会发现事情完全不是这样。表观遗传像一个奇妙的开关,能激发或阻碍基因活性，调整活性的高低度，因此基因组是一个变化无常的事物。虽然人们还只是接触到了遗传可塑性的表面，但也知道不可变的遗传信息是如何需要可变的“诠释”，即基因表达。“诠释”由不同组织、各种环境及外界影响作出，不同的“诠释”能造就巨大的差异。这个结论就是，塑造人类最有效的方式并不是改变基因本身，而是超越基因的限制，自己作出改变。

事实上，表观遗传学的兴起无疑会引发对广义环境的由衷兴趣。各种事实都指出，遗传学研究已经逐步变成整体性的调查，基因组、生物体及宇宙万物之间永恒的游戏与互搏。换句话说，这也揭示了生物学的基本条件就是动态无常及复杂多样。

动态无常及复杂多样正是改变的关键点。我预测，在未来有 1/3 的遗传学口号都会产生**多样性**——分为遗传学、生物学及行为学三方面多样性。

为什么会造成这种情况呢？因为，在不久的将来，多样性的发展程度会远超我们的想象。研究者可获得的个人基因组会从成千上万增至数以百万计，而且实验也会对基因组进行详尽的透视，探究其中有多大差异、差异有何形式，以及这些差异意味着什么。人们通过测绘及比对广大人群、人种的计划，就已经能预测出一份多样性的新列表。但是不久之后，我们就可能看到许多特殊族群的基因组了：布须曼人、俾格米人、因纽特人、澳大利亚原住民及其他各种人。在这些族群中，遗传细节会揭示出更多的多样性，归根到底，这些结论能修正人们对人类认识的一些早期偏见。

这会改写遗传学研究的语境。在各类官方说辞中，研究不同基因组的意义在于，发现这些基因组独一无二的特性。这就给基因组强加了一个政治角色，为历史文化、社会差异等各方面服务。但在科学史上，人们看来还是希望天下大同，而不是斤斤计较基因上的那些差异。真正引人注目的其实是基因使个体之间存在各种差异，而非民族之间的大差别。

芝加哥大学的遗传学家拉恩(Bruce Lahn)、加利福尼亚大学圣巴巴拉分校的经济学家埃本斯坦(Lanny Ebenstein)说道,人们要为生物学的未来做好准备。这两位研究者在《自然》上所作的评论说,研究中确实会揭示一些人们并不乐见的差异,也许是在政治上令人反感的生物学差异。根据拉恩和埃本斯坦所说,我们应该"对揭示人类多样性的研究有相应的道德思考"。

这是一个大无畏的言论。因为这两位不仅抨击了历史上始终存在的种族思想及行为,还对不同种族间在智力上有差异的说法十分不屑。这个引爆点最终在1995年爆发了,当时《正态分布》(*The Bell Cure*)一书中提出"智力差异"一说——这本书成为了最佳畅销书。该书作者赫恩斯坦(Richard Herrnstein)及默里(Charles Murray)经过多年对美国种族的研究后得出结论,人群总体的智力水平是符合正态分布的。他们将白种人绘制在曲线中部,置于较低的黑种人与较高的黄种人之间。这可不是什么讨人喜欢的结论。针对曲线及测量手段本身倒没引发什么疑问,抗议声主要围绕的是人种差异究竟来自基因还是环境因素。

整本书从头到尾都是慷慨激昂的论述,最终却得出了令人心寒的结果。由英国神经生物学家斯蒂文·罗斯(Steven Rose)领衔的一群研究者认为,防止政治介入遗传学的最佳方法就是不要去探究智力差异。这种做法只会招致歧视。

拉恩和埃本斯坦则站在了对立面上。他们辩解称,无论是否公开结论,对遗传多样性做彻底的研究反而是为了消灭歧视,因为遗传学只会让人们意识到,光靠某些一维范畴来将人们分为三六九等是十分荒谬的。遗传多样性为跨界多样性贡献良多——生理、心理两方面皆是,世上根本不存在单纯的测量维度,比如智商也不能完全说明某个人的智能水平。"我们在为遗传多样性作道德辩解,它无论在人群之内或人群之间都是不可忽视的存在。"两人如是强调。

而且人们其实很喜欢差异,不是吗?在几乎各个场合之中,差异都被视作是一笔财富。现代社会以文化差异为荣,大多数人面对全球化差异及协作时,都会采取和而不同的态度来应对,尽管人们可能根本不了解另一种文化。而且,就大自然规律来看,多样性就是王道。单一栽培在农业产业化当中简直是罪大恶极,而环境保护者也不断地在为生物多样性奔走,只是为了拯救那些罕见的蟾蜍、珊瑚、鸟类、甲虫等各类濒危物种。

事实上,生物多样性即将成为环境保护者的下一个重大课题。因此人们为什么不维持人类本身的多样性呢?

人类在遗传及生理上都有特征性差异,这就导致人们对生存遭到威胁的人群感到担忧。各人群之间的生活方式、文化特点、语言习惯等的差异均濒临灭绝——遗传上的差异也是如此。圣卡拉哈里沙漠的布须曼人、俄罗斯针叶林边缘的乌德盖人,或亚马孙森林中仅存6人的阿昆苏人,都接近消亡。这些还只是消亡大军中的一小部分。

人们对遗传多样性的痴迷也为理解人类文化及智力多样性打开了一个新通道。至少,加利福尼亚大学洛杉矶分校的心理学家利伯曼和韦(Baldwin Way)已经提出了一些观点,关于人群之间的遗传差异如何有助于找寻世界文化的根源。

利伯曼和韦对比了亚洲及西方的文化。他们撇开了金对日、越、法、英四国的研究结论,即东亚是集体主义文化,西方是个人主义文化。几十年中,人类学家始终在研究如何表达这种差异,但这两位心理学家想知道差异背后的**原因**。这究竟是随机事件,还是存在着生物学背景呢? 他们的假说是,社会敏感度导致了文化上的差异。

那种想法激怒了很多人,特别是那些人文倾向很重的顽固分子。但是利伯曼和韦还是想到了自圆其说的办法。

明确地说,他们调查了一系列基因的敏感变异在两种文化中的发生频率。他们主要研究了3个与社会敏感度相关的基因:前文提到过的儿茶酚-O-甲基转移酶和5-羟色胺转运蛋白,以及大脑中被类鸦片物质(鸦片、吗啡衍生物)激活的受体。这3个基因都存在变异,可使人们提高对社会压力的敏感度,它们同时也对提供支持的社会环境十分敏感。

利伯曼和韦发现,这3种基因的敏感变异在亚洲人中发生的概率比高加索人(白种人)要高出1—2倍。心理学家因此认为,更多的亚洲人在获得社会支持及良好社会关系时能够茁壮成长——这可能就是集体主义文化的最佳写照,亚洲人总是陷在强大的社会关系网络中。这也许就能解释中国的至圣先师孔子为什么教导后人,家庭及群体关系总是处于个人利益之上的。这种理念几乎席卷了整个亚洲。相比而言,较少白种人对被社会孤立耿耿于怀,这也许就是个人利益大于集体利益风行欧洲及西方社会的原因了。利伯曼总结道:"当足够多头脑汇集出某种智慧闪光点时,这种智慧基本上属于经久不衰的理念。"

这个研究与传统的文化研究差异巨大。人们可以想象,指责基因决定论及简化论的恶毒评价会充斥各类专业期刊。但问题在于,类似的研究是否会预示着大众对人类的看法发生改变,这种改变就是社会科学家詹姆斯·福勒所说的"一门人性新科学"。更为一针见血的是,福勒说目前尚未出现一门新学科,能在不结合人类生物学——并且要从基因层面一直考虑到大脑功能——的情况下解释人类行为及文化。

这项研究及其幕后工作者改变了人们对人类的生物学看法。这个看法大致可以说是智人是什么,然后从进化学、遗传学、脑生理学及历史文化等层面去展开理解。这并不是光站在生物学层面或文化层面来看待人类。相反,这项研究的目标是要整合人类行为及想法的产物——包括政治、文化、音乐、诗歌,从而更加全面地了解人类,然后再从生物学层面评述人类。反之亦然。

在学术殿堂外,如果想要寻找一个动因来促使这种转变,那就是个人遗传学,因为这些现象可以作为个人教学素材。即使目前基因鉴定已经遍布大街小巷,成千上万的世界人民也只是刚开始了解自己的遗传信息，并且是在使用的过程中了解它们的。事实就是如此。因为只有当人们真正手持自己的遗传信息时，才会真正感受理解这其中的重要含义。

毫无疑问，个人遗传学的发展程度目前仅限于此。此时，消费者遗传学还被视作预防传染病的灵丹妙药，能提供各类维护健康的方法——因为这样就能制造出专属个人的药物，直接作用于富有个人特色的基因。虽然疾病确实是遗传学研究的重头戏，但那绝非至关重要的一点。

说句心底话，对遗传学的认识不断在重塑其本身。现在，我们能检测百万个 SNP 位点，未来我们就能检测全基因组，再往后说，基因组及身体组织器官的表观遗传改变都能被检测。最终，人们再也无法想象没有这些信息的生活。遗传学认知渗透入人们对自身的认知当中——比如物种与物种之间的差异，人与人之间的不同。

加拿大哲学家哈金（Ian Hacking）担心社会在接受了人类的生物学新观点后会发生何种变化。“我是一位反动保守派。”哈金在一篇关于消费者遗传学及身份认同的文章中如是说，“我知道我的遗传物质会对我的行动及选择产生限制约束，但我还是不相信这能阐释我作为人的存在依据，或代表了我的身份……这种想法何时才会消失呢？基因革命会彻底颠覆下一代生命的物质基础……未来人又将如何定义自身的存在呢？”

我觉得他根本就是多虑了。因为我本人就是个实例，探索自身 DNA 时不可避免地会提出问题，而后产生奇妙积极的效果，这些问题关乎个人或深层次的皆有。

我们是谁？我们从哪儿来？我们处于世界的何处？我们将走向何方？我们想要得到什么？过去，这些问题都属于“精神层面”的探讨，但我相信只要继续深入探索人类的生理状况，我们终将得到更完美的答案。

现在，我已经全面审视了自己的基因，这个结果绝对不是一个简化片面的论断。相反,我感觉自己体验到了人生更多的层面及细微之处。而且,能从生物学及社会学两方面解析自我,确实是一个令人极其愉悦的过程。我的基因并**不能**决定我的命运,反而是我本人可以操控的牌局,这个牌局能让我达到人生的一定高度。或者换一种说法:我的基因组并不是一层束缚我的紧身衣,而是一件可伸缩的软毛衣,可以轻易地穿上脱下。这是我能主导的信息,它能给予我更多的自由,帮助我塑造人生及生存方式。这些信息可以用特有的方式缓解我的生存压力。它也让我知道了,人不是生来就自由无拘束的,我也确实无法决定过去的我从哪儿来,将来的我要上哪儿去。

所以说,我究竟是谁。

我就是在各个生物体之间流转数百万年之后传承下来的美丽信息,最终它们造就了现在的我。

致谢

《我的美丽基因组》经由长时间的构思才写作而成，期间也受到了广泛的支持和关注。对此，我想要对丹麦艺术委员会、奥迪康基金会、嘉士伯纪念补助金表示最诚挚的谢意。

我还要向为我付出宝贵时间，并鼓励我探索个人基因组革命的相关人士表示感谢:23 与我公司及头脑风暴研究基金会的埃维，个人基因组计划的博贝，消费者基因组学展的约翰·博伊斯，基因伴侣公司的布朗，生物团队公司的卡里亚索，哈佛大学及个人基因组计划的丘奇，基因解码遗传学公司的科利尔，基因解码遗传学公司的法默，哥本哈根大学附属医院的格德斯，家族谱系 DNA 公司的贝内特·格林斯潘，美国癌症研究所、国立卫生研究院的迪安·哈默，心理学出版社的亨里克·汉森，弗吉尼亚联邦大学的肯尼斯·肯德勒及苏·肯德勒，哥本哈根大学附属医院的谢尔高，分子脑成像集成中心、哥本哈根大学附属医院的克努森，灵北公司的詹妮弗·拉森，帝国理工学院的勒鲁瓦，哥本哈根大学附属医院的利希特，丹麦种族的黛安娜·马西森，健康管理 Rx 博客的麦凯布，索伦森分子族谱基金会及基因树网站的佩雷戈，伦敦大学国王学院的普洛明，利物浦大学的罗伯茨，灵北公司的索佳德，基因解码遗传公司的卡里·斯蒂方松，麦吉尔大学的西夫，基因组学法律报告的沃豪斯，冷泉港实验室的詹姆斯·沃森，洛桑大学的韦德金德，美国国立精神卫生研究所、国立卫生研究院的温伯格，国家地理学会的韦尔斯，索伦森分子族谱基金会的伍德沃德。

诺和诺德公司、诺维信集团、美国丹尼斯克公司、灵北公司及 ALK 公司也对我提供了许多帮助及鼓励。

我还要感谢加恩(Karen Gahrn)、利贝克(Anna Libak)和延森(Thomas G. Jensen)为我的手稿提出了宝贵的意见。泰勒克(Peter Tallack)不辞辛劳地将我的作品推介给英文读者。我也很荣幸能同寰宇一家出版社的丹尼斯(Robin Dennis)共事——现在我已经懂得何为好编辑了。

我还要特别感谢马克斯(Debbie Marks)和桑德尔(Chris Sander)的友情帮助,他们十分热情好客,与我展开了无数关于科学、生活及其他各方面的大探讨。

最后,我要向马林(Morten Malling)表示衷心感谢,他无比耐心,始终帮助我保持精神方面的健康稳定。

本书参考文献可至上海科技教育出版社网站查阅，网址如下：

http://www.sste.com

责任编辑　伍慧玲
装帧设计　汤世梁

哲人石丛书
我的美丽基因组
——探索我们和我们基因的未来
隆娜·弗兰克　著
黄韵之　李辉　译
李辉　校
杨焕明　作序

上海世纪出版股份有限公司
上 海 科 技 教 育 出 版 社　出版
（上海冠生园路 393 号　邮政编码 200235）
上海世纪出版股份有限公司发行中心发行
网址：www.ewen.co　www.sste.com
各地新华书店经销　上海商务联西印刷有限公司印刷
ISBN 978-7-5428-6355-3/N·961
图字 09-2014-194 号

开本 635×965　1/16　印张 17.25　插页 4　字数 230 000
2015 年 12 月第 1 版　2015 年 12 月第 1 次印刷
定价：48.00 元

哲人石丛书

当代科普名著系列　当代科技名家传记系列
当代科学思潮系列　科学史与科学文化系列

第一辑

确定性的终结——时间、混沌与新自然法则 13.50元
伊利亚·普利高津著　湛敏译

PCR传奇——一个生物技术的故事 15.50元
保罗·拉比诺著　朱玉贤译

虚实世界——计算机仿真如何改变科学的疆域 18.50元
约翰·L·卡斯蒂著　王千祥等译

完美的对称——富勒烯的意外发现 27.50元
吉姆·巴戈特著　李涛等译

超越时空——通过平行宇宙、时间卷曲和第十维度的科学之旅 28.50元
加来道雄著　刘玉玺等译

欺骗时间——科学、性与衰老 23.30元
罗杰·戈斯登著　刘学礼等译

失败的逻辑——事情因何出错，世间有无妙策 15.00元
迪特里希·德尔纳著　王志刚译

技术的报复——墨菲法则和事与愿违 29.40元
爱德华·特纳著　徐俊培等译

地外文明探秘——寻觅人类的太空之友 15.30元
迈克尔·怀特著　黄群等译

生机勃勃的尘埃——地球生命的起源和进化 29.00元
克里斯蒂安·德迪夫著　王玉山等译

大爆炸探秘——量子物理与宇宙学 25.00元
约翰·格里宾著　卢炬甫译

暗淡蓝点——展望人类的太空家园 22.90元
卡尔·萨根著　叶式辉等译

探求万物之理——混沌、夸克与拉普拉斯妖 20.20元
罗杰·G·牛顿著　李香莲译

亚原子世界探秘——物质微观结构巡礼 18.40 元

艾萨克·阿西莫夫著　朱子延等译

终极抉择——威胁人类的灾难 29.00 元

艾萨克·阿西莫夫著　王鸣阳译

卡尔·萨根的宇宙——从行星探索到科学教育 28.40 元

耶范特·特齐安等主编　周惠民等译

激情澎湃——科学家的内心世界 22.50 元

刘易斯·沃尔珀特等著　柯欣瑞译

霸王龙和陨星坑——天体撞击如何导致物种灭绝 16.90 元

沃尔特·阿尔瓦雷斯著　马星垣等译

双螺旋探秘——量子物理学与生命 22.90 元

约翰·格里宾著　方玉珍等译

师从天才——一个科学王朝的崛起 19.80 元

罗伯特·卡尼格尔著　江载芬等译

分子探秘——影响日常生活的奇妙物质 22.50 元

约翰·埃姆斯利著　刘晓峰译

迷人的科学风采——费恩曼传 23.30 元

约翰·格里宾等著　江向东译

推销银河系的人——博克传 22.90 元

戴维·H·利维著　何妙福译

一只会思想的萝卜——梅达沃自传 15.60 元

彼得·梅达沃著　袁开文等译

无与伦比的手——弗尔迈伊自传 18.70 元

海尔特·弗尔迈伊著　朱进宁等译

无尽的前沿——布什传 37.70 元

G·帕斯卡尔·扎卡里著　周惠民等译

数字情种——埃尔德什传 21.00 元

保罗·霍夫曼著　米绪军等译

星云世界的水手——哈勃传 32.00 元

盖尔·E·克里斯琴森著　何妙福等译

美丽心灵——纳什传 38.80 元

西尔维娅·娜萨著　王尔山译

乱世学人——维格纳自传 24.00 元

尤金·P·维格纳等著　关洪译

大脑工作原理——脑活动、行为和认知的协同学研究 28.50 元

赫尔曼·哈肯著　郭治安等译

生物技术世纪——用基因重塑世界 21.90 元
杰里米·里夫金著 付立杰等译

从界面到网络空间——虚拟实在的形而上学 16.40 元
迈克尔·海姆著 金吾伦等译

隐秩序——适应性造就复杂性 14.60 元
约翰·H·霍兰著 周晓牧等译

何为科学真理——月亮在无人看它时是否在那儿 19.00 元
罗杰·G·牛顿著 武际可译

混沌与秩序——生物系统的复杂结构 22.90 元
弗里德里希·克拉默著 柯志阳等译

混沌七鉴——来自易学的永恒智慧 16.40 元
约翰·布里格斯等著 陈忠等译

病因何在——科学家如何解释疾病 23.50 元
保罗·萨加德著 刘学礼译

伊托邦——数字时代的城市生活 13.90 元
威廉·J·米切尔著 吴启迪等译

爱因斯坦奇迹年——改变物理学面貌的五篇论文 13.90 元
约翰·施塔赫尔主编 范岱年等译

第二辑

人生舞台——阿西莫夫自传 48.80 元
艾萨克·阿西莫夫著 黄群等译

人之书——人类基因组计划透视 23.00 元
沃尔特·博德默尔等著 顾鸣敏译

知无涯者——拉马努金传 33.30 元
罗伯特·卡尼格尔著 胡乐士等译

逻辑人生——哥德尔传 12.30 元
约翰·卡斯蒂等著 刘晓力等译

突破维数障碍——斯梅尔传 26.00 元
史蒂夫·巴特森著 邝仲平译

真科学——它是什么,它指什么 32.40 元
约翰·齐曼著 曾国屏等译

我思故我笑——哲学的幽默一面 14.40 元
约翰·艾伦·保罗斯著 徐向东译

共创未来——打造自由软件神话 25.60 元

彼得·韦纳著　王克迪等译

反物质——世界的终极镜像 16.60 元

戈登·弗雷泽著　江向东等译

奇异之美——盖尔曼传 29.80 元

乔治·约翰逊著　朱允伦等译

技术时代的人类心灵——工业社会的社会心理问题 14.80 元

阿诺德·盖伦著　何兆武等译

物理与人理——对高能物理学家社区的人类学考察 17.50 元

沙伦·特拉维克著　刘珺珺等译

无之书——万物由何而生 24.00 元

约翰·D·巴罗著　何妙福等译

恋爱中的爱因斯坦——科学罗曼史 37.00 元

丹尼斯·奥弗比著　冯承天等译

展演科学的艺术家——萨根传 51.00 元

凯伊·戴维森著　暴永宁译

科学哲学——当代进阶教程 20.00 元

亚历克斯·罗森堡著　刘华杰译

为世界而生——霍奇金传 30.00 元

乔治娜·费里著　王艳红等译

数学大师——从芝诺到庞加莱 46.50 元

E·T·贝尔著　徐源译

避孕药的是是非非——杰拉西自传 31.00 元

卡尔·杰拉西著　姚宁译

改变世界的方程——牛顿、爱因斯坦和相对论 21.00 元

哈拉尔德·弗里奇著　邢志忠等译

“深蓝”揭秘——追寻人工智能圣杯之旅 25.00 元

许峰雄著　黄军英等译

新生态经济——使环境保护有利可图的探索 19.50 元

格蕾琴·C·戴利等著　郑晓光等译

脆弱的领地——复杂性与公有域 21.00 元

西蒙·莱文著　吴彤等译

孤独的科学之路——钱德拉塞卡传 36.00 元

卡迈什瓦尔·C·瓦利著　何妙福等译

科学的统治——开放社会的意识形态与未来 20.00 元

史蒂夫·富勒著　刘钝译

千年难题——七个悬赏 1000000 美元的数学问题 20.00 元

基思·德夫林著　沈崇圣译

爱因斯坦恩怨史——德国科学的兴衰 26.50 元

弗里茨·斯特恩著　方在庆等译

科学革命——批判性的综合 16.00 元

史蒂文·夏平著　徐国强等译

早期希腊科学——从泰勒斯到亚里士多德 14.00 元

G·E·R·劳埃德著　孙小淳译

整体性与隐缠序——卷展中的宇宙与意识 21.00 元

戴维·玻姆著　洪定国等译

一种文化？——关于科学的对话 28.50 元

杰伊·A·拉宾格尔等主编　张增一等译

寻求哲人石——炼金术文化史 44.50 元

汉斯-魏尔纳·舒特著　李文潮等译

第三辑

哲人石——探寻金丹术的秘密 49.50 元

彼得·马歇尔著　赵万里等译

旷世奇才——巴丁传 39.50 元

莉莲·霍德森等著　文慧静等译

黄钟大吕——中国古代和十六世纪声学成就 19.00 元

程贞一著　王翼勋译

精神病学史——从收容院到百忧解 47.00 元

爱德华·肖特著　韩健平等译

认识方式——一种新的科学、技术和医学史 24.50 元

约翰·V·皮克斯通著　陈朝勇译

爱因斯坦年谱 20.50 元

艾丽斯·卡拉普赖斯编著　范岱年译

心灵的嵌齿轮——维恩图的故事 19.50 元

A·W·F·爱德华兹著　吴俊译

工程学——无尽的前沿 34.00 元

欧阳莹之著　李啸虎等译

古代世界的现代思考——透视希腊、中国的科学与文化 25.00 元

G·E·R·劳埃德著　钮卫星译

天才的拓荒者——冯·诺伊曼传 32.00 元

诺曼·麦克雷著　范秀华等译

素数之恋——黎曼和数学中最大的未解之谜 34.00 元
约翰·德比希尔著　陈为蓬译
大流感——最致命瘟疫的史诗 49.80 元
约翰·M·巴里著　钟扬等译
原子弹秘史——历史上最致命武器的孕育 88.00 元
理查德·罗兹著　江向东等译
宇宙秘密——阿西莫夫谈科学 38.00 元
艾萨克·阿西莫夫著　吴虹桥等译
谁动了爱因斯坦的大脑——巡视名人脑博物馆 33.00 元
布赖恩·伯勒尔著　吴冰青等译
穿越歧路花园——司马贺传 35.00 元
亨特·克劳瑟-海克著　黄军英等译
不羁的思绪——阿西莫夫谈世事 40.00 元
艾萨克·阿西莫夫著　江向东等译
星光璀璨——美国中学生描摹大科学家 28.00 元
利昂·莱德曼等编　涂泓等译　冯承天译校
解码宇宙——新信息科学看天地万物 26.00 元
查尔斯·塞费著　隋竹梅译
阿尔法与奥米伽——寻找宇宙的始与终 24.00 元
查尔斯·塞费著　隋竹梅译
盛装猿——人类的自然史 35.00 元
汉娜·霍姆斯著　朱方译
大众科学指南——宇宙、生命与万物 25.00 元
约翰·格里宾等著　戴吾三等译
传播，以思想的速度——爱因斯坦与引力波 29.00 元
丹尼尔·肯尼菲克著　黄艳华译
超负荷的大脑——信息过载与工作记忆的极限 17.00 元
托克尔·克林贝里著　周建国等译
谁得到了爱因斯坦的办公室——普林斯顿高等研究院的大师们 30.00 元
埃德·里吉斯著　张大川译
瓶中的太阳——核聚变的怪异历史 28.00 元
查尔斯·塞费著　隋竹梅译
生命的季节——生生不息背后的生物节律 26.00 元
罗素·福斯特等著　严军等译
你错了，爱因斯坦先生！——牛顿、爱因斯坦、海森伯和费恩曼探讨量子力学的故事 19.00 元
哈拉尔德·弗里奇著　S·L·格拉肖作序　邢志忠等译

第四辑

达尔文爱你——自然选择与世界的返魅 42.00 元

乔治·莱文著 熊姣等译

造就适者——DNA 和进化的有力证据 39.00 元

肖恩·卡罗尔著 杨佳蓉译 钟扬校

发现空气的人——普里斯特利传 26.00 元

史蒂文·约翰逊著 闫鲜宁译

饥饿的地球村——新食物短缺地缘政治学 22.00 元

莱斯特·R·布朗著 林自新等译

再探大爆炸——宇宙的生与死 50.00 元

约翰·格里宾著 卢炬甫译

希格斯——"上帝粒子"的发明与发现 38.00 元

吉姆·巴戈特著 邢志忠译

夏日的世界——恩赐的季节 40.00 元

贝恩德·海因里希著 朱方等译

量子、猫与罗曼史——薛定谔传 40.00 元

约翰·格里宾著 匡志强译

物质神话——挑战人类宇宙观的大发现 38.00 元

保罗·戴维斯等著 李泳译

软物质——构筑梦幻的材料 56.00 元

罗伯托·皮亚扎著 田珂珂等译

物理学巨匠——从伽利略到汤川秀树 61.00 元

约安·詹姆斯著 戴吾三等译

从阿基米德到霍金——科学定律及其背后的伟大智者 87.00 元

克利福德·A·皮克奥弗著 何玉静等译

致命伴侣——在细菌的世界里求生 41.00 元

杰西卡·斯奈德·萨克斯著 刘学礼等译

生物学巨匠——从雷到汉密尔顿 37.00 元

约安·詹姆斯著 张钫译

科学简史——从文艺复兴到星际探索 90.00 元

约翰·格里宾著 陈志辉等译

目睹创世——欧洲核子研究中心及大型强子对撞机史话 42.00 元

阿米尔·D·阿克塞尔著 乔从丰等译

我的美丽基因组——探索我们和我们基因的未来 48.00 元

隆娜·弗兰克著 黄韵之等译 李辉校 杨焕明作序